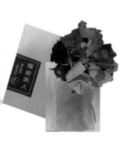

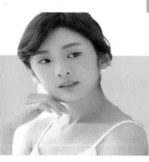

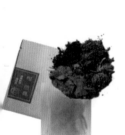

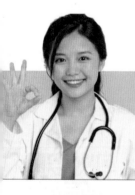

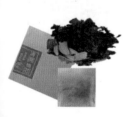

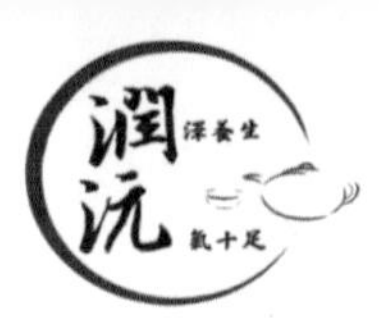

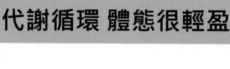

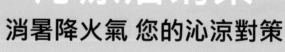

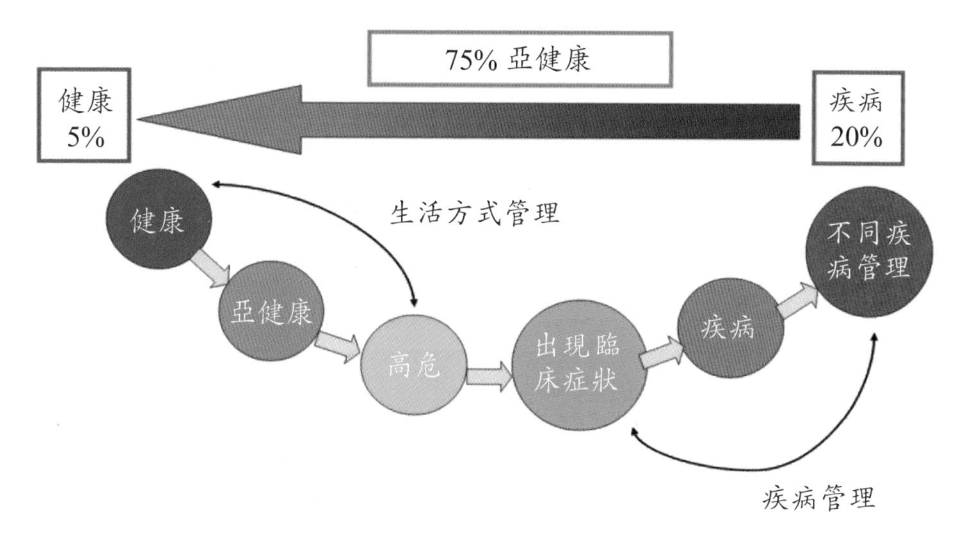

圖 4-1　健康、亞健康與疾病之間的關連

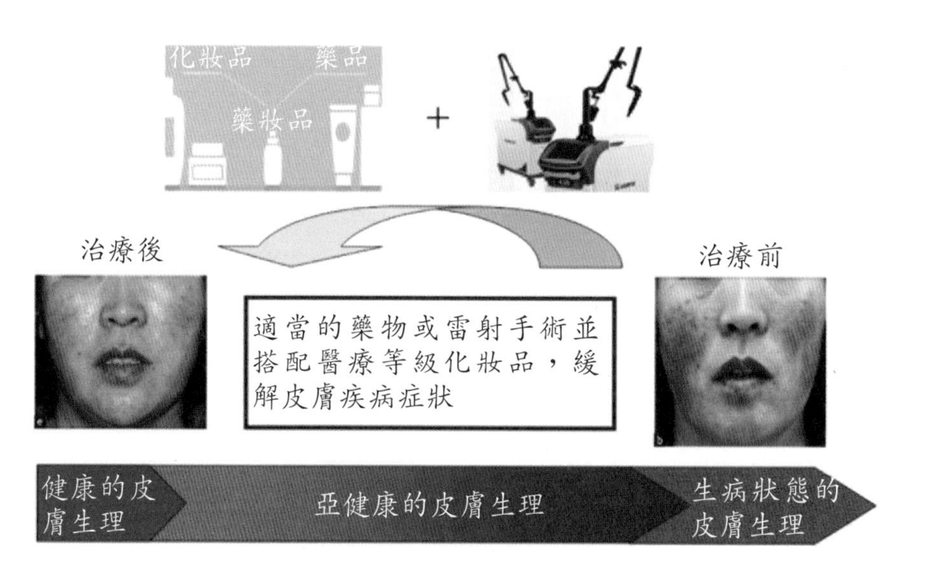

圖 4-2　生病狀態的皮膚，需適當藥物或雷射手術搭配醫療等級化妝品以緩解症狀

圖片來源：Luan et al., 2014。

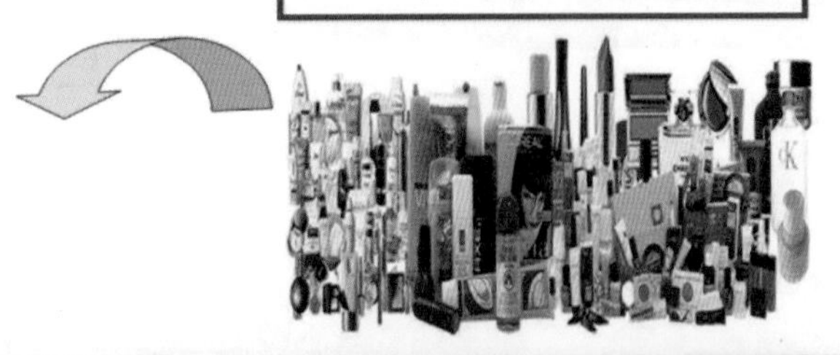

圖 4-3　正確及適當使用化妝品，改善亞健康的皮膚生理狀態

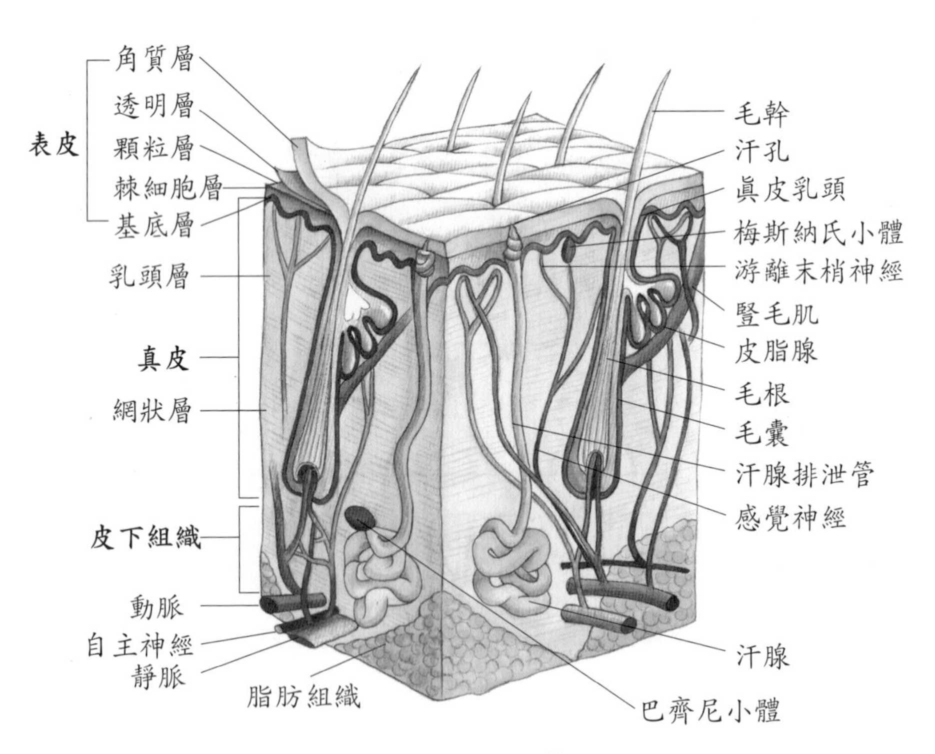

圖 4-4　皮膚的結構

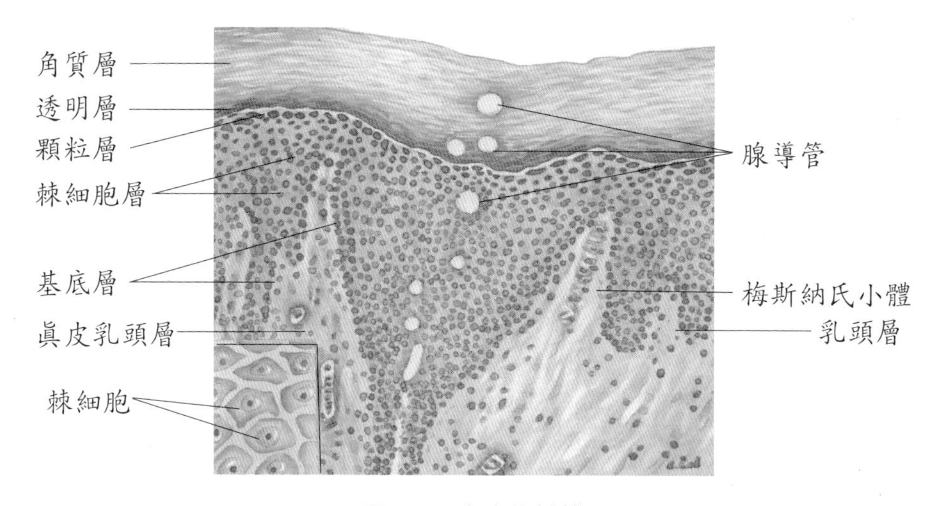

圖 4-5　表皮的結構

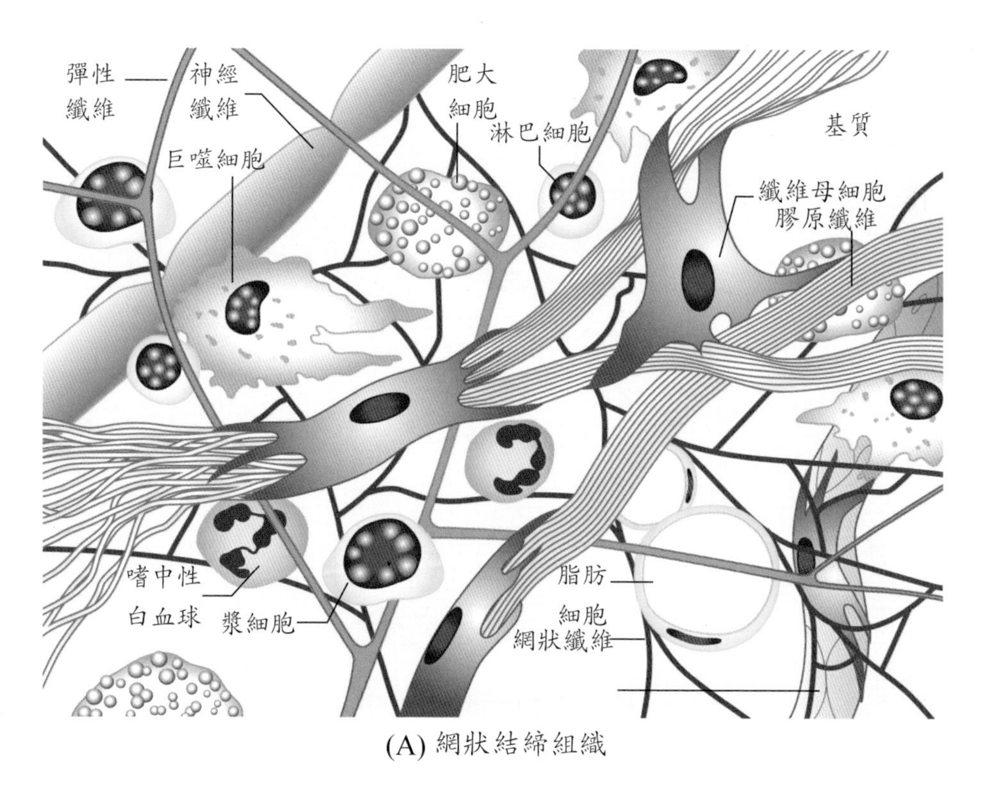

(A) 網狀結締組織

圖 4-6　網狀層結締組織圖

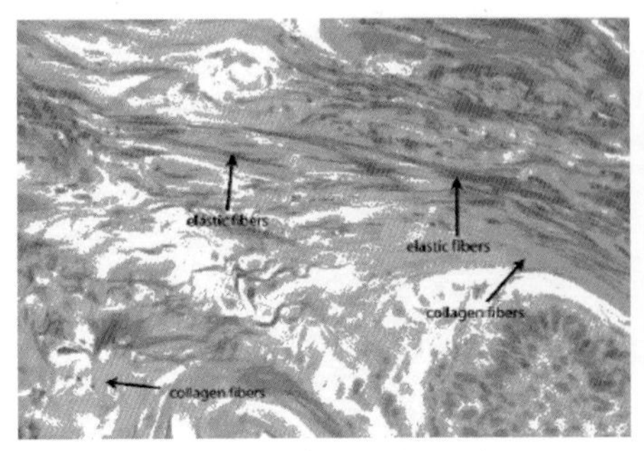

(B) 膠原纖維及彈力纖維

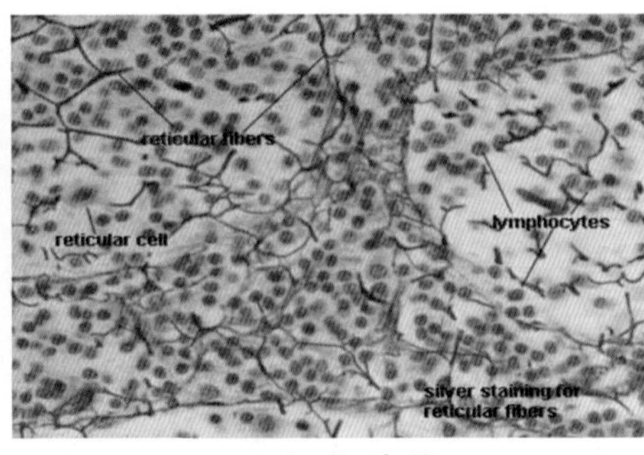

(C) 網狀纖維

圖 4-6　網狀層結締組織圖（續）

圖片來源：www.slideshare.net、imgarcade.com、smallcollation.blogspot.com。

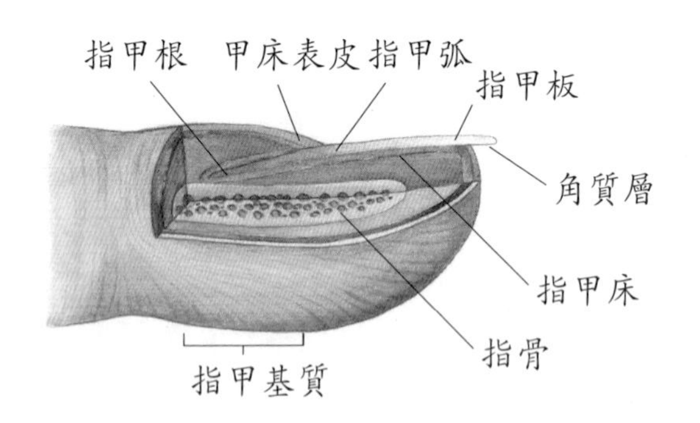

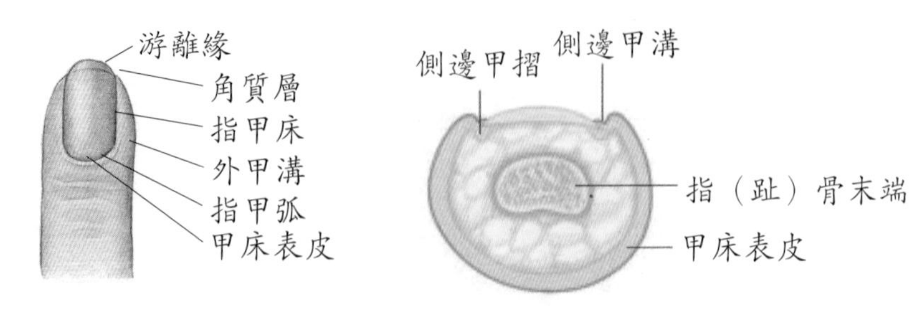

圖 4-8　指甲構造示意圖

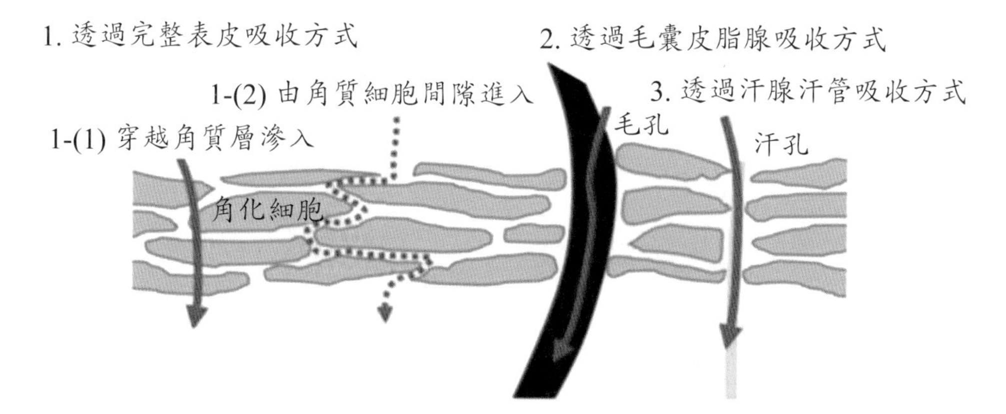

圖 4-9　化妝品透皮吸收的途徑

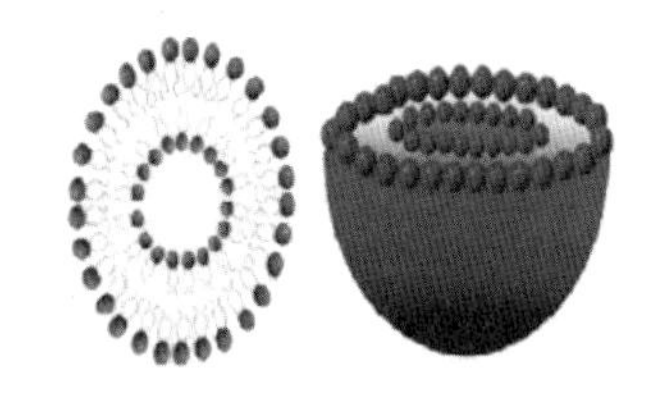

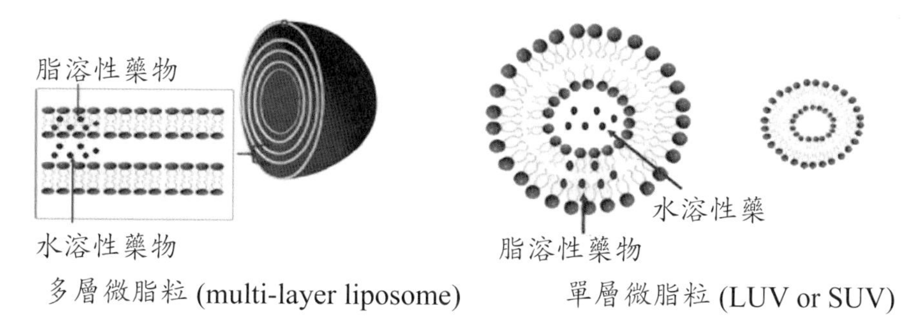

圖 4-10　微脂粒型態

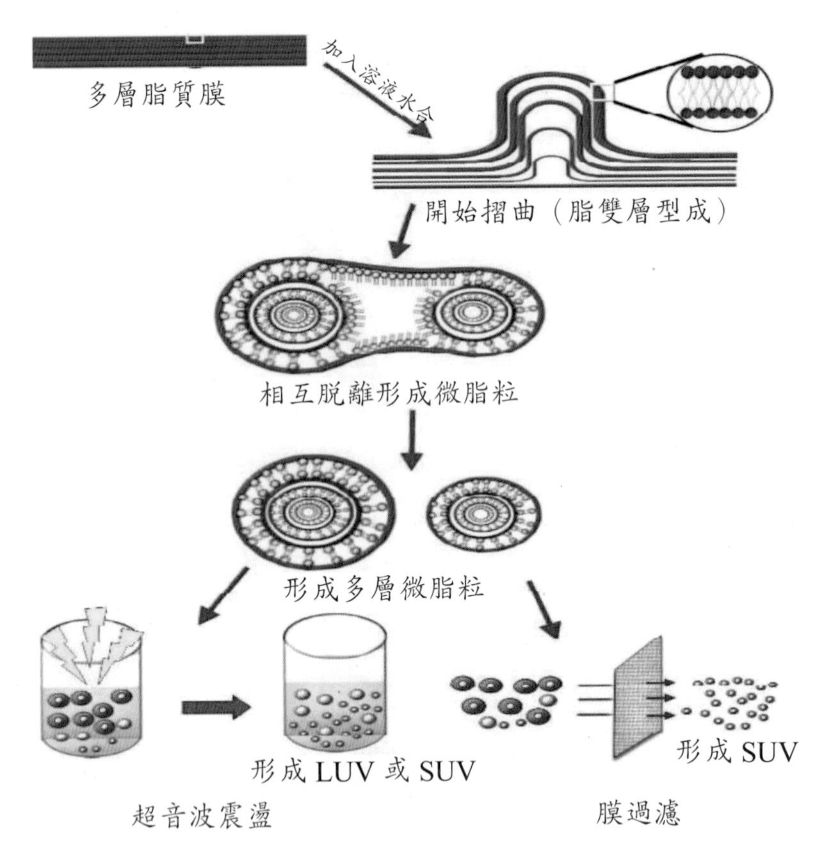

圖 4-11　脂質經由超音波獲膜過濾形成微脂粒過程

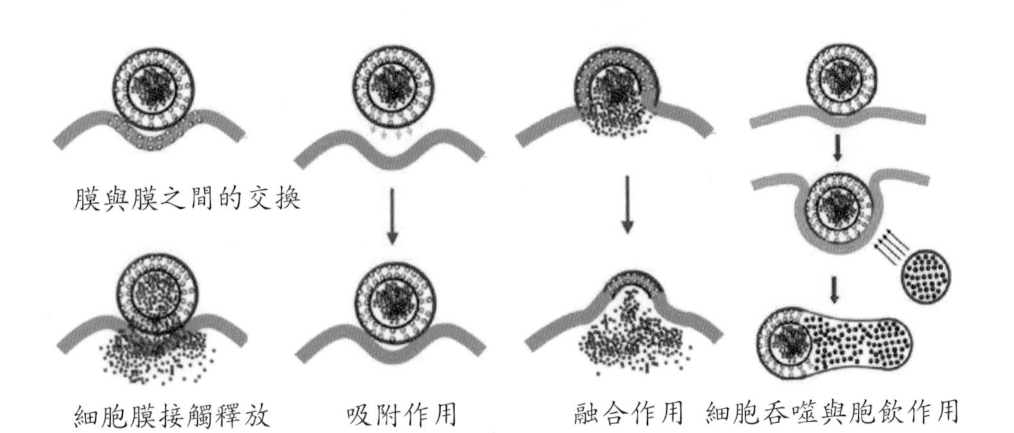

圖 4-12　微脂粒與細胞的作用型態

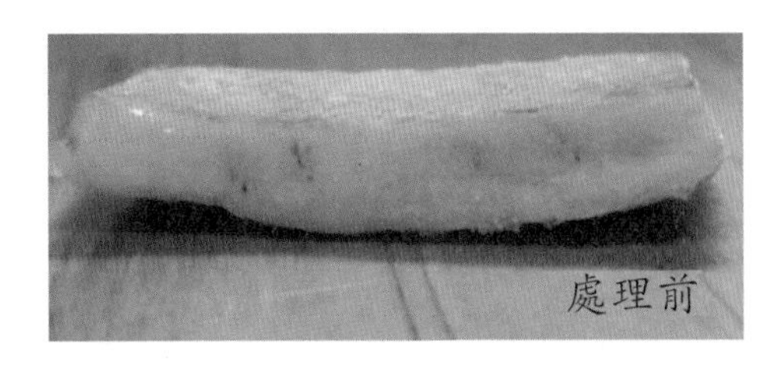

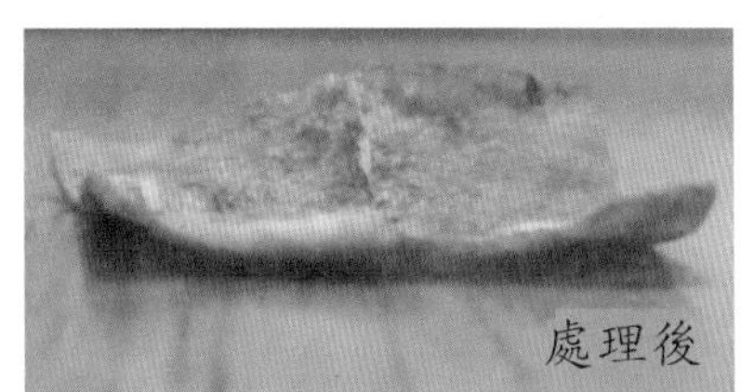

圖 4-13　豬皮前處理

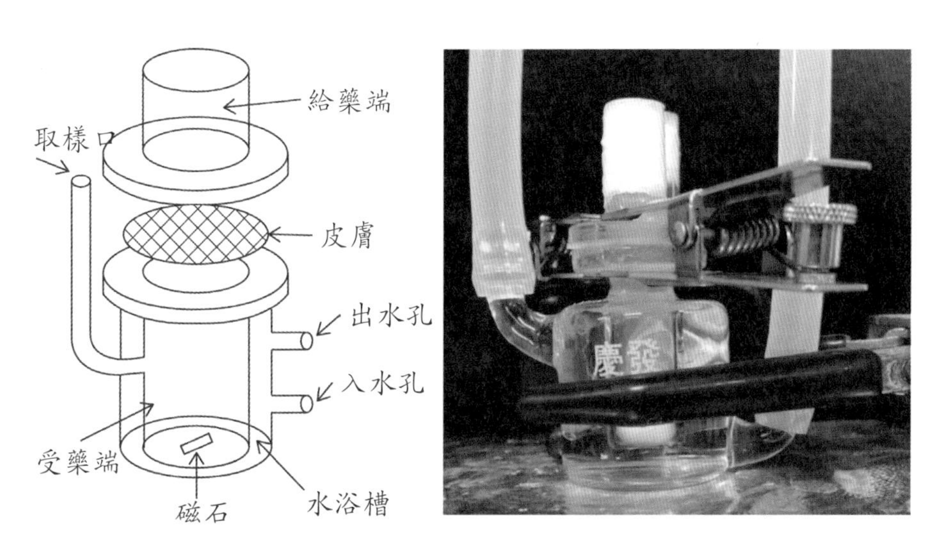

圖 4-14　Franz-type cell 裝置圖

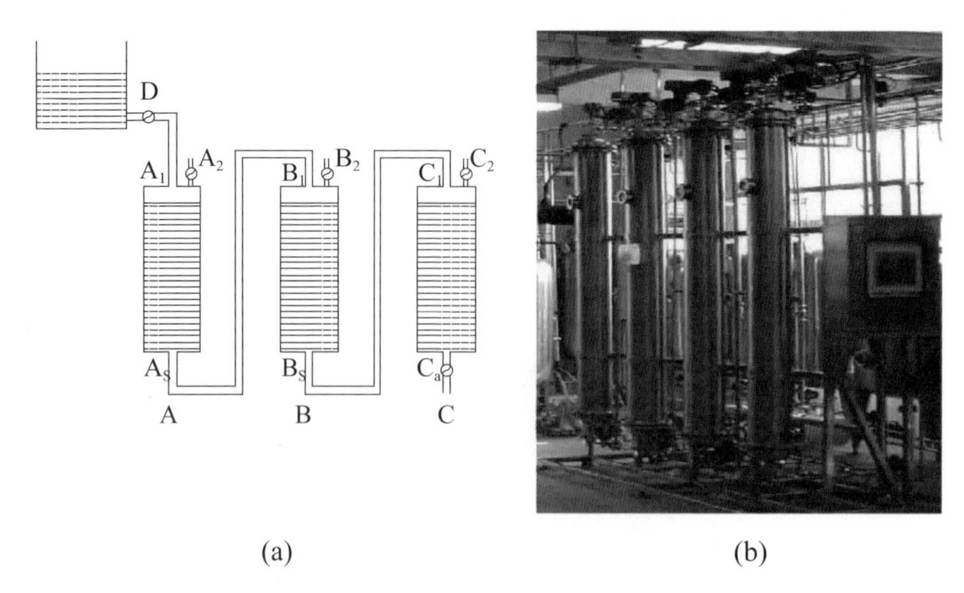

圖 6-6　大孔吸附樹脂裝置示意圖

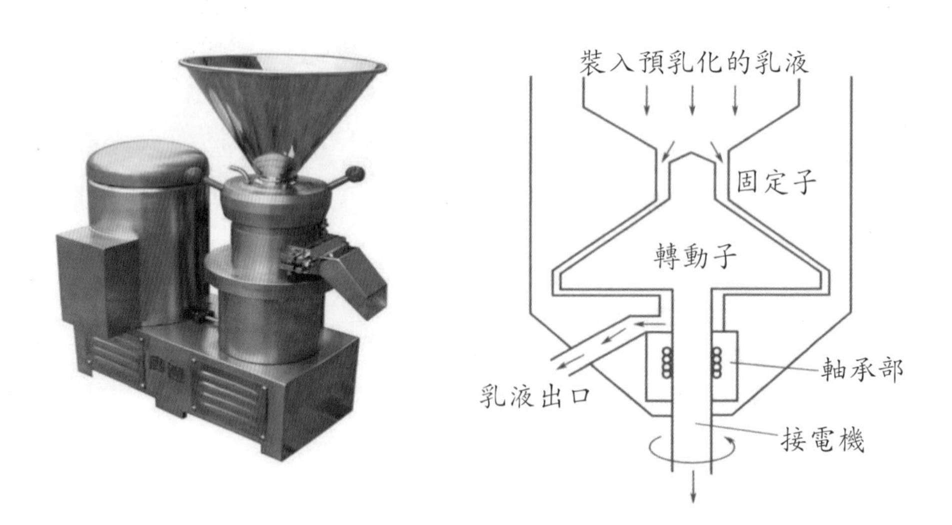

圖 7-3　膠磨機

圖片來源：tc.diytrade.com。

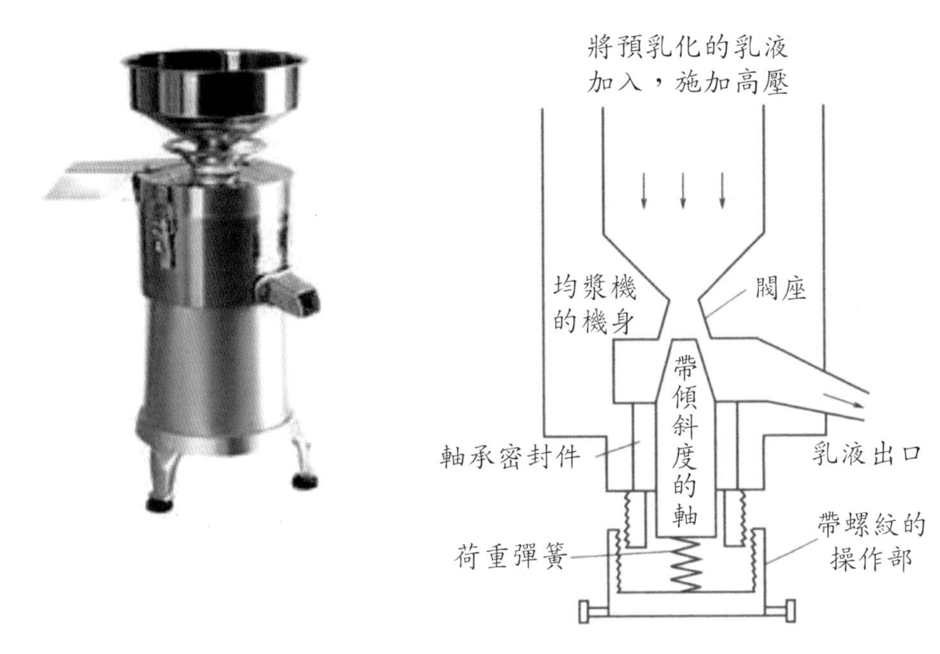

圖 7-4　均漿機

圖片來源：tw.1688.com。

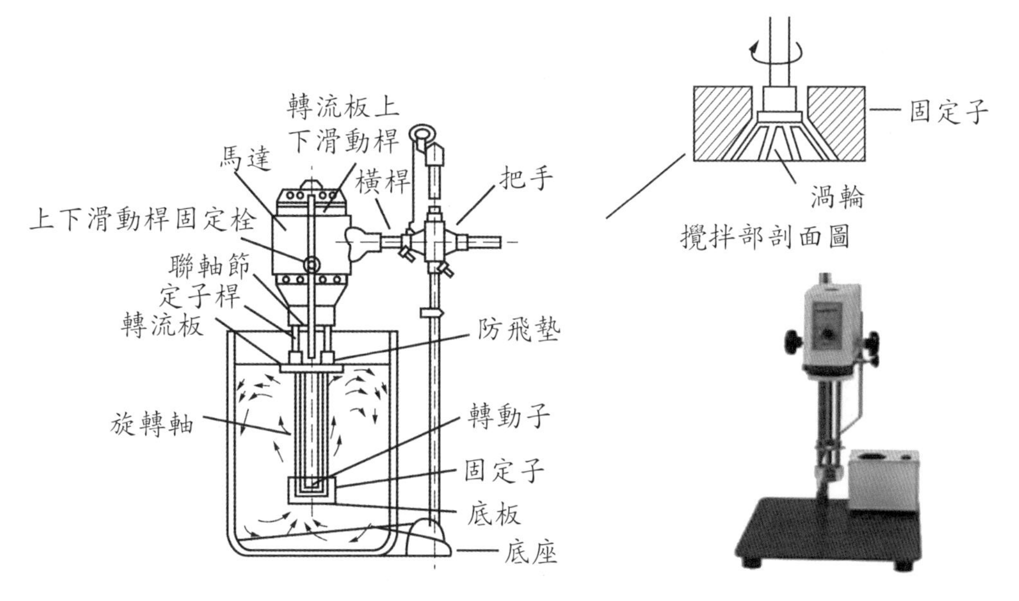

圖 7-5　均質攪拌機

圖片來源：www.shuennyih.com.tw。

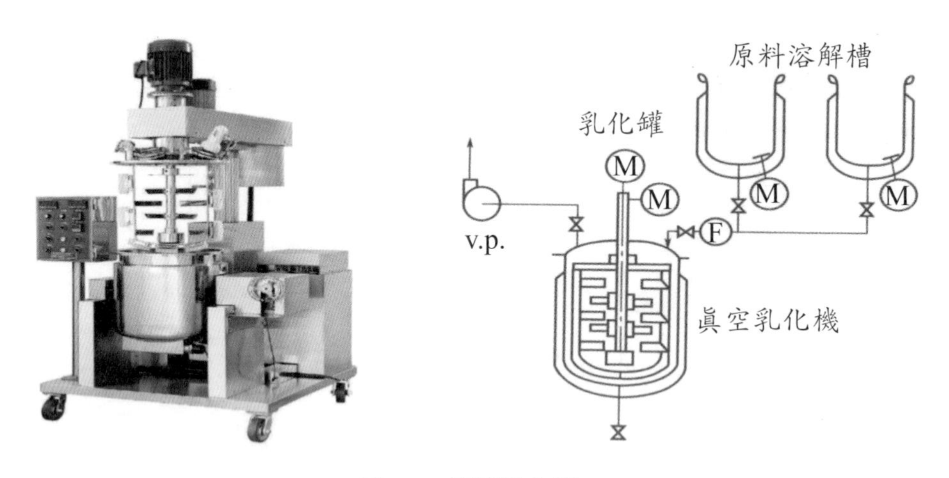

圖 7-6　真空乳化機

圖片來源：bohsheuan.com.tw。

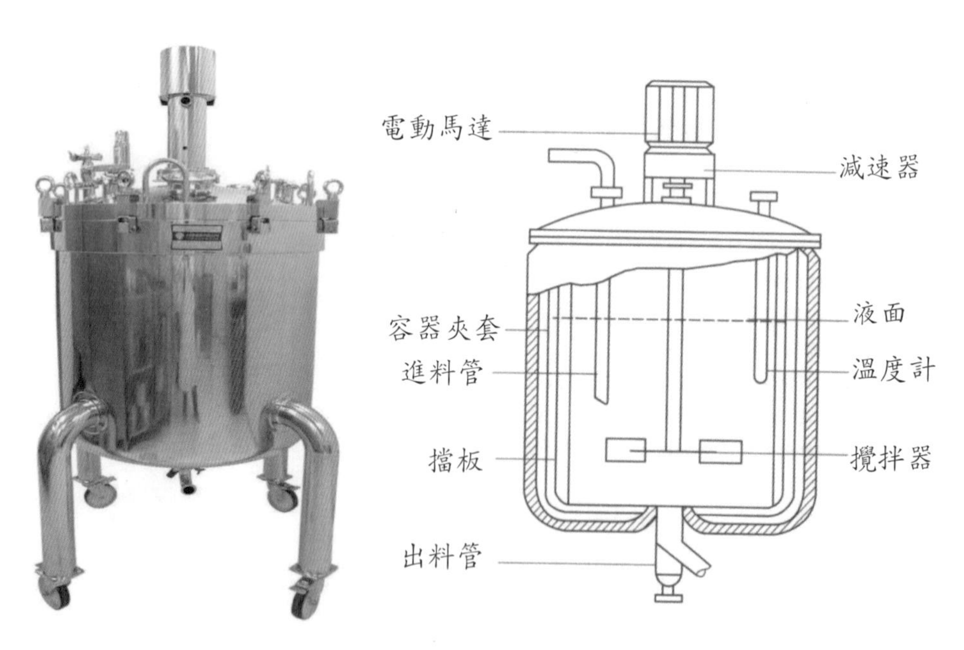

圖 7-8　立式攪拌混合釜結構圖

圖片來源：shang-yuh.com。

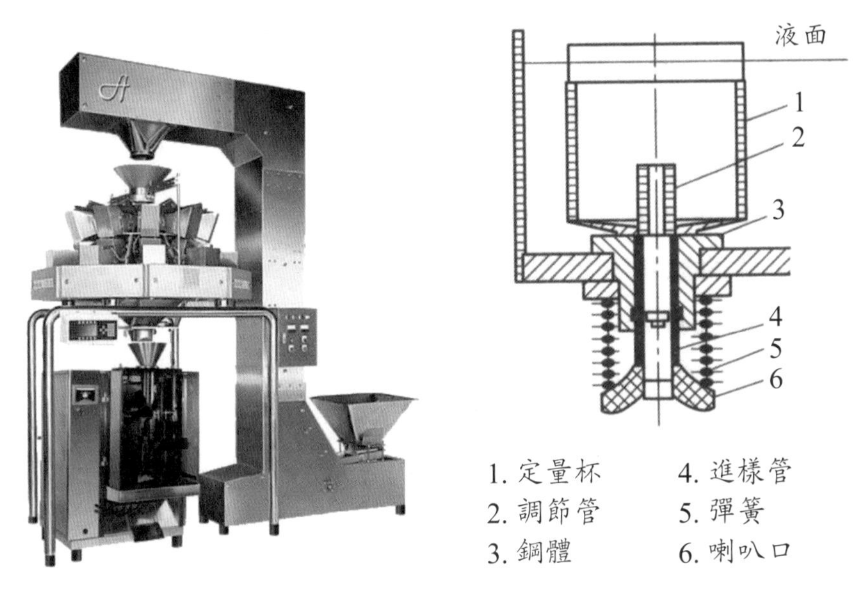

圖 7-11　定量杯充填機的結構

圖片來源：cens.com。

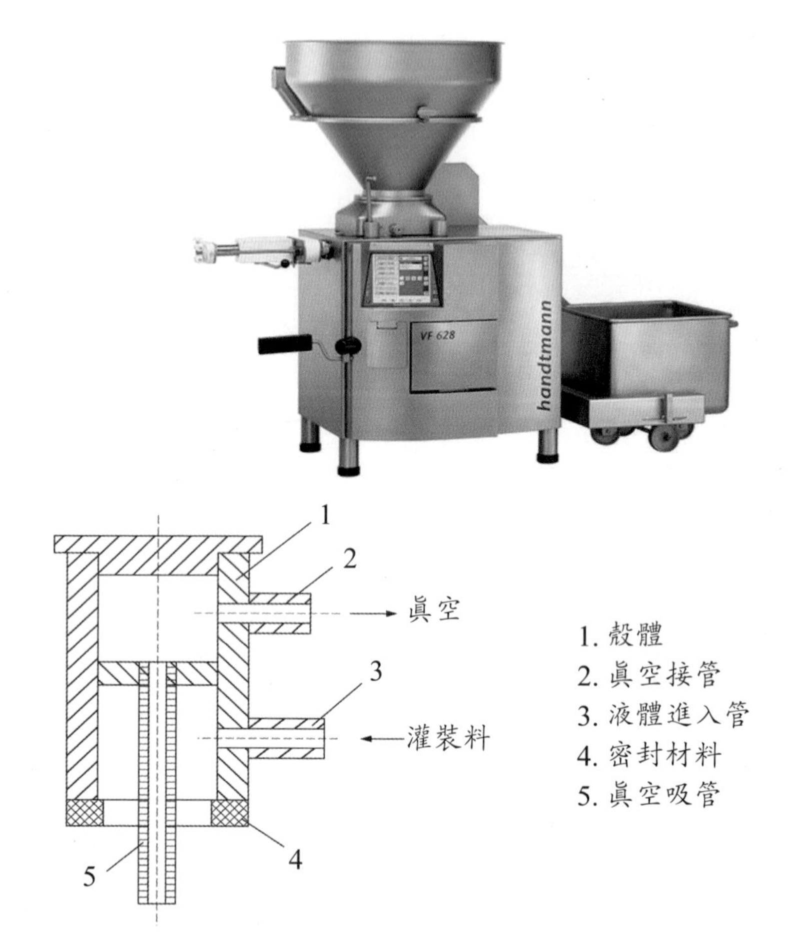

圖 7-12　真空充填機的結構

圖片來源：ttc-hp.com。

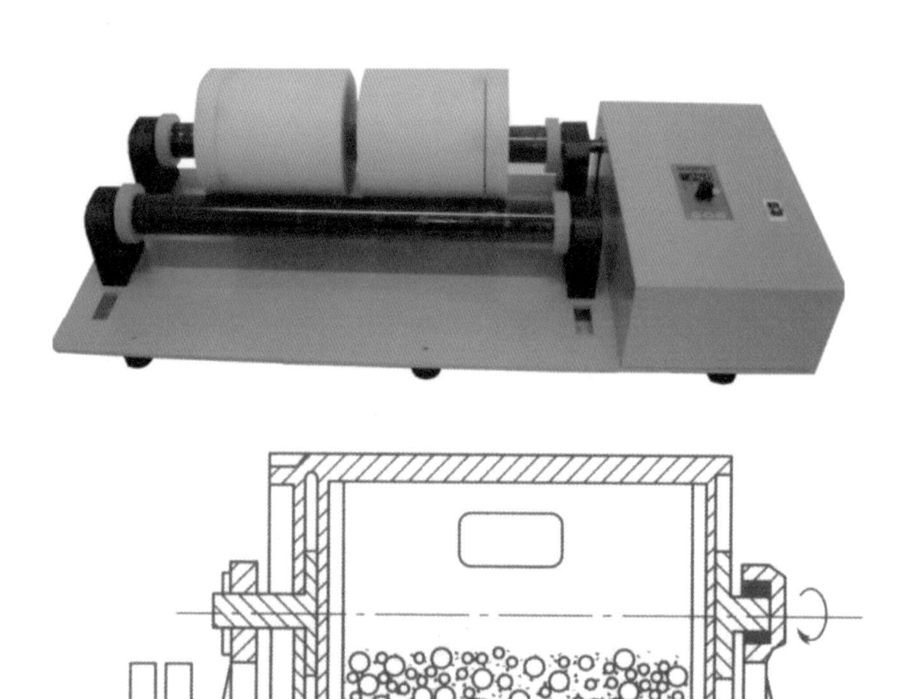

圖 7-18　球磨機

圖片來源：product.acttr.com。

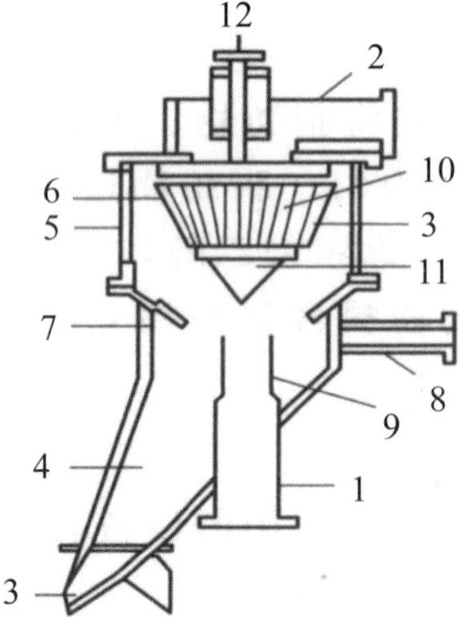

1. 進料管
2. 排風管
3. 轉動子
4. 集粉管
5. 分離室
6. 轉動子上的空氣通道
7. 調流環
8. 二次風管
9. 餵料位置環
10. 扇片
11. 轉動子錐底
12. 轉軸
13. 活絡排風口

圖 7-19 微粉分離器

圖片來源：rightek.com.tw。

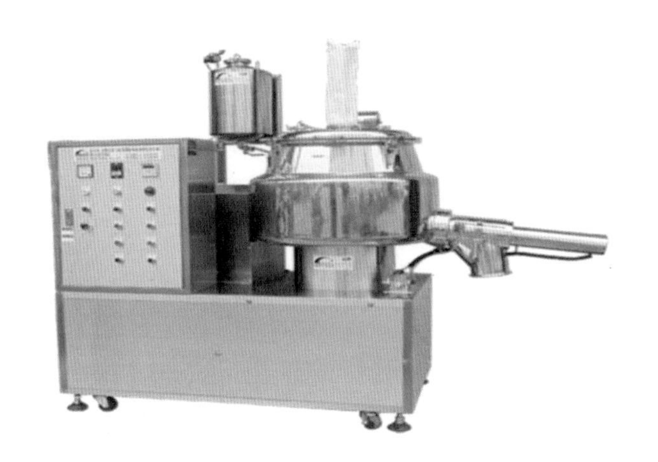

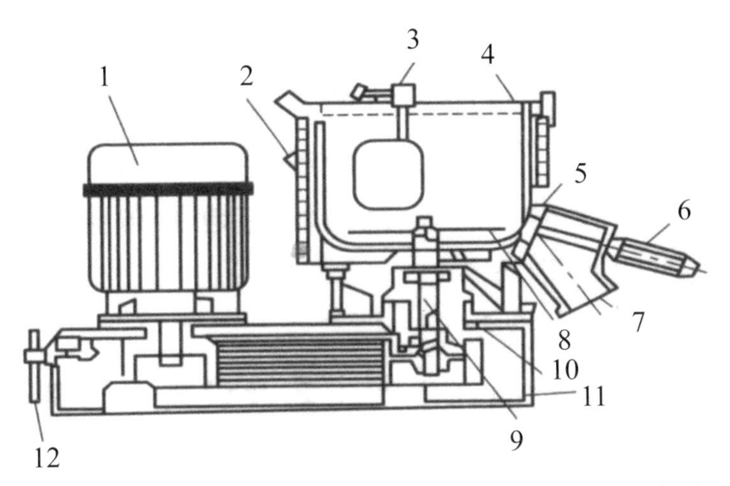

1. 電動機；2. 料筒；3. 溫度計；4. 蓋；5. 門蓋；6. 汽缸；7. 出料口；8. 攪拌葉輪；9. 軸；10. 軸殼；11. 機床；12. 調節螺絲

圖 7-20　高速攪拌混合機

圖片來源：www.cosmetic.com.tw。

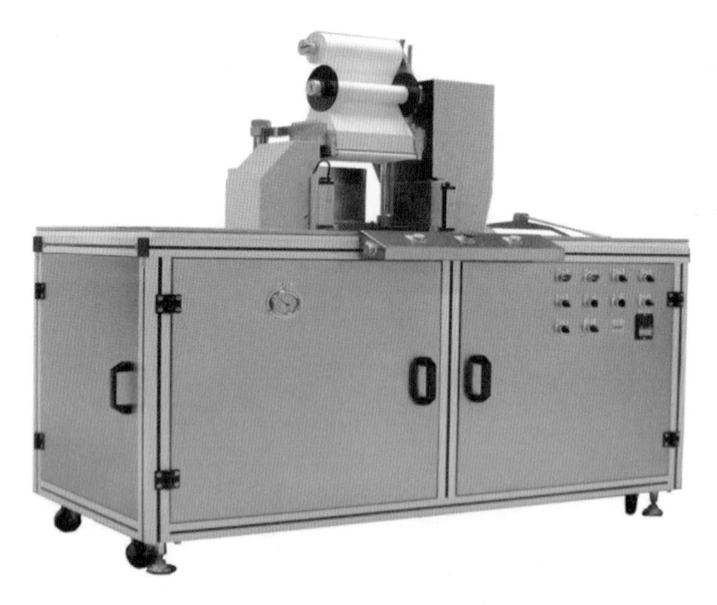

圖 7-21　自動壓餅機

圖片來源：062457918.web66.com.tw。

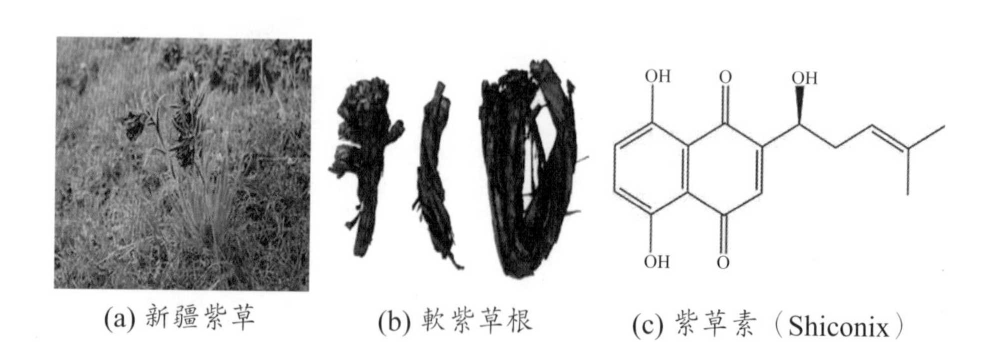

(a) 新疆紫草　(b) 軟紫草根　(c) 紫草素（Shiconix）

圖 8-2　紫草外觀及紫草素結構

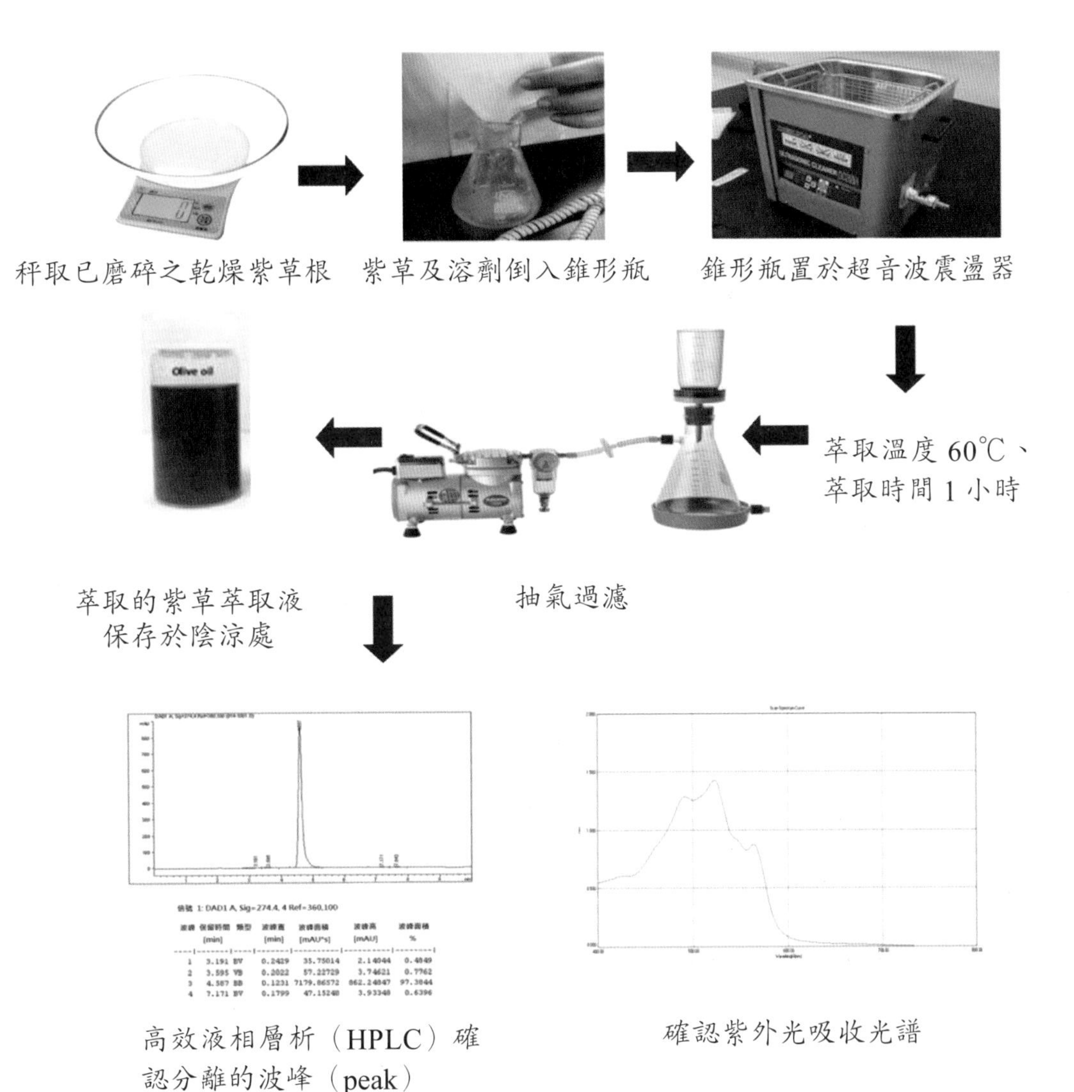

Olive oil
秤取已磨碎之乾燥紫草根
紫草及溶劑倒入錐形瓶
錐形瓶置於超音波震盪器
萃取溫度 60℃、
萃取時間 1 小時
抽氣過濾
萃取的紫草萃取液
保存於陰涼處
訊號 1: DAD1 A, Sig=274.4, 4 Ref=360,100
高效液相層析（HPLC）確
認分離的波峰（peak）
確認紫外光吸收光譜

波峰	保留時間 [min]	類型	波峰寬 [min]	波峰面積 [mAU*s]	波峰高 [mAU]	波峰面積 %
1	3.191	BV	0.2429	35.75014	2.14044	0.4849
2	3.595	VB	0.2022	57.22729	3.74621	0.7762
3	4.587	BB	0.1231	7179.86572	862.24847	97.3844
4	7.171	BV	0.1799	47.15240	3.93348	0.6396

圖 8-3　實驗一超音波輔助萃取實驗流程

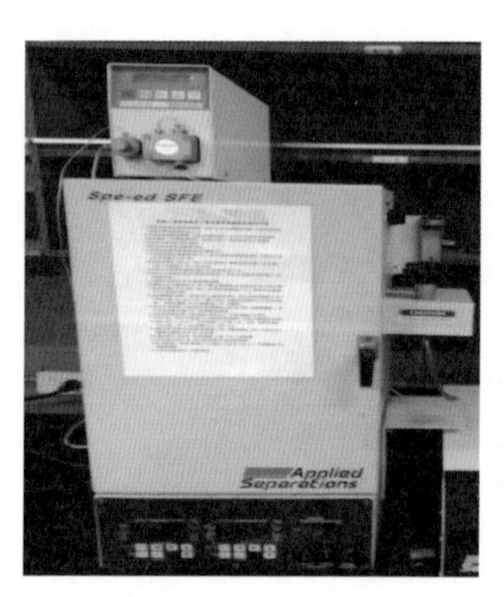

超臨界二氧化碳
萃取機主機

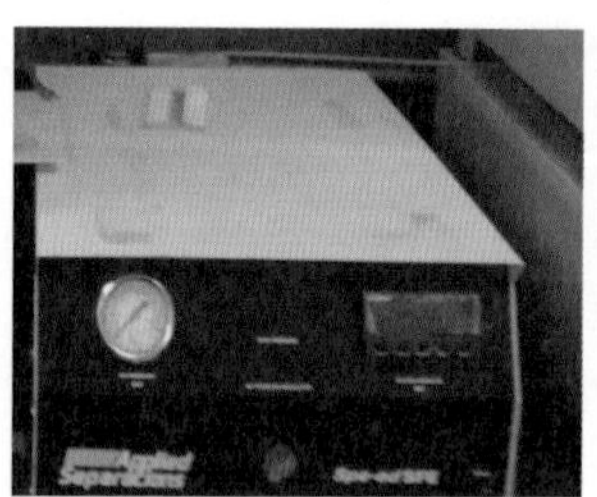

氣體調節機

氮氣及二氧化碳
鋼瓶

圖 8-4　超臨界二氧化碳萃取機

秤取已磨碎之乾燥紫草根　放置 32 ml 萃取槽　32 ml 萃取槽置於超臨界二氧化碳萃取機

空氣及液態二氧化碳鋼瓶打開

轉開烘箱上 CO_2 input 旋鈕，並開始加壓（32 ml 萃取槽）壓力：400 bar 60℃或者是 270 bar 35℃

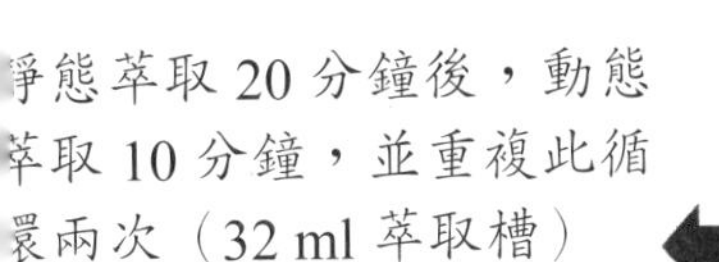

靜態萃取 20 分鐘後，動態萃取 10 分鐘，並重複此循環兩次（32 ml 萃取槽）

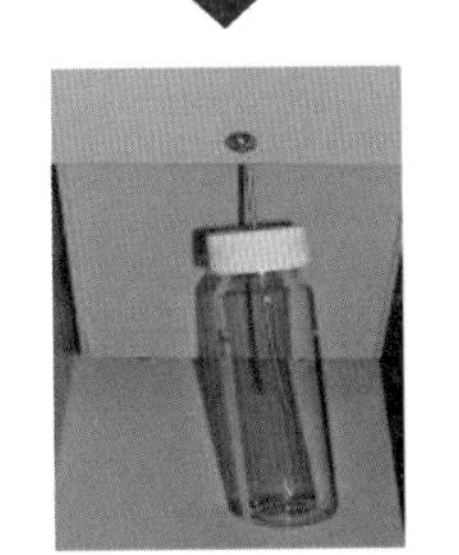

插上收集瓶方

萃取的紫草萃取液保存於陰涼處

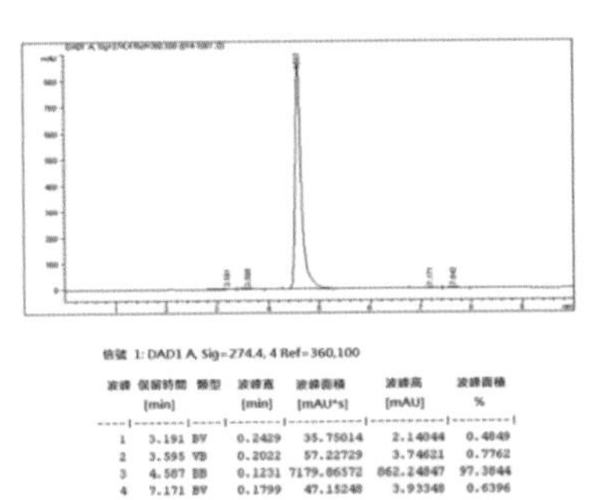

信號 1: DAD1 A, Sig=274.4, 4 Ref=360,100

波峰	保留時間 [min]	類型	波峰寬 [min]	波峰面積 [mAU*s]	波峰高 [mAU]	波峰面積 %
1	3.191	BV	0.2429	35.75014	2.14044	0.4849
2	3.595	VB	0.2022	57.22729	3.74621	0.7762
3	4.587	BB	0.1231	7179.86572	862.24847	97.3844
4	7.171	BV	0.1799	47.15248	3.93348	0.6396

高效液相層析（HPLC）確認分離的波峰（peak）

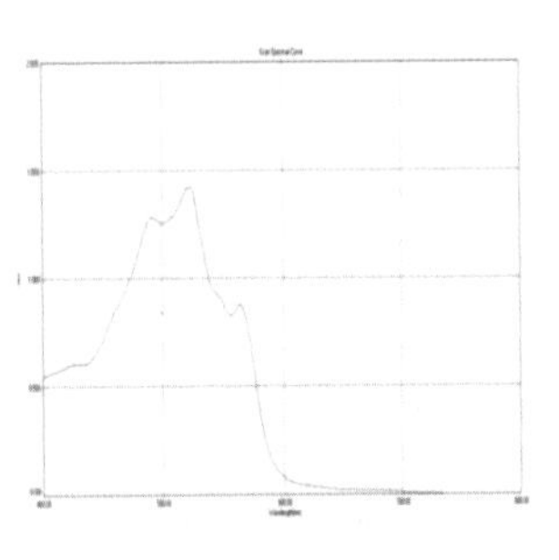

確認紫外光吸收光譜

圖 8-5　實驗二超臨界萃取實驗流程

鋁製油膏罐

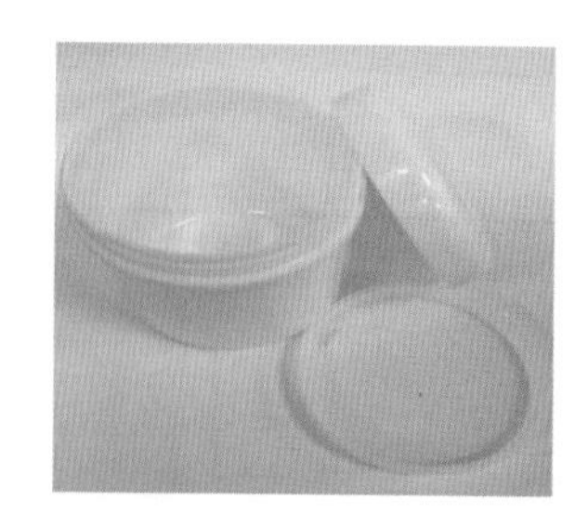

面霜罐

實驗三紫雲膏調製建議化妝品容器

荷荷芭油 28 g　聖約翰草油 5 g　金盞花油 5 g　將油品加熱攪拌均勻，加熱至 60～70℃後。

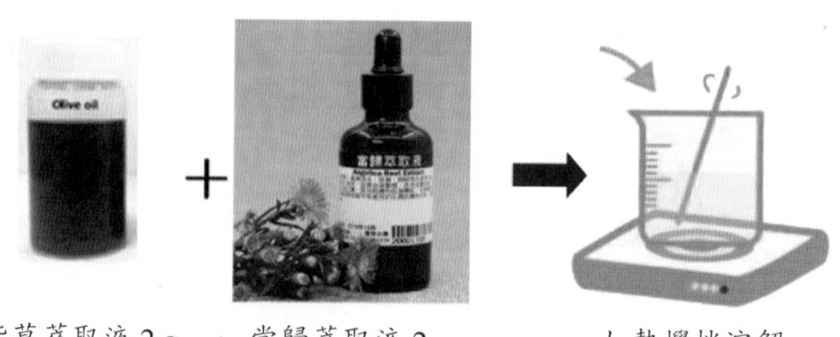

紫草萃取液 2 g　當歸萃取液 2 g　加熱攪拌溶解

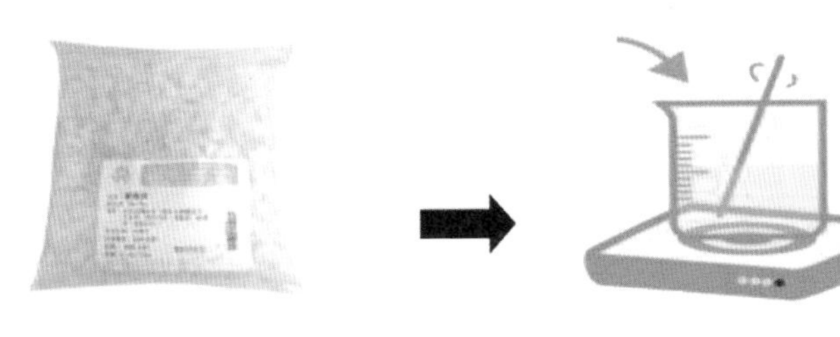

蜜腊粒 6 g　　　　加熱攪拌溶解

薄荷腦 3g　　　攪拌至溶解　薰衣草精油 1 g　　　攪拌至溶解

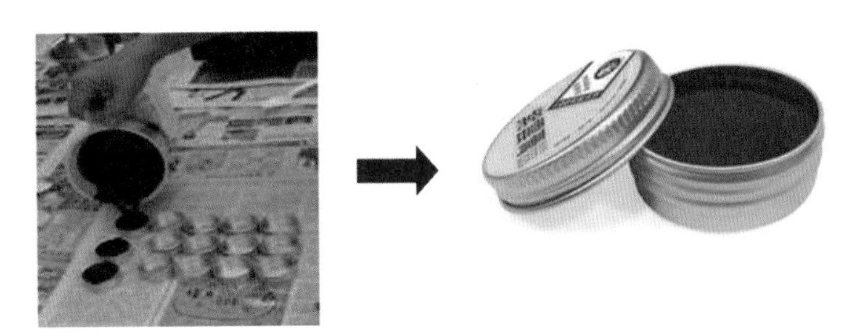

裝入鋁製油膏罐　　　　待凝固後即完成紫雲膏製備

圖 8-6　實驗三紫雲膏調製實驗流程

鋁製油膏罐

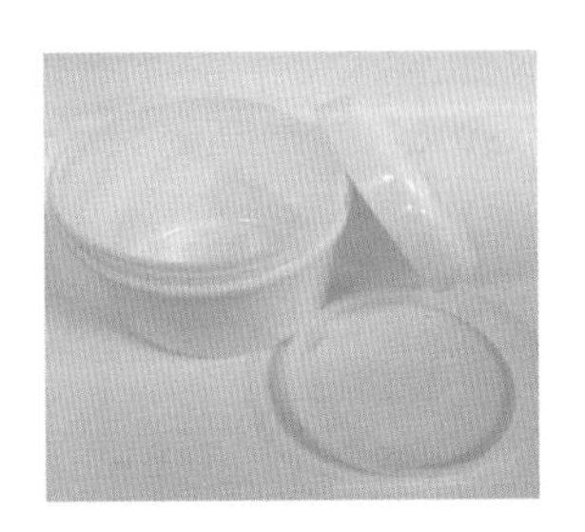

面霜罐

實驗四洋甘菊護手乳液調製建議化妝品容器

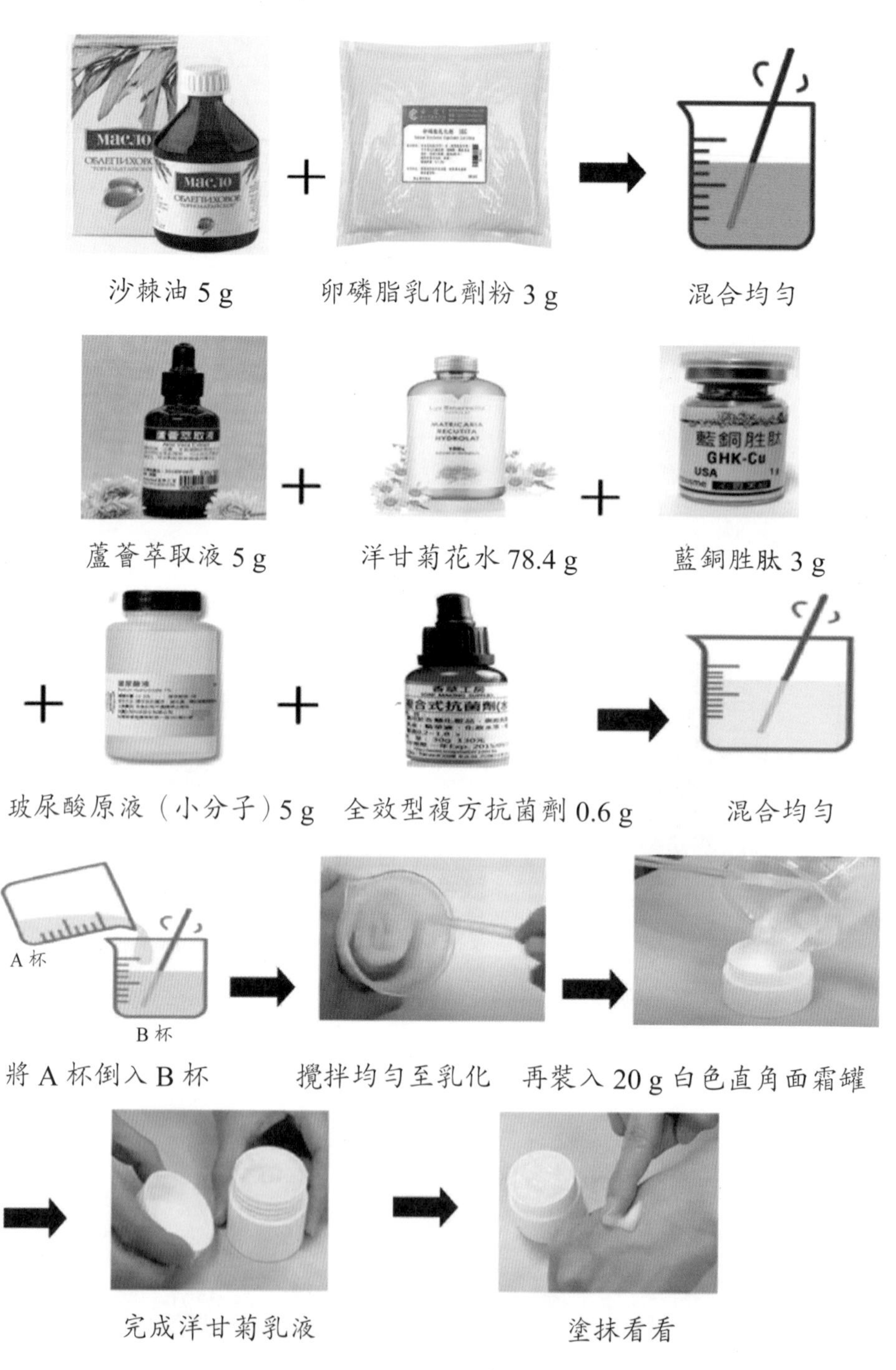

圖 8-7　實驗四洋甘菊護手乳液調製實驗流程

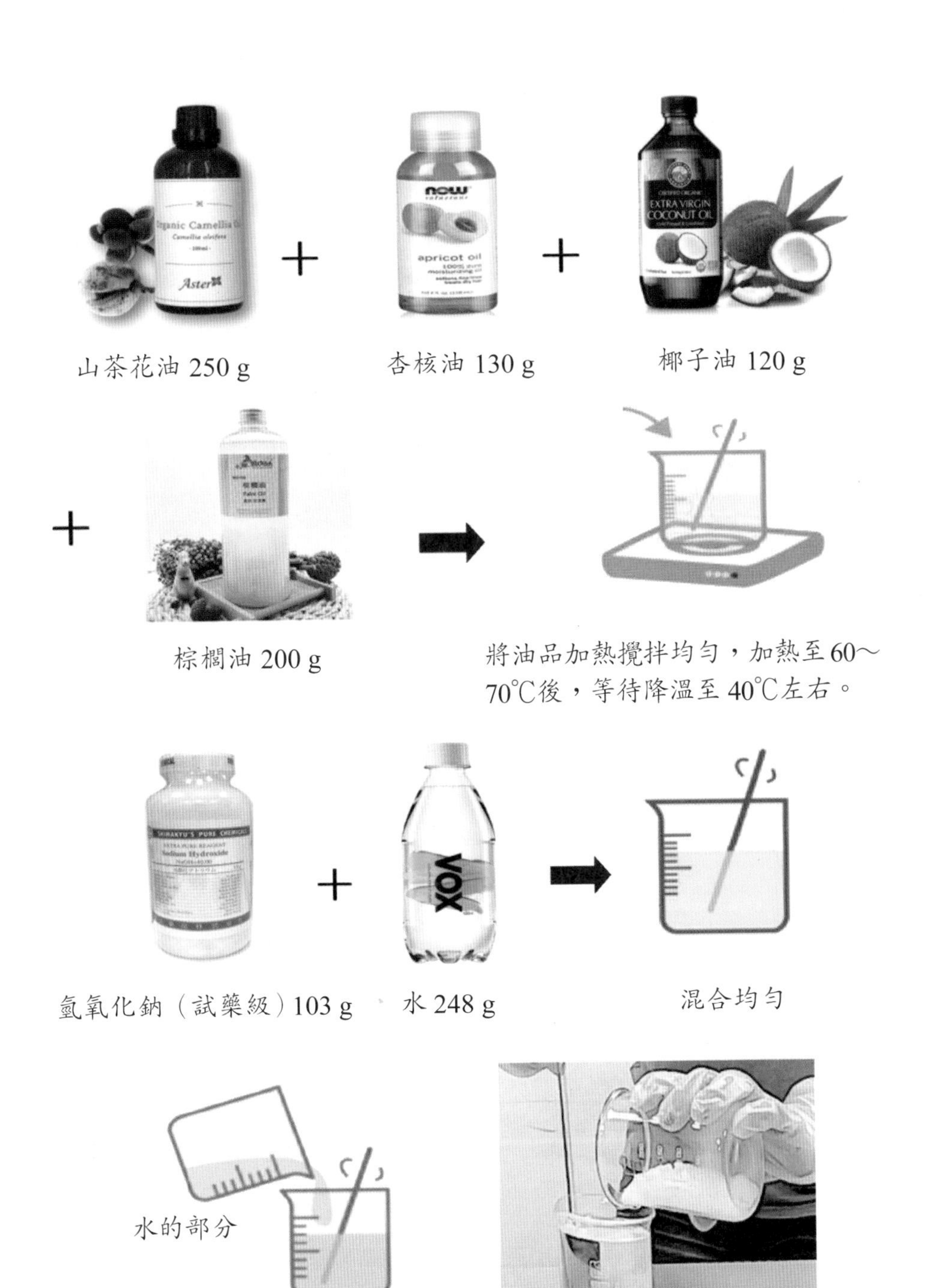

慢慢的把「水的部分」倒入「油的部分」，一隻手倒．一隻手攪拌，緩慢混合攪拌均勻。

持續攪拌待呈現畫 8 字痕跡不會消失時

加入適量精油 再攪拌均勻即可入模

矽膠模型放入紙箱

將皂倒入矽膠模型

入模後用厚紙板壓在上方吸濕

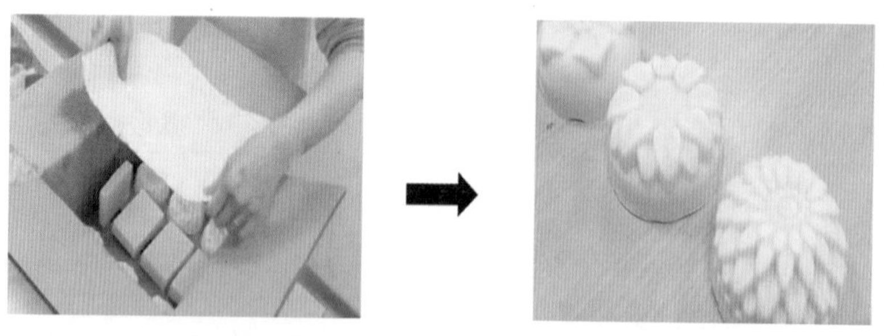

2-3 天後可脫模

脫模後再晾皂約 2～3 週即可完成

圖 8-8　實驗五山茶花手工肥皂調製實驗流程

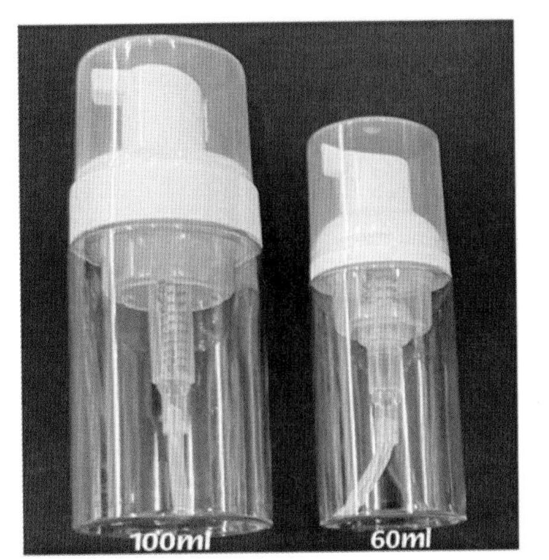
100ml
60ml

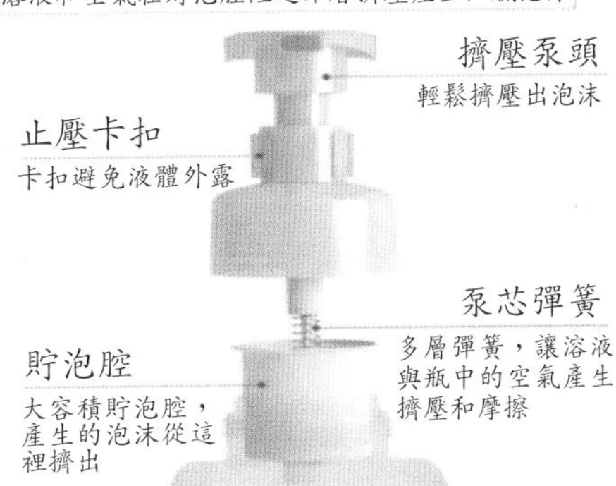
慕斯起泡瓶工作原理
溶液和空氣在貯泡腔經過深層擠壓產生細膩泡沫
擠壓泵頭
輕鬆擠壓出泡沫
止壓卡扣
卡扣避免液體外露
泵芯彈簧
多層彈簧，讓溶液與瓶中的空氣產生擠壓和摩擦
貯泡腔
大容積貯泡腔，產生的泡沫從這裡擠出

慕斯瓶

實驗六舒敏洗顏慕絲調製建議化妝品容器

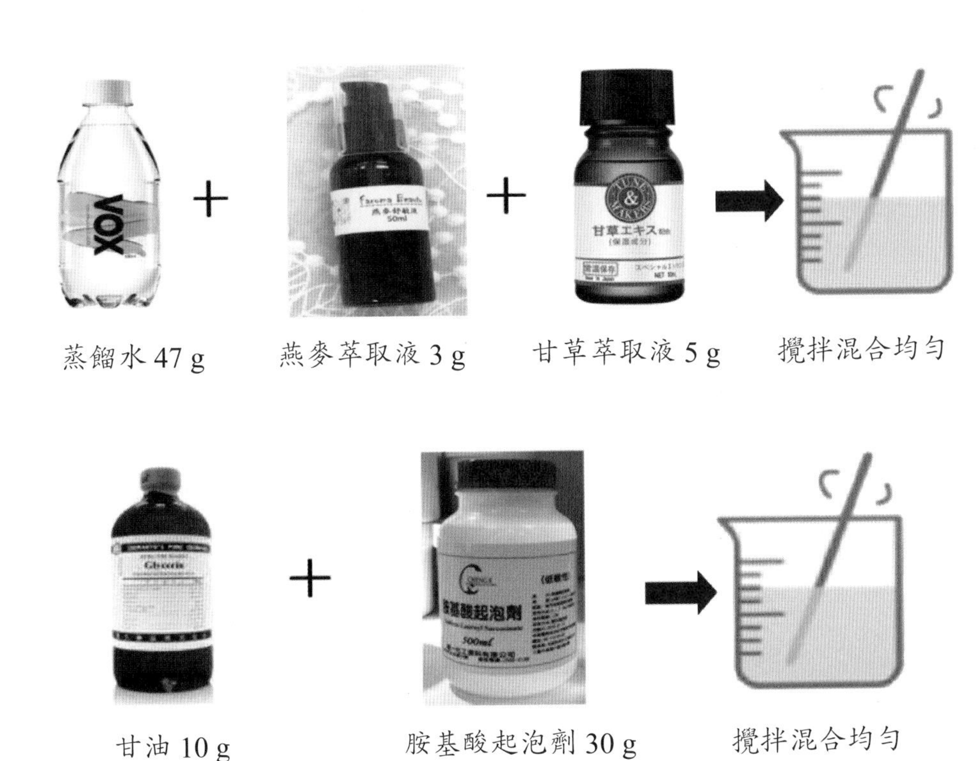
蒸餾水 47 g
燕麥萃取液 3 g
甘草萃取液 5 g
攪拌混合均勻
甘油 10 g
胺基酸起泡劑 30 g
攪拌混合均勻

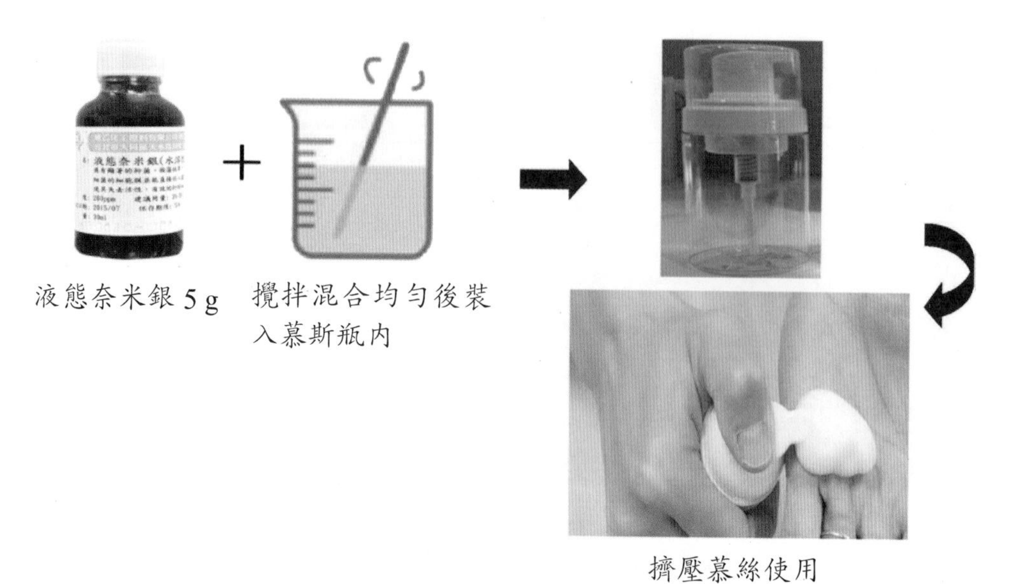
液態奈米銀 5 g
攪拌混合均勻後裝
入慕斯瓶內
擠壓慕絲使用

圖 8-9　實驗六舒敏洗顏慕絲調製實驗流程

噴霧瓶

眞空型噴霧、乳液分裝瓶

玻璃分裝瓶

實驗七金盞花舒緩保濕化妝水調製建議化妝品容器

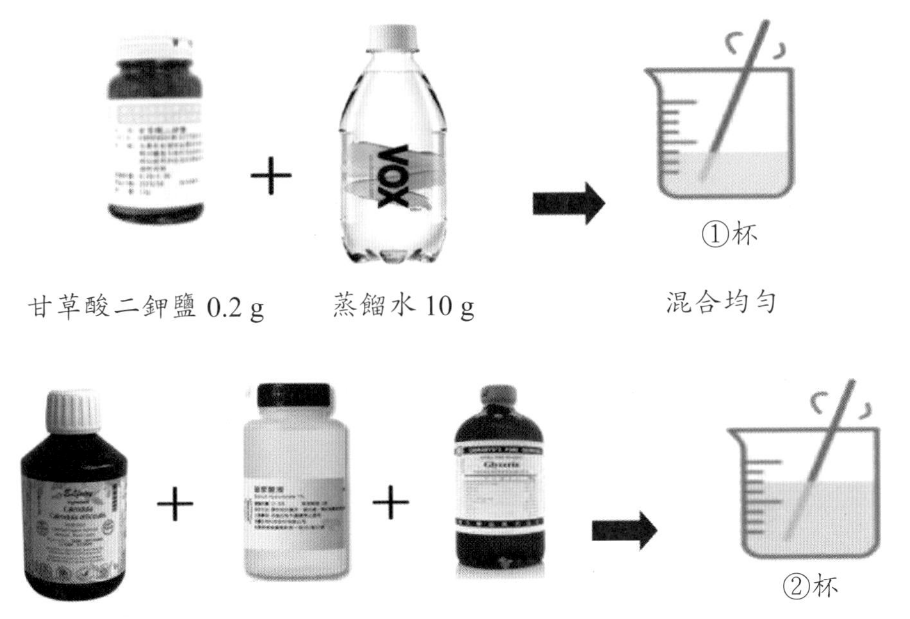

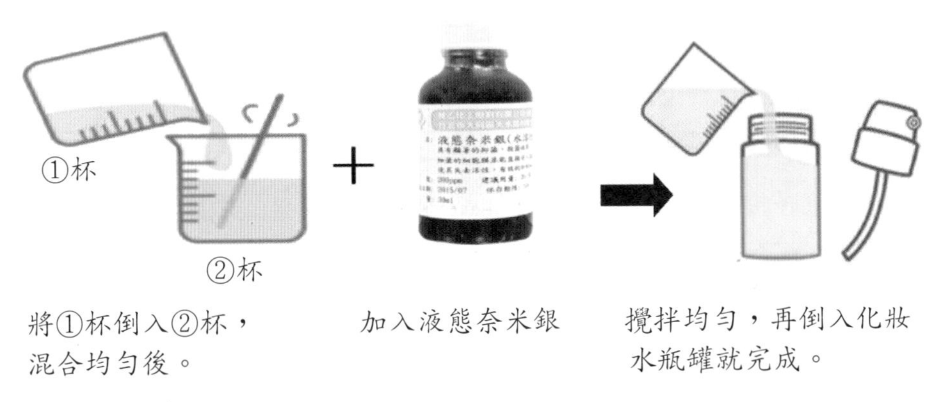

金盞花純露 71.8 g、玻尿酸原液 10 g、甘油 5 g
先加入金盞花純露入燒杯，再加入玻尿酸原液混合均勻，最後加入甘油混合均勻。

①杯
②杯
將①杯倒入②杯，混合均勻後。
加入液態奈米銀
攪拌均勻，再倒入化妝水瓶罐就完成。

圖 8-10　實驗七金盞花舒緩保濕化妝水調製實驗流程

眞空型噴霧分裝瓶

玻璃分裝瓶

實驗八茶樹乾洗手凝膠調製建議化妝品容器

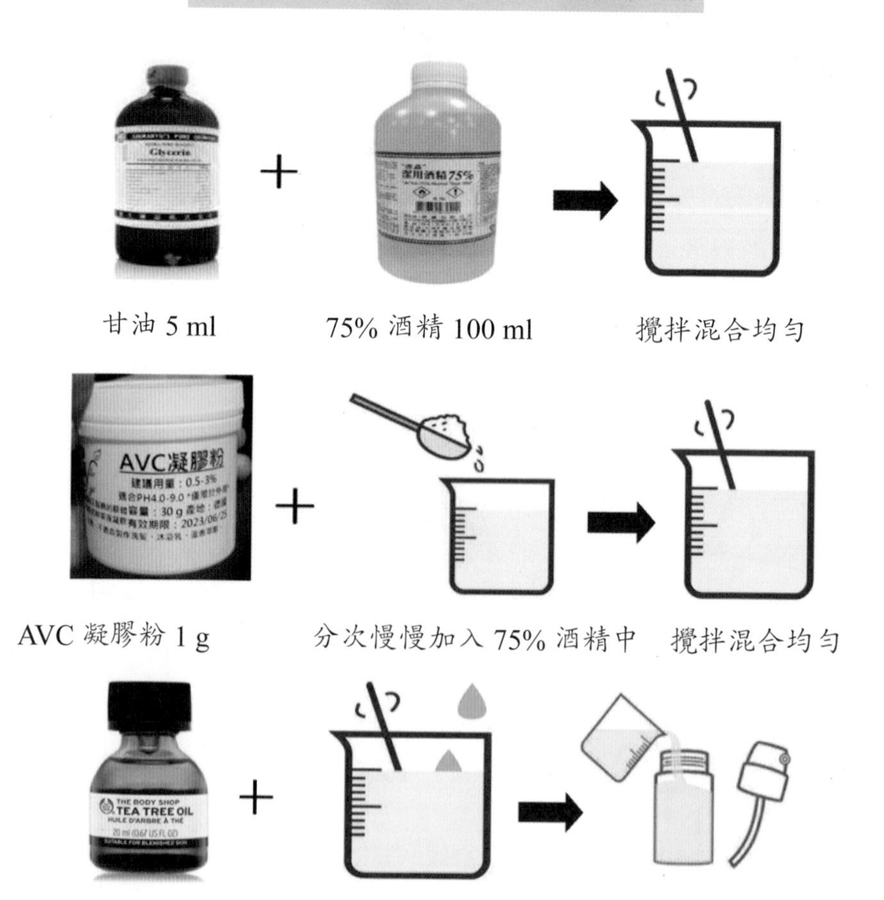

Glycerin
藥用酒精75%
甘油 5 ml
75% 酒精 100 ml
攪拌混合均勻
AVC凝膠粉
建議用量：0.5-3%
AVC 凝膠粉 1 g
分次慢慢加入 75% 酒精中
攪拌混合均勻
THE BODY SHOP
TEA TREE OIL
HUILE D'ARBRE À THÉ
滴入茶樹精油 10～15 滴
攪拌均勻
再倒入化妝水瓶罐就完成

圖 8-11　實驗八茶樹乾洗手凝膠調製實驗流程

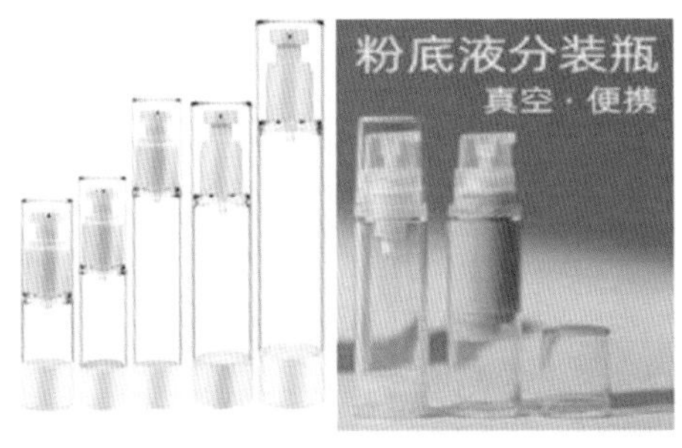

眞空型乳液分裝瓶　　　　粉底液盒

實驗九草本漢方修復粉底霜調製建議化妝品容器

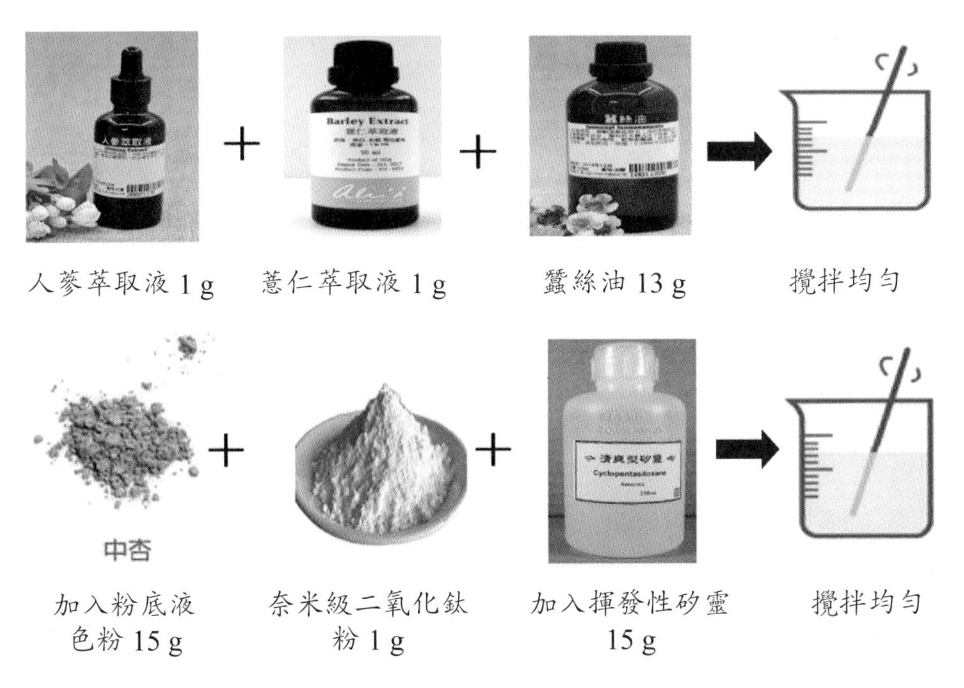

圖 8-12　實驗九草本漢方修復粉底霜調製實驗流程

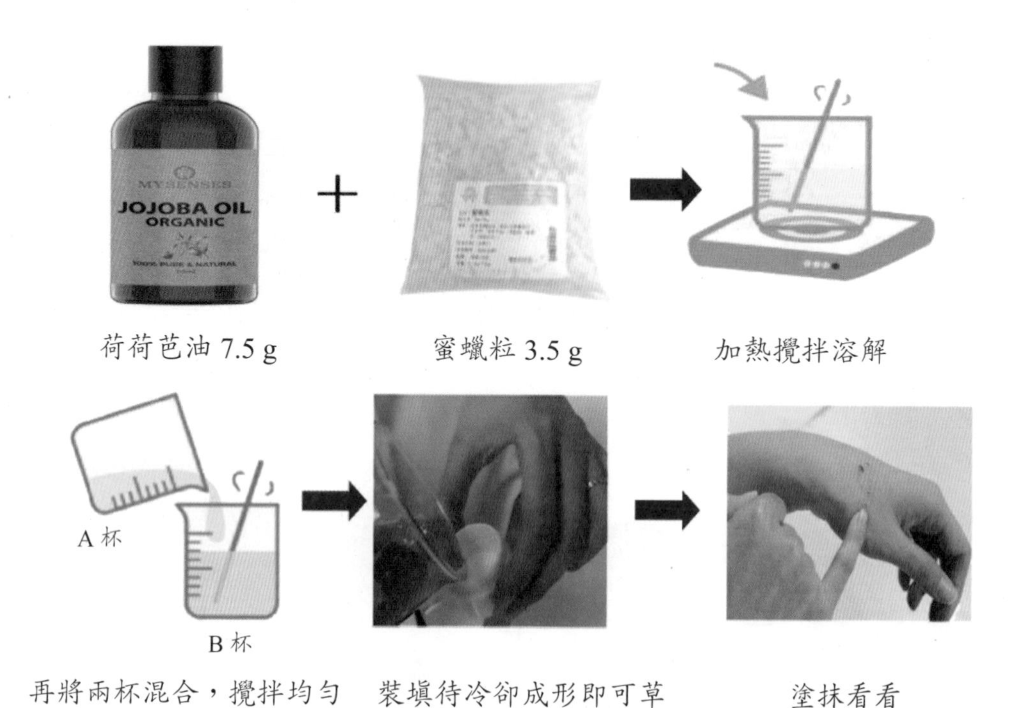

圖 8-12　實驗九草本漢方修復粉底霜調製實驗流程（續）

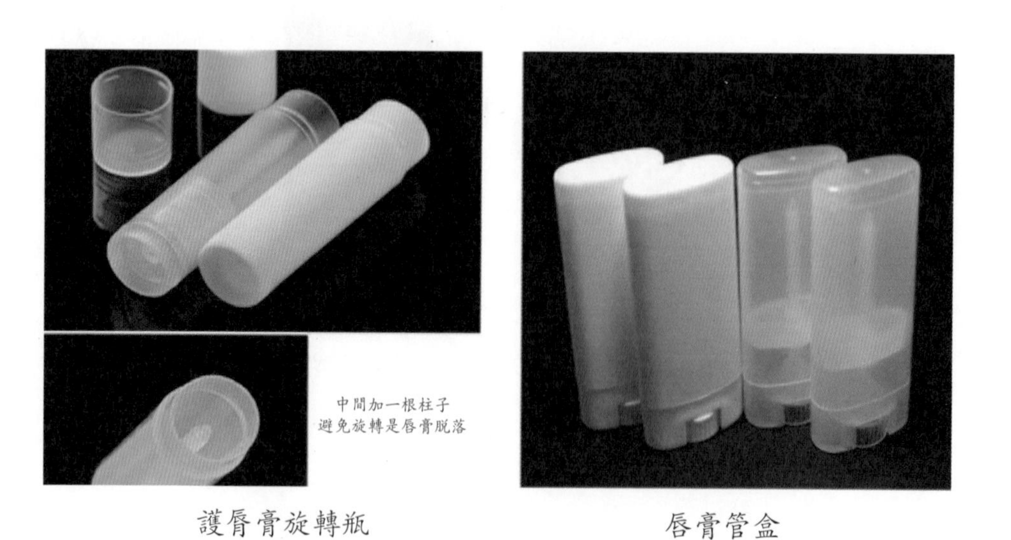

中間加一根柱子
避免旋轉是唇膏脫落
護唇膏旋轉瓶
唇膏管盒

實驗十紫草潤色護唇膏調製建議化妝品容器

秤取甜杏仁油 15 g　乳油木果脂 15 g　蜜蠟粒 15 g　放置燒杯加熱攪拌溶解

滴入喜歡的精油　加入適量紫草萃取物　攪拌均勻

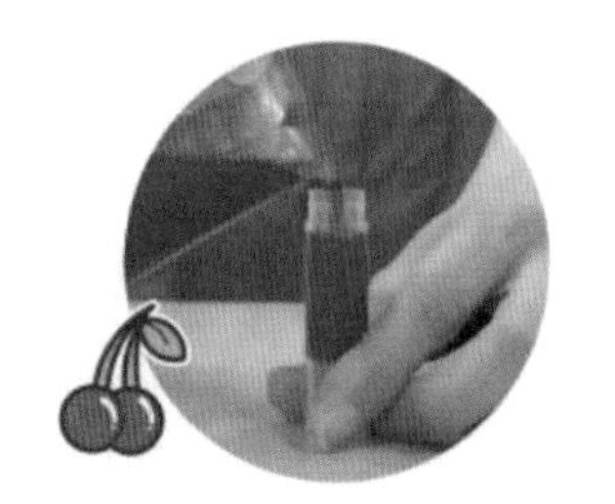

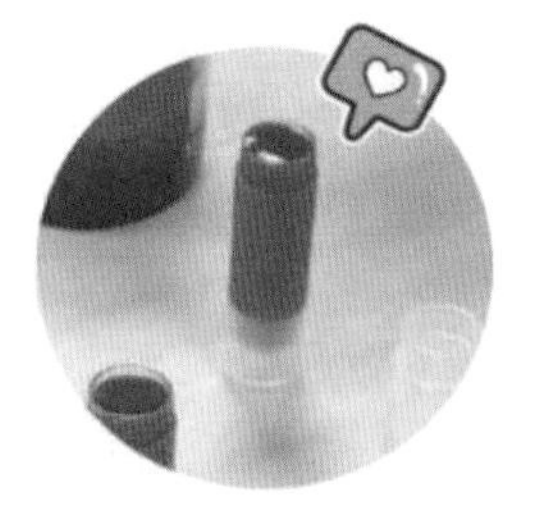

倒入護唇膏旋轉瓶　待凝固後就完成

圖 8-13　實驗十紫草潤色護唇膏調製實驗流程

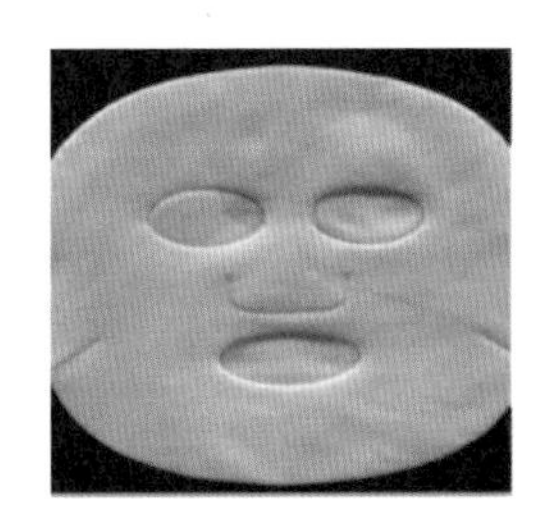

面膜紙

面膜袋

實驗十一草本漢方敷臉面膜調製建議化妝品材料

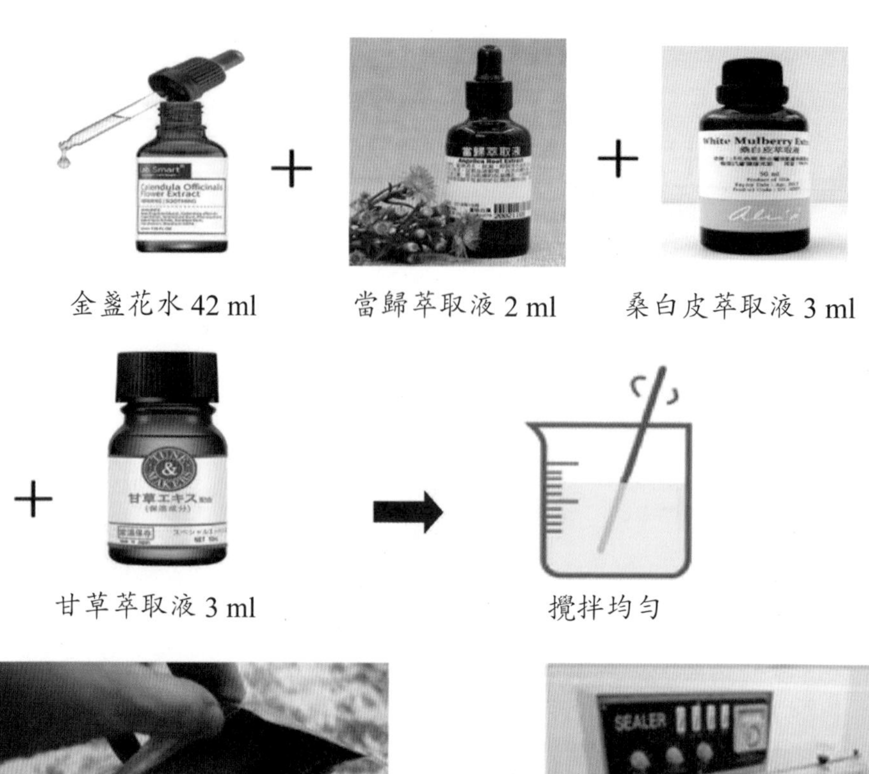

金盞花水 42 ml　當歸萃取液 2 ml　桑白皮萃取液 3 ml

甘草萃取液 3 ml　攪拌均勻

將面膜紙放入夾鏈袋，將步驟一調製混勻的敷臉精華液倒入市售面膜鋁箔袋內

可用封口機將面膜鋁箔袋密封

完成後面膜即可拿出使用

剩餘的精華液可以塗抹擦拭全身

圖 8-14　實驗十一草本漢方敷臉面膜調製實驗流程

觀察產品外觀

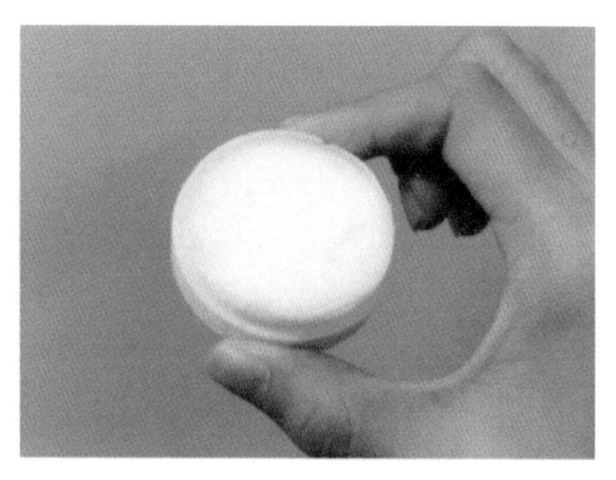

觀察產品光亮度

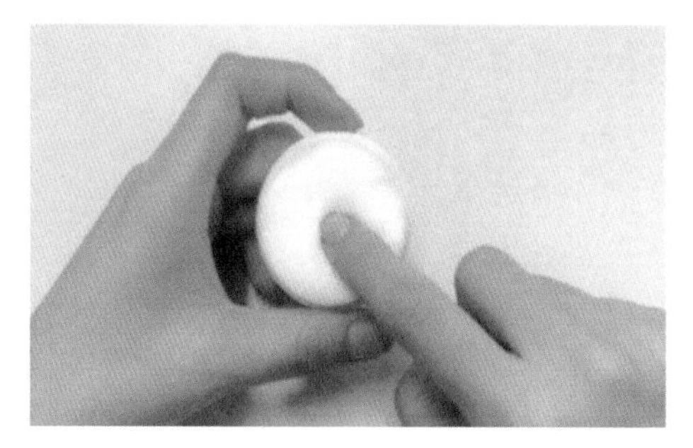

感受產品軟硬程度

產品沾取容易程度

圖 8-15　取樣及感官評價

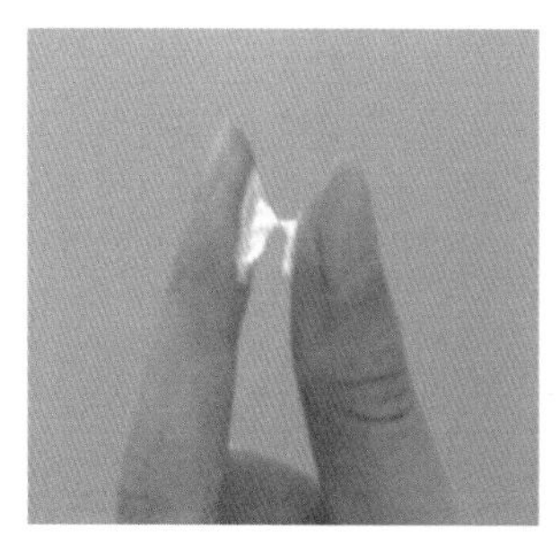

手指接觸感受

滑定手臂外側區域是否容易

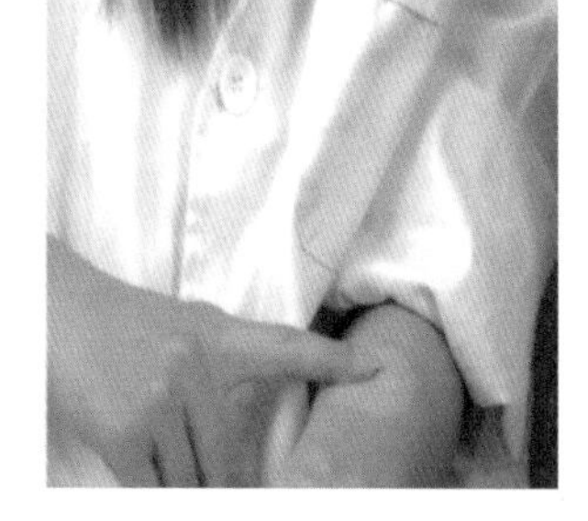

塗抹手臂內側是否容易

圖 8-16　塗抹及感官評價

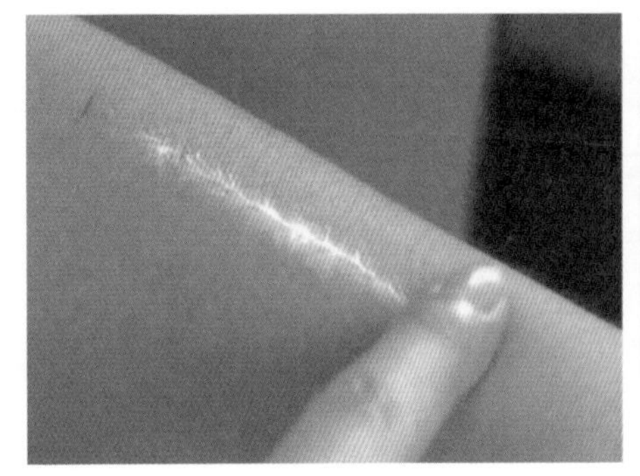

膚感測試

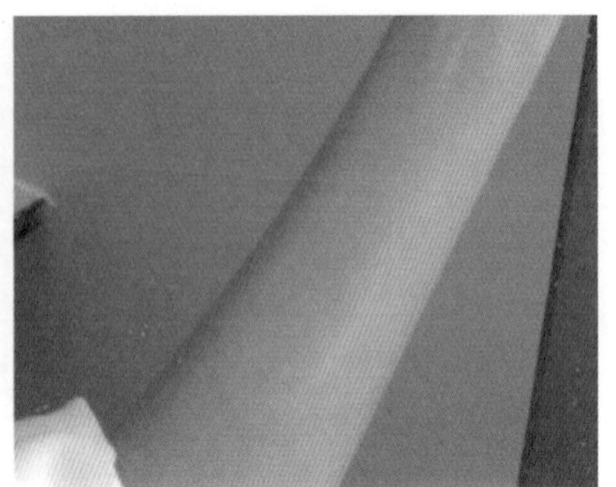

觀察皮膚光亮程度

圖 8-17　用後感覺評價

Mexameter

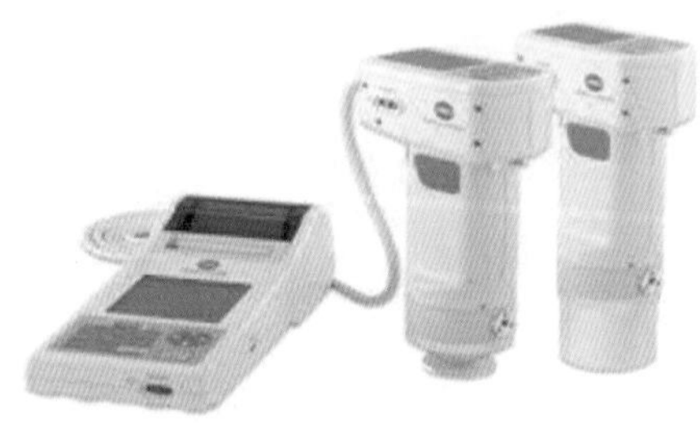

Chromameter

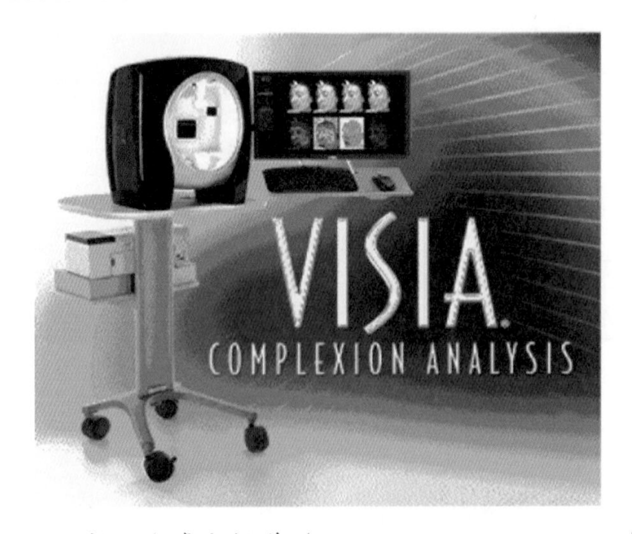

VISIA 數位皮膚分析儀（VISA complexion analysis）

圖 8-18　數種皮膚色澤分析儀器

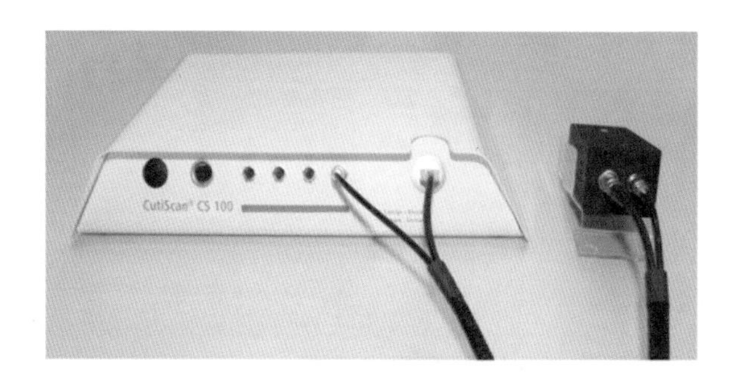

圖 8-19　皮膚黏彈性測試儀 CutiScan CS100

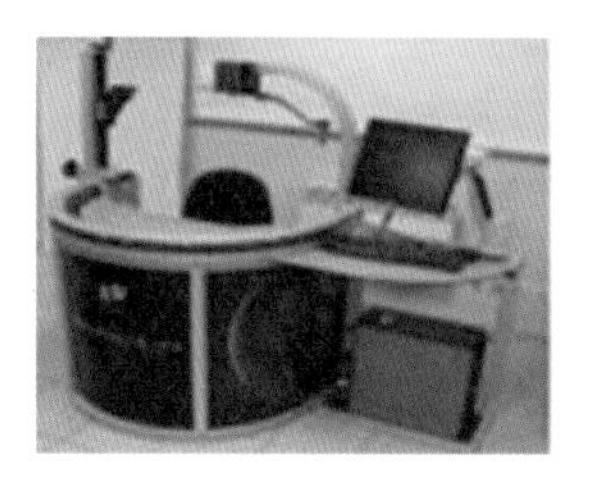

Derma Top 快速成像系統

VISIOFACE V4 感測器

藍色光源

1. 皮膚細紋測試

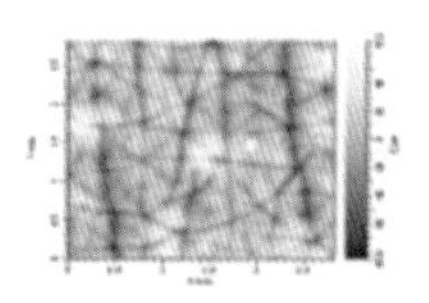

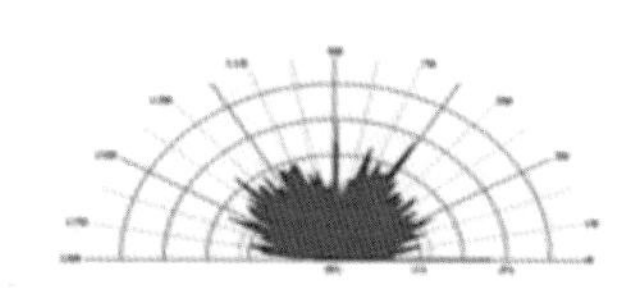

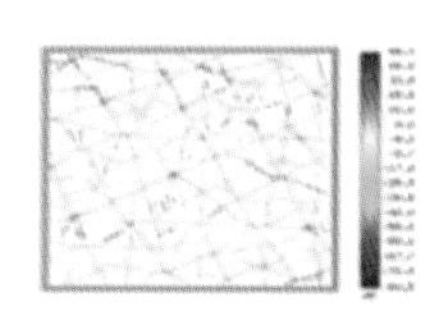

2. 皺紋測試：皺紋粗糙參數、體積、面積、平均深度

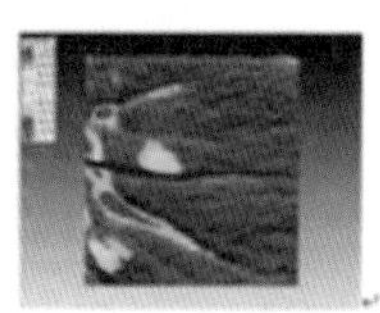

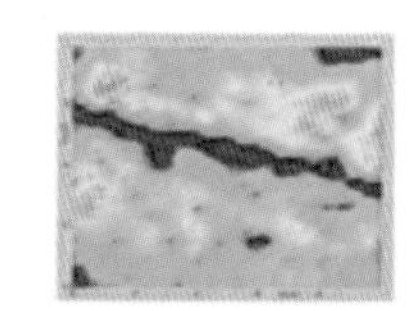

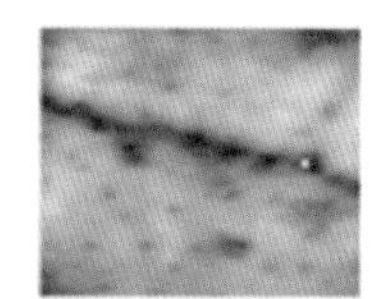

3. 皮膚毛孔測試：毛孔數量、面積和深度

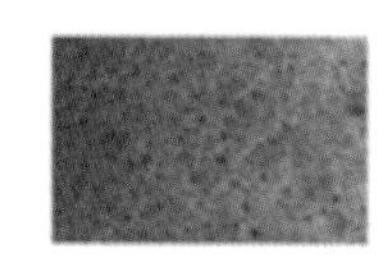

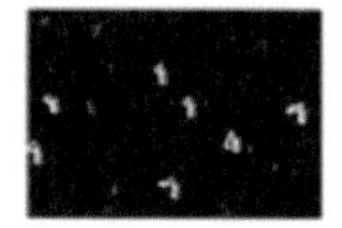

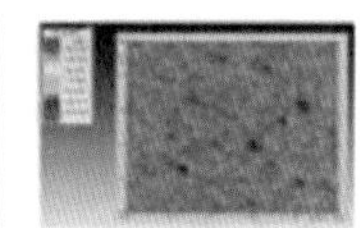

圖 8-20　皮膚快速成像分析系統 DermaTOP

4. 眼袋測試：眼袋體積和表面積變化

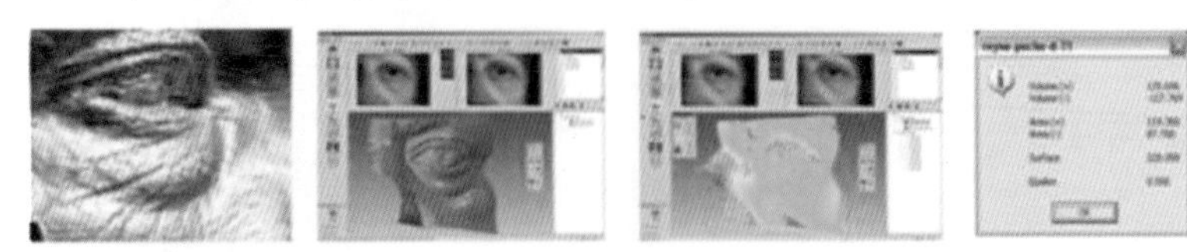

5. 唇紋測試：唇紋粗糙度參數

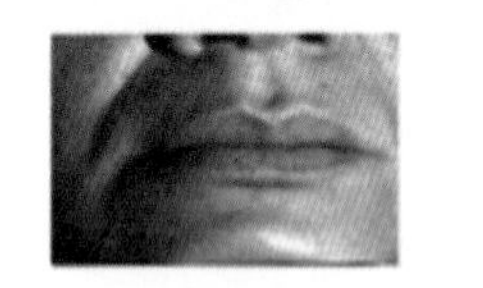
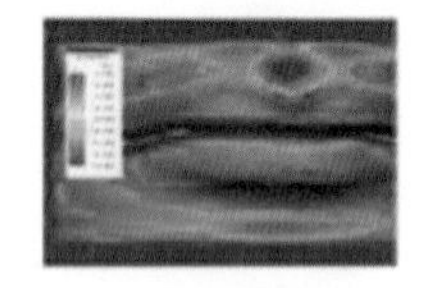
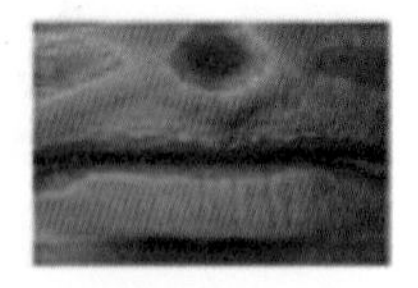

6. 皮膚蜂窩組織測試：蜂窩組織波浪粗糙參數、體積變化

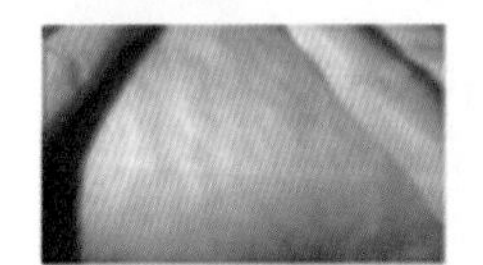
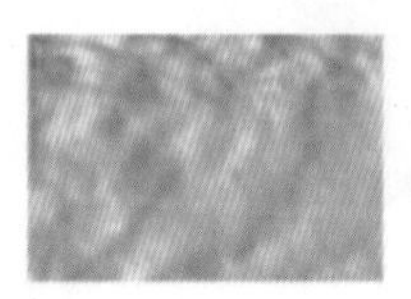
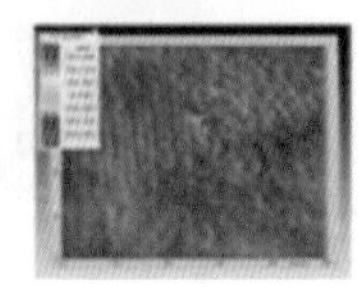

圖 8-20　皮膚快速成像分析系統 DermaTOP（續）

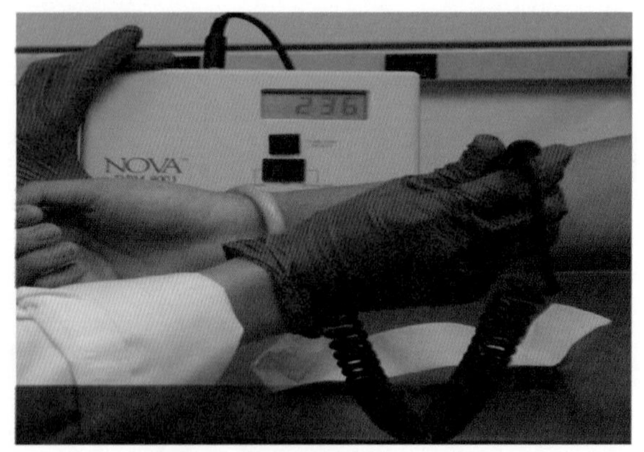

圖 8-21　皮膚含水量檢測儀 DPM ®9003（NOVA）

天然化妝品調製與實作

Manufacture and practice of Natural Cosmetics

張效銘 

五南圖書出版公司 印行

作者序

隨著科技進步，自 1980 年開始，化妝品由奢侈品變成日常生活不可或缺的必需品，其發展與流行趨勢變化息息相關。近年來，全球消費者環保意識抬頭、在訴求自然及疾病預防等概念的發展下，天然具有機能性或活性成分的研究及應用已是化妝品開發的一大趨勢。來自於天然物質中含有特定的活性成分，該活性成分「本身的作用具有藥理及生理學的依據，經皮膚吸收後確實發揮預期的效用，例如治療或預防疾病、促進健康、增加營養及美容保健等生理功能」，稱爲「天然活性成分」或是「機能性成分」。將「天然具有活性的成分或天然萃取物」添加至化妝品中，發揮藥理的效用達到生理學的訴求，便誕生出「天然化妝品」。也使得化妝品由原本潤澤髮膚、刺激嗅覺、掩飾體臭或修飾容貌之物品，提升兼具促進改善健康的功效性化妝品。

本書是接續化妝品相關科系的基礎課程，針對化妝品科系設計的中高階課程，同時可以做爲生物科技、化工、醫藥等相關科系的專業教材，亦可以做爲對中草藥化妝品開發製造及銷售管理有興趣之研發工程師、品保人員、產品管理師、行銷人員等或事業負責人的參考用書。在本書編排架構上，由「定義」、「製備原理」、「調製原料」、「生產技術」及「操作實例」所組成。首先由「天然物及天然化妝品的定義、應用及分類」著手，引導讀者認識天然物。接著陳述「化妝品調製的原理」，引導讀者了解化妝品調製的基礎概念和化妝品如何經皮膚吸收及滲透。接著針對「化妝品調製的原料」，引導讀者瞭解出現在化妝品中的基質原料、輔助原料及天然有效原料及其如何萃取分離。最後針對「常見的化妝品生產技術」，引導讀者瞭解乳液類、洗滌類、水劑類、粉劑類及美容類化妝品的生產流程並編排對應的操作實例，並以化妝品感官評價（取樣、塗抹和用後感覺）天然化妝品調製實作的品質及使用後的皮膚狀態（皮膚色澤、皮膚彈性、皮膚皺紋及皮膚水分），提供讀者調製實作、感官評價及皮膚狀態評估的參考。

本書中所採用的國內外網站之網頁、圖片，乃爲配合整體課文說明及版面編輯所需，其著作權均屬原各該公司所有，作者絕無侵權及刻意宣傳廠商之意圖，特此聲明。科學日新月異，資料之取捨難免有遺漏，尙祈國內外專家學者不吝指正。最後，希望《天然化妝品調製與實作》一書，有助於您具備天然物及化妝品調製的基礎知識，應用於化妝保養品活性成分配方或其他健康概念產品之技能。

張效銘

2022年於台北

目錄

第一篇 化妝品與天然化妝品

依據我國「化妝品衛生管理條例」第 3 條對化妝品的定義，化妝品係指施於人體外部，以潤澤髮膚、刺激嗅覺、掩飾體臭或修飾容貌之物品。美國食品暨藥物管理局的「食品、藥物及化妝品法（Food, drug and cosmetic Act.; FD&C Act.）」對化妝品的定義爲舉凡用塗擦、撒布、噴霧或其他方法使人體清潔、美化、增進吸引力或改變外表的產品。舉凡皮膚保養品（skin care）、髮用製品（hair care）、彩妝品（color cosmetics or makeup）、香水（fragrances）、男士用品（Men's grooming products）、防曬用品（sun care）、嬰兒用品（baby care）及個人衛生用品（personal hygiene）等，都是屬於化妝產品。天然物和我們的生活息息相關，舉凡日常生活中所使用的化妝品、食品添加劑、藥物等，許多都源自於自然界的天然物質。全球消費者環保意識抬頭、在訴求自然及疾病預防等概念的發展下，天然具有機能性或活性成分的研究及應用已是化妝品開發的一大趨勢。將「天然具有活性的成分或天然萃取物」添加至化妝品中，發揮藥理的效用達到生理學的訴求，便誕生出「天然化妝品」。本篇主要介紹天然物、化妝品與天然化妝品的關係。

第一章　天然物與天然化妝品

天然物和我們的生活息息相關，舉凡日常生活中所使用的化妝品、食品添加物、藥物等，許多都源自於自然界的天然物質。雖然化學工業的進步，使人們可藉由化學合成的技術，大量製造生活必需品，在意識到化學品對於人類所造成的負面影響後，及受到健康生活方式的引導，加上人們對於化學藥物的反彈，以及對於基因改造產品的反抗等市場需求因素的影響，使得強調對人體自然無害的「**天然萃取產品**」，漸漸在全球市場上被重視。

第一節　天然物的定義

一、天然物的定義

（一）廣義的定義：

自然界的所有物質都應稱爲天然產物。天然萃取物應用於日常生活的例子非常多，而萃取物的來源也非常廣泛，常見之天然萃取物及其來源如下：

- ■**動物來源之天然萃取物**：透明質酸（玻尿酸）、膠原蛋白、明膠。
- ■**植物來源之天然萃取物**：香料、色素、精油、植物激素。
- ■**海洋生物來源之天然萃取物**：甲殼素、藻膠、膠原蛋白、DHA。
- ■**礦物來源之天然萃取物**：礦物質。
- ■**微生物來源之天然萃取物**：酵素、抗生素。

（二）狹義的定義：

在化學學科內，天然產物專指由動物、植物及海洋生物和微生物體內分離出來的生物二次代謝產物，及生物體內源性生理活性化合物，這些物質也許只在一個或幾個生物物種中存在，也可能分布極爲廣泛。

天然產物化學提以各類生物爲研究對象，以有機化學爲基礎，以化學和物理方法爲手段，研究生物二次代謝產物的萃取、分離、結構、功能、生物合成、化學合成與修飾及具用途的一門科學，是生物資源開發利用的基礎研究。目的是希望從天然物中獲得醫治嚴重危害人類健康疾病的防治藥物、醫用及農用抗菌素、開發高效低毒農藥以及植物生長激素或其他具有經濟價值的物質。

第二節　天然萃取物的應用

天然萃取物目前主要可作爲食品、化妝及清潔用品、藥品的原料。已被商品化使用的天然萃取產品，其成分不外乎源自於動物、植物、海洋生物、微生物、礦物。

一、天然萃取物應用分析

根據美國所使用的天然萃取物有高達 33% 爲精油（essential oils），28% 屬於樹脂、凝膠、聚合物（gums, gels & polymers），另有 22% 爲植物萃取物（botanical extracts），以及 17% 其他來源的天然物。應用情況，大致是使用在食品及飲品（food & beverages）、殺蟲劑（pesticides）、指甲油及清潔劑（polishes &Cleaners）、藥品（pharmaceuticals）、膳食補充品（dietary supplements）、化妝品（cosmetics & toiletries）等各類產品中。針對全球天然萃取物的應用分析，以保健食品、化妝品、藥品等三個領域應用最多，且三個領域相互關聯（圖 1-1）。

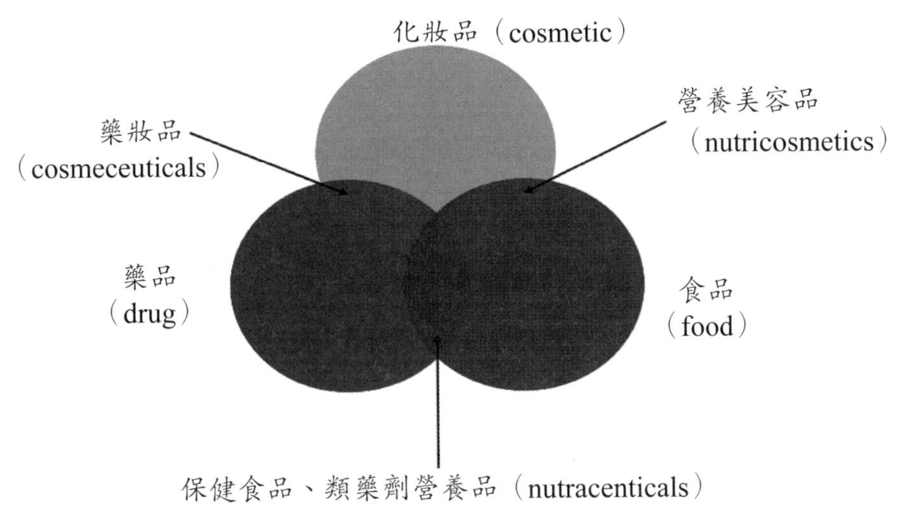

圖 1-1　天然物在食品、化妝品及藥品之關聯

（一）天然化妝品

愛美是人的天性，除了身體健康的保健外，對於美麗的追求，更是人類所關注的一個熱門主題。以往天然物以用在身體保健、疾病治療爲主，現在卻有逐漸朝向天然化妝品發展的趨勢。由於化妝品裡往往含有人工合成的添加劑或化學成分，易引起使用者皮膚過敏的現象及安全上的疑慮。因此，爲符合消費者希望有更佳的生活品質及預防皮膚疾病的需求下，在化妝品中添加天然萃取物或強調天然素求的「**天然化妝品**」，成爲當今極具發展潛力的商品。

（二）天然保健食品

天然物的使用經驗是老祖宗們所留下來的寶貴資產，而人類利用天然萃取物治病強身的觀念和做法，無論是古今中外都有相當豐富的使用心得。隨著全球人類健康意識提升，保健食品的市場需求也持續在成長，由於生物科技的進步，發現許多食品都具有預防或延緩疾病的效果，全球人類對於保健食品的需求量大增，保健食品之種類亦趨於多樣化。以天然物爲主成分之保健食品，不但人體接受度高，且多爲有長期使用經驗的傳統方劑，因此又更可做爲現今保健品開發的依據。相較於醫藥品來說，此領域的進入門檻較低，因而受到廠商的青睞，競相投入這個市場。

（三）天然藥品

天然萃取藥品之興起，主要歸因於意識到化學藥物的毒性高、副作用大，且許多重大疾病仍未有有效的治療藥物，再加上目前純化合物新藥開發遇到瓶頸，因此植物萃取物與複方藥物的開發，成爲目前醫藥研發的選擇之一。尤其當人類在遭遇到如嚴重急性呼吸道症候群（SARS）及新型冠狀病毒肺炎（COVID-19）等傳染病的威脅，含有中草藥關鍵成分的「臺灣清冠一號」及「防疫茶飲」爲成防疫治療及日常保養的養身之道。

二、現有之應用商品簡介

（一）天然萃取化妝品簡介

天然萃取的保養成分大致可分爲三大類，即動物萃取物、植物萃取物、微生物萃取物。

1. **動物萃取物**：例如胎盤素、膠原蛋白、彈性纖維蛋白等。
2. **植物萃取物**：例如豐富的維生素 E，標榜防皺的就有小麥胚芽、酪梨、紫根、海藻、蘆薈等；含有胡蘿蔔素的胡蘿蔔和番茄，能使細胞組織更新，消除皺紋；具消炎、止癢功效的甘菊等，都是已被廣爲使用的草本植物。
3. **微生物萃取物**：例如肉毒桿菌毒素、麴酸等，是耳熟能詳及市場上的熱賣商品。

另外，以印度草本植物爲基礎所發展出的阿育吠陀化妝品（ayurvedic

cosmetic），不但具有保養的功效，還同時兼具了健康的概念，其所使用的原料爲草本植物、草本植物萃取物，以及草藥等天然成分。

（二）天然萃取食品簡介

來自於天然的食用元素，在日常生活中常用者如香料、天然色素、機能性材料、有機原料等。而天然的保健食品可源自於植物、動物或礦物，其中草本植物萃取物，以及葡萄糖胺、必需脂肪酸等有機成分，爲現今最爲廣用的保健資源。

由於消費者希望以最天然的營養成分達到預防、改善疾病之效果，因此在保健食品中添加天然萃取物來提高健康價值的保健品，成爲目前主要發展趨勢。目前我國所使用之保健食品成分，有：

- **植物類**：人參、蘆薈、花粉、穀粉等。
- **維生素與礦物質**。
- **動物類**：雞精、魚油等。
- **微生物類**：乳酸菌、酵母菌、紅麴、藻類等。
- **機能性成分**：幾丁聚糖、酵素、核酸等。
- **複方產品**：草本食品、藥膳等。

（三）天然萃取藥品簡介

大自然蘊含著豐富的元素，可供醫藥原料的應用，目前市場上販售的藥品，很多是從植物中萃取出來的成分，或是以這些天然化合物爲圭臬，以合成的方法製造出類似自然來源的成分。植物萃取物於醫藥上的應用，以生物鹼（alkaloid）、糖苷（glycoside）、萜烯（terpene）這三類化學結構之植物萃取物，爲現在醫療應用上，使用最多的產品。

1. **生物鹼（alkaloid）**：最早被科學化應用的植物萃取成分，主要作用為中樞神經系統之抑制或刺激物（central nervous system inhibitors and stimulants）。
2. **糖苷（glycoside）**：可自植物的葉、芽、幼枝、樹皮、種子中萃取而得，在醫療方面的應用範圍很廣。
3. **萜烯（terpene）**：物質來源極廣，目前已可自 60 大類，超過 2,000 種的植物中萃取而來，由於來源及成分多，所以在醫療上的應用也相當的廣泛，成爲銷售量高的暢銷植物藥。

三、天然萃取物研發重點項目

（一）天然化妝品研發趨勢

天然化妝品漸漸朝向具有特定功能的產品及原料開發，以及非外科手術的醫療美容市場邁進。

1.新原料的開發

■自天然物中尋找抗老化、抗氧化及美白之活性成分。

■天然萃取物的保濕活性成分之篩選。

■傳統草藥、植物萃取物及中草藥爲核心成分的產品開發。

■酵素、蛋白質應用的開發。

2.美容醫療的應用

■膠原蛋白於眞皮層修補之應用。

■肉毒桿菌毒素於抗皺之應用。

■透明質酸（玻尿酸）於生物材料之應用。

■其他新聚合物的開發及應用。

（二）天然保健食品研發趨勢

天然保健食品的發展趨勢，除了積極地從事新素材的開發，具有療效的產品研究，更是保健食品加值化的最佳走向。

1.原料開發

- **植物萃取物的開發**：可改善更年期症狀、護肝等效果的成分開發。
- **有機成分添加物的開發**：具特殊功效之成分開發。

2.應用方向

- **日常保健**：食品中添加植物萃取物以達到預防、治療、提升健康的目的。
- **疾病治療**：添加具有療效的植物萃取食品，以增強體質和抵抗力抗氧化、改善大腦功能、治療憂鬱症和抗焦慮、抗緊張與精神壓力。

（三）天然藥品研發趨勢

天然藥品的研發無論國內外，都以依循科學化驗證的植物新藥爲開發首選。在植物新藥的研發上，由於國內外醫療市場之需求不同，造成新藥治療標的有所差異；研發方向大致歸納如下：

- 具醫療活性的成分篩選。
- 癌症、愛滋病等西藥無法治癒之疾病治療用植物萃取物開發。
- 代謝性疾病治療成分開發。

第三節　天然物成分的分類

天然成分或者天然產物種類繁多，在眾多天然物來源中，以植物萃取物的應用範圍最廣（圖 1-2），在此天然物成分的分類是以植物萃取物的來源爲主。

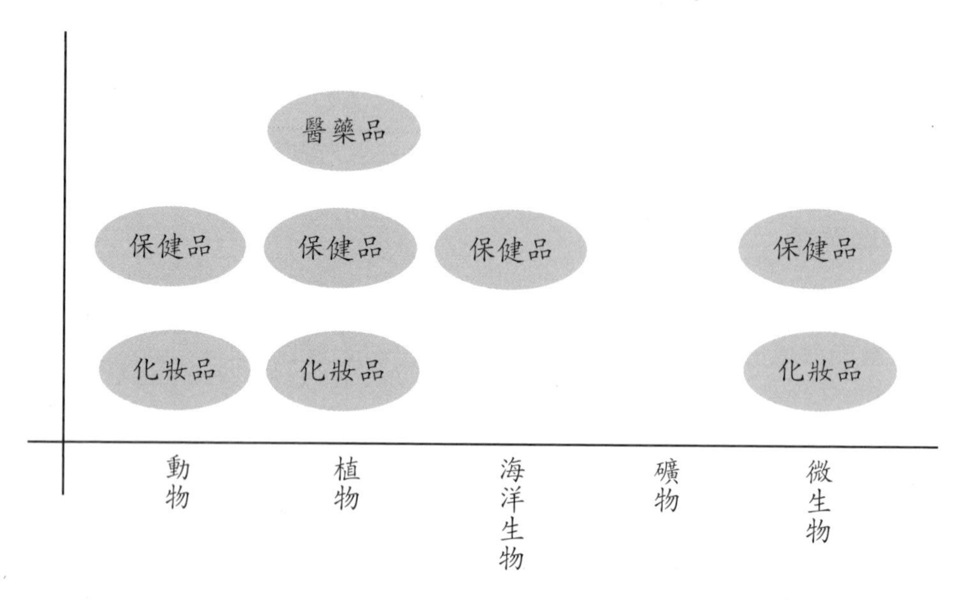

圖 1-2　各種天然物來源的應用範圍

近年來，藥妝品最主要的發展方向爲加入中草藥植物或酵素等有效成分。在化妝品中添加植物萃取物是因消費者需要更好的生活品質及預防皮膚疾病的認知，故以天然爲基礎的產品需求日漸增多。植物萃取物之應用於全球市場中具有極大之開發潛力，藥妝品常見的植物萃取物中，蘆薈是較早普遍使用在皮膚保養藥妝品的成分，但 1997 年後，其他植物萃取物如洋甘菊（chamomile）、綠茶、荷荷芭、薰衣草等開始廣泛被應用；現今則以草藥植物成分，如人參、銀杏。因其抗氧化及水合特性，普遍被使用在化妝品中。全球植物萃取物市場最暢銷的植物萃取物產品包括：**銀杏（ginkgo biloba）、紫錐花（echinacea）、人參（ginseng）、綠茶（green tea）、Kava kava、鋸棕櫚（saw plametto）、聖約翰草（St. John's wort）**等。中草藥已有數千年的使用經驗，除了應用在疾病的治療外，在化妝保養品上亦有相當多的應用性。植物萃取物應用在化妝品的種類眾多，在化妝品中的應用如表 1-1 所示。

表 1-1　天然植物、中草藥的功效

天然植物及中草藥名稱	功效
人參、靈芝、當歸、蘆薈、沙棘、絞股藍、杏仁、茯苓、紫羅蘭、迷迭香、扁桃、桃花、黃芪、母益草、甘草、蛇麻草、連翹、三七、乳香、珍珠、鹿角膠、蜂王漿	保濕、抗皺、延緩皮膚老化
當歸、丹參、車前子、甘草、黃芩、人參、桑白皮、防風、桂皮、白芨、白朮、白茯苓、白鮮皮、苦參、丁香、川芎、決明子、柴胡、木瓜、靈芝、菟絲子、薏苡仁、蔓荊子、山金車花、地榆	美白、去斑
蘆薈、蘆丁、胡蘿蔔、甘草、黃芩、大豆、紅花、接骨木、金絲桃、沙棘、銀杏、鼠李、木樨草、艾桐、龍鬚菜、燕麥、胡桃、烏岑、花椒、海藻、小米草	防曬
人參、苦參、何首烏、當歸、側柏葉、葡萄籽油、啤酒花、辣椒酊、積雪草、墨旱蓮、熟地、生地、黃芩、銀杏、川芎、蔓荊子、赤藥、女貞子、牛蒡子、山椒、澤瀉、楮實子、蘆薈	育髮
金縷梅、長春藤、月見草、絞股藍、山金車、銀杏、海葵、綠茶、甘草、辣椒、七葉樹、樺樹、繡線菊、問荊、木賊、胡桃、牛蒡、蘆薈、黃柏、積雪草、椴樹、紅藻、玳玳樹、鶴虱風	健美

中草藥的化妝品，大多要求具有防曬、增強皮膚營養、防止紫外線輻射等功能，對乾燥、色斑、粉刺、皺紋等皮膚缺陷有修飾作用。這些天然植物或中草藥之有效二次代謝成分可以歸納幾大類如：**三萜皂苷（triterpenoid saponins）**、**甾體皂苷（steroidal saponins）**、**香豆素（coumarin）**、**黃酮類化合物（flavonids）**、**類萜化合物（quinones）**、**木脂素（lignans）**、**鞣質（tannins）**、**萜類化合物（terpenoids）**及**生物鹼（alkaloids）**等等。詳細的植物或中草藥之有效二次代謝成分的結構、分離及萃取、物質特性及具代表性的物質，讀者可以參見五南圖書出版公

司之《**天然物概論**》一書。

在此針對**配糖體類（包括三萜、甾體皂苷）**、**黃酮類**、**醌類**、**苯丙素類**、**生物鹼類**、**萜類**及**揮發油類**、**鞣質類**等進行介紹。

一、皂苷及配醣體類化合物

配糖體（glycosides）是植物體和中草藥中重要的活性成分之一，配糖體由糖基與非糖基兩個部分所組成，又稱爲苷類；非糖基部分又稱爲**苷元（aglycone、sapogenin）**。配糖體根據苷元的不同可以分爲皂苷類、黃酮苷和其他苷類；苷的種類繁多，如黃酮苷在200科植物中都含有。

1.皂苷類分類

皂苷（sapomins）是非糖基部分爲三萜類和甾體類的配糖體，因此皂苷分爲**三萜皂苷（triterpenoide saponins）**和**甾醇類皂苷（steroidal saponins）**；1966～1972年僅鑑定出30種皂苷，但是1987～1989年鑑定出1000餘種皂苷，其研究進展很快。

2.三萜皂苷（triterpenoide saponins）

三萜皂苷的非糖基部分是六個異戊二烯聚合成的；糖基主要是葡萄糖、半乳糖、鼠李糖、木糖、阿拉伯糖、呋糖、芹糖以及葡萄糖醛酸、半乳糖醛酸；一個分子皂苷帶1～6個糖基或者糖鏈；非糖基母核爲30個碳的三萜類化合物；一般糖基與苷元以糖苷鏈或者酯鍵相結合。三萜皂苷主要在豆科、五加科、桔梗科、遠志科、葫蘆科、毛莨科、石竹科、傘形科、鼠李科、報春花科植物中。

三萜皂苷主要分爲四環三萜皂苷和五環三萜皂苷。

(1) **四環三萜皂苷**：根據母環不同可以分爲羊毛脂烷型（lanostane）、大戟烷型（euphane）、達瑪烷型（dannarane）、葫蘆素烷型

（cucurbitane）、原萜烷型（protostane）、楝烷型（meliacane）、環阿屯烷型（cycloartane）等。

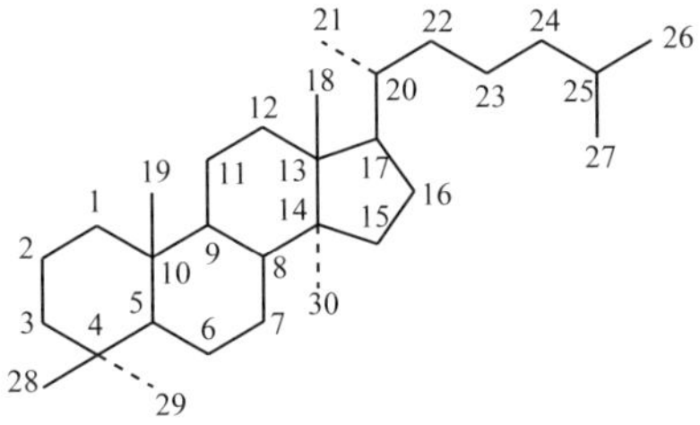

羊毛脂烷（lanostane）

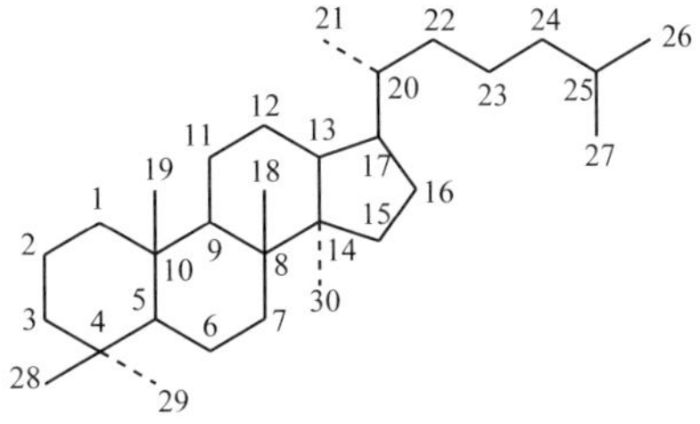

大戟烷（euphane）

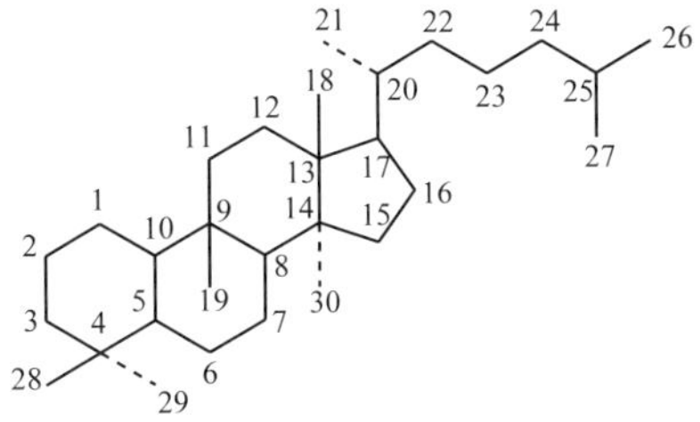

達瑪烷（dannarane）

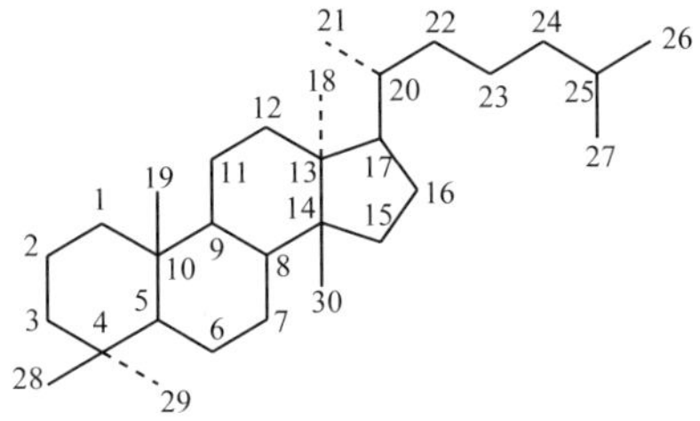

葫蘆烷（cucurbitane）

(2) **五環三萜皂苷**：根據母環不同可以分為：齊墩果烷型（oleanane）、烏蘇烷型（ursane）、羽扇豆烷型（lupine）、木栓烷型（friedelane）等。

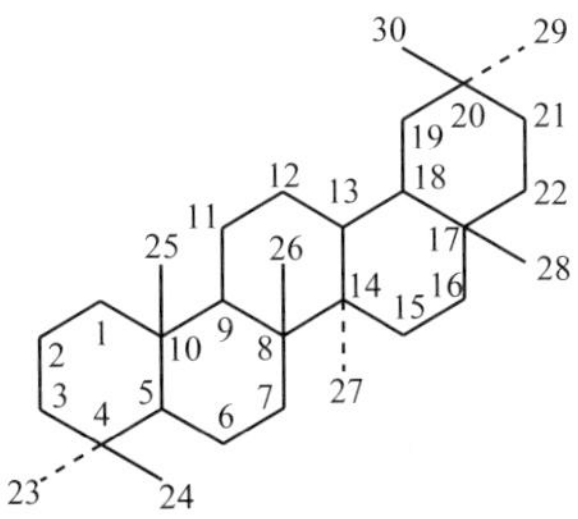

齊墩果烷（oleanane）

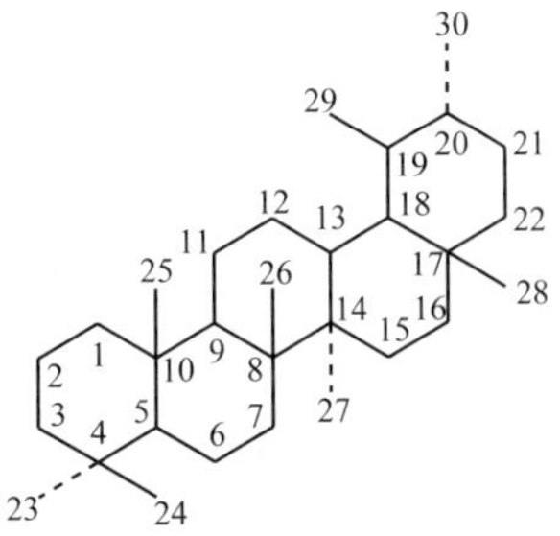

烏蘇烷型（ursane）

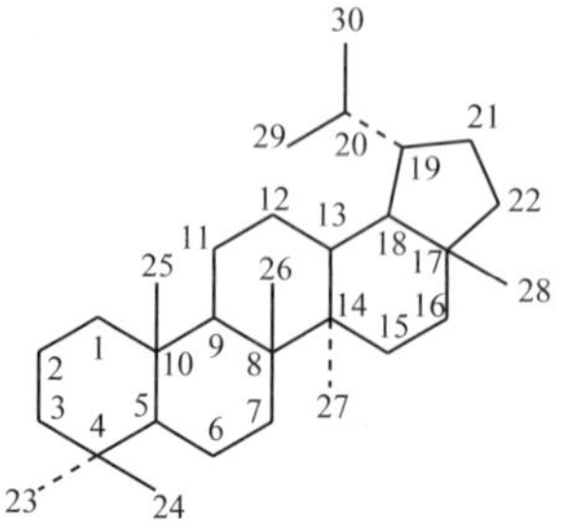

羽扇豆烷型（lupine）

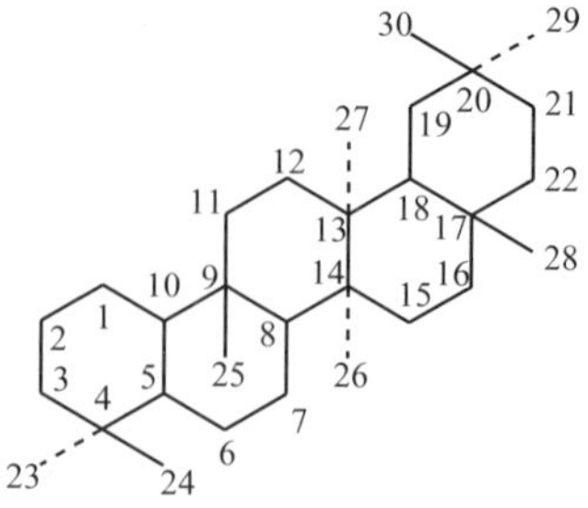

木栓烷型（friedelane）

三萜類化合物具有廣泛的生理活性，具有溶血、抗癌、抗發炎、抗菌、抗病毒、降低膽固醇、抗生育等活性。

3. 甾醇類皀苷（steroidal saponins）

甾體類化合物（steroids）是廣泛存在自然界中的一類天然化學成分，包括植物甾醇、膽汁酸、C_{21} 甾類、昆蟲變態激素、強心苷、甾體皀苷、甾體生物鹼、蟾毒配基等。儘管種類繁多，但它們結構中都具有環戊烷多氫菲的甾體母核。甾體類皀苷的非糖基部分爲甾體類化合物，其母核結構如下圖所示：

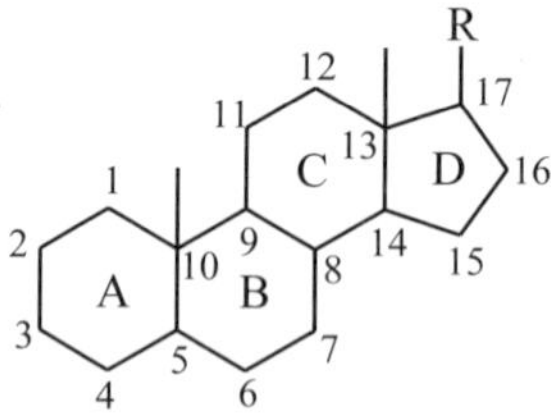

甾體母核

根據 A、B、C、D 環之間的順反結構不同、C_{17} 的側鏈 R 不同，形成不同的甾體化合物，種類如表 1-2 所示：

表 1-2　天然甾體化合物的種類及結構特點

名稱	A/B	B/C	C/D	C_{17}-R 取代基
植物甾醇	順、反	反	反	8～10 個碳的脂肪酸
膽汁酸	順	反	反	戊酸
C_{21} 甾醇	反	反	順	C_2H_5
昆蟲變態激素	順	反	反	8～10 個碳脂肪烴
強心苷	順、反	反	順	五碳不飽和內酯環
蟾毒配基	順、反	反	反	六碳不飽和內酯環
甾體皂苷	順、反	反	反	含氧雜環

天然甾體化合物的 B/C 環都是反式，C/D 環多爲反式，A/B 環有順、反式兩種稠合方式。因此，甾體化合物可以分爲兩種類型：A/B 環順式稠合的稱爲**正系（normal）**，即 C_5 上的氫原子和 C_{10} 上的角甲基都伸向環平面的前方，處於同一邊，爲 β 構型，以實線表示；A/B 環反式稠合的稱爲**別系（allo）**，即 C_5 上的氫原子和 C_{10} 上的角甲基不在同一邊，而是伸向環平面的後方，爲 α 構型，以虛線表示。通常這類化合物的 C_{10}、C_{13}、C_{17} 側鏈大都是 β 構型，C_3 上有羥基且多以 β 構型。甾體母核的其他位置上也可以有羥基、羰基、雙鍵等官能基團。

甾體類皂苷在植物中分布很廣，主要分布在百合科、薯蕷科和茄科植物中，其他科如玄參科、石蒜科、豆科、鼠李科的一些植物中也含有甾體皂苷，如在苜蓿、大豆、豌豆、花生中含量較高。常用中藥知母、麥冬、七葉一枝花等都含有大量的甾體皂苷。主要用於治療心腦血管、腫瘤病，也具有降血糖、免疫調節等功能。甾體皂苷元是醫藥工業中生產性激素及皮質激素的重要原料。

二、苯丙素類與黃酮類

苯丙素類（phenylpropanoids）是指基本母核具有一個或幾個 C_6-C_3 單元的天然有機化合物類群，是一類廣泛存在中草藥的天然物，具有多方面的生理活性。廣義而言，苯丙素類化合物包含了苯丙素類（simple phenylpropanoids）、香豆素類（coumarins）、木脂素類（lignans）、黃酮類化合物（flavonoids）。

1.黃酮與黃酮苷類

黃酮類化合物（flavonids）是廣泛存在自然界的一大類化合物化合物。由於這類化合物大多呈現黃色或淡黃色，且分子中亦多含酮基因此被稱爲黃酮。黃酮化合物經典的概念主要是指基本母核爲 2- 苯基色原酮（2-phenylchromone）的一系列化合物。現在，黃酮類化合物是泛指兩個苯環通過三個碳原子相互連結而成的一系列化合物，基本碳架爲：

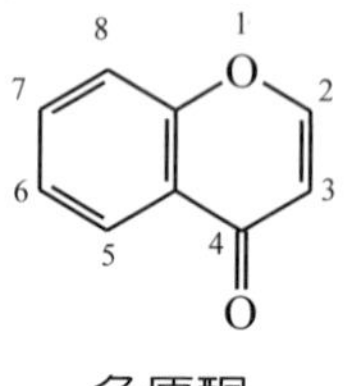

色原酮 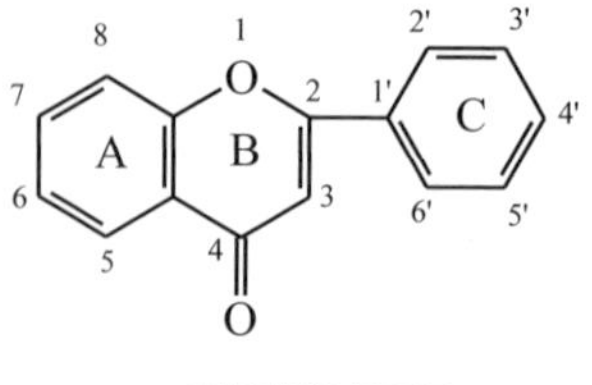　　2- 苯基色原酮 (2-phenylchromone)　　黃酮的骨架

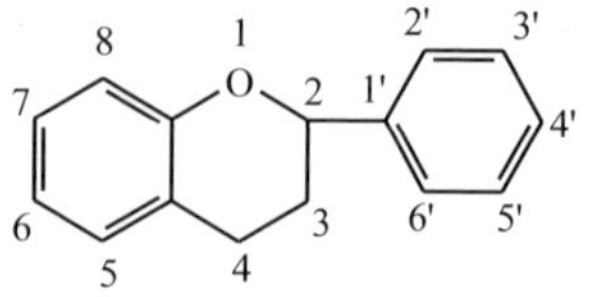

黃酮類化合物是藥用植物中的主要活性成分之一，具有清除自由基、抗氧化、抗衰老、抗疲勞、抗腫瘤、降血脂、降膽固醇、增強免疫力、抗菌、抑菌、保肝等生理活性且毒性較低。

■ 槲皮素、蘆丁、山奈酚、兒茶素、葛根素、甘草黃酮等均具有清除自由基使用。

■蘆丁、槲皮素、槲皮苷能增強心臟收縮，減少心臟搏動數。

■蘆丁、橙皮苷、*d*- 兒茶素、香葉木苷等具有維生素 P 樣作用，能降低血管脆性及異常的通透性，可用作防治高血壓及動脈硬化的輔助治療。

■槲皮素、蘆丁、金絲桃苷、燈盞花素、葛根素以及葛根、銀杏總黃酮等均對缺血性腦損傷有保護作用。

■檸檬素、石吊藍素、淫羊藿總黃酮、銀杏葉總黃酮等具有降血壓作用。

■黃芩苷、木犀草素等有抗菌消炎作用。

■牡荊素、漢黃芩素等具有抑制腫瘤細胞的作用。水飛薊素、異水飛薊素、次水飛薊素等具有明顯的保肝作用，可用於毒性肝損傷，急、慢性肝炎，肝硬化等疾病的治療。

2. 香豆素類

香豆素（coumarin）是具有苯並 α- 吡喃酮結構骨架的天然物的總稱，在結構上可以看成順式鄰羥基桂皮酸脫水而形成的內酯類化合物。香豆素的化學結構為：

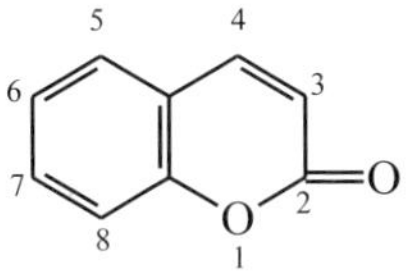

5 4 3 6 7 8 O 1 2 O HO O O

香豆素 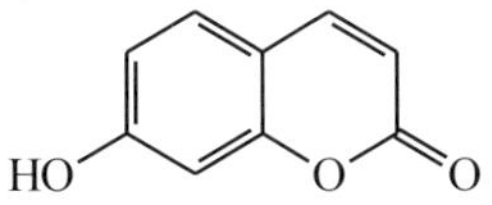　　　　7- 羥基香豆素

香豆素母核上常有羥基、烷氧基、苯基、異戊烯基等。其中異戊烯基的活潑雙鍵可與鄰位酚羥基環合成呋喃或吡喃環的結構。根據其取代基及連接方式的不同，通常將香豆素類化合物分為簡單香豆素（simple coumarin）、呋喃香豆素（furocoumarins）、吡喃香豆素（pyranocoumarins）、異香豆素（isocoumarin）和其他香豆素類等。

香豆素類成分具有多方面的生物性，是一類重要的中藥活性成分。秦皮中七葉內酯（aesculetin）和七葉內酯苷（aesculin）是治療瘧疾的有效成分。茵陳中濱蒿內酯（scoparone）具有鬆弛平滑肌等作用。蛇床子中蛇床子素（osthol）可用於殺蟲止癢。補骨脂中呋喃香豆素類具有光敏活性，用於治療白斑病。

3.木脂素類

木脂素（lignans）是一類由兩分子苯丙素衍生物聚合而成的天然物化合物，通常是指其二聚物（結構如下），少數爲三聚物和四聚物。

木脂素類化合物可分爲**木脂素（lignans）**和**新木脂素（neolignans）**兩大類。前者是指兩分子苯丙烷一側鏈中β碳原子（8-8'）連接而成的化合物，後者是指兩分子苯丙烷以其他方式（例如 8-3', 3-3'）相連而成的化合物。

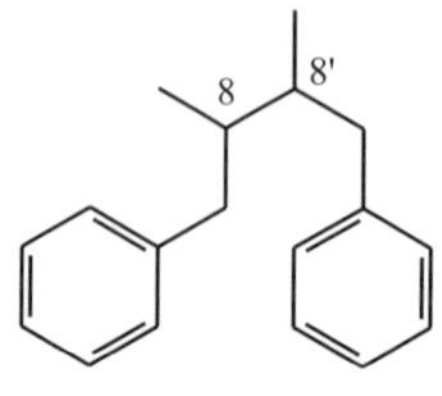

木脂素（lignans）

新木脂素（neolignans）

木脂素主要存在植物的木部和樹脂中，多數呈游離狀態，少數與糖結合成苷。在自然界中分布較廣，目前已對 20 餘種五味子屬植物鑑定出 150 多種木脂素成分；從胡椒屬植物中分出近 30 種木脂素化合物。木脂素類具有多種生物活性，例如亞麻籽、五味子科木脂素成分五味子酯甲、乙、丙和丁（schisantherin A, B, C, D）能保護肝臟和降低血清 GPT 數值；從癒創木（guaiacwood）樹脂中分得二氫癒創木脂酸（dihydroguaiaretic acid, DGA）是一個具有廣泛生物活性的化合物，尤其是對合成白三烯的脂肪氧化酶和環氧化酶具有抑制作用；小檗科鬼臼屬八角蓮所含的鬼臼毒素類木脂素則是具有很強的抑制癌細胞增殖作用。

三、醌類化合物

醌類化合物（quinones）是中藥中一類具有醌式結構的化學成分，主要是爲苯醌（benzoquinones）、萘醌（naphthoquinones）、菲醌（phenanthraquinones）和蒽醌（anthroquinones）四種基本結構類型，在基本結構上各部位以各種官能基團取代而形成不同的醌類化合物。其中以蒽醌及其衍生物尤爲重要，基本結構爲：

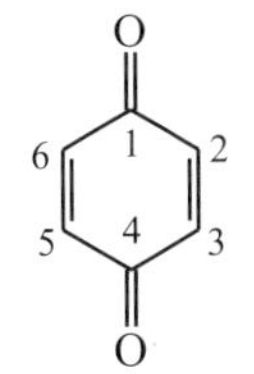

苯醌（benzoquinones）

萘醌（naphthoquinones）

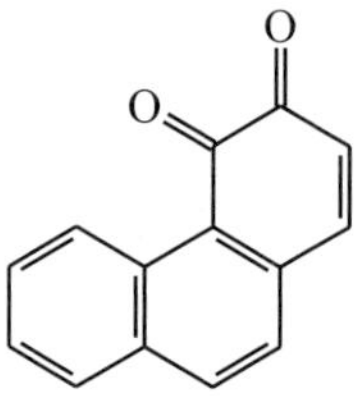

菲醌（phenanthraquinones）

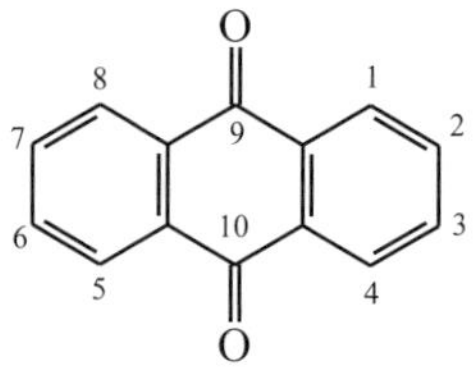

蒽醌（anthroquinones）

醌類化合物在植物中分布非常廣泛，例如紫草科、茜草科、紫葳科、胡桃科、百合科等，均含有醌類化合物。醌類化合物的生理活性是多方面的，番瀉苷化合物具有較強的致瀉作用；大黃中游離的羥基蒽醌類化合物具有抗菌作用，尤其對金黃色葡萄球菌具有較強的抑制作用；茜草中的茜草素類成分具有擴張冠狀動脈的作用；還有一些醌類化合物具有驅蟲、利尿、利膽、鎮咳、降低氣喘等作用。

四、生物鹼類

生物鹼（alkaloids）是指存在生物體（主要是植物）中的一類含氮有機化合物。大多有較複雜的環狀結構，氮原子結合在環內；多呈鹼性，可與酸成鹽。主要分布於植物界，迄今爲止在動物中發現的生物鹼極少。生物鹼在植物中的分布較廣，存在於約 50 多個科的植物中。在系統發育較低級的植物類群（例如藻類、菌類、地衣類、蕨類植物等）中分布較少或無分布，而集中分布在系統發育較高的植物類群（例如裸子植物，尤其是被子植物）中，例如裸子植物的紅豆杉科、松柏科、三尖杉科等植物，單子葉植物的百合科和石蒜科等植物，雙子葉植物的毛茛科、茄科、罌粟科、豆科、防己科、番荔枝科、小檗科、蕓香科、馬錢科、龍膽科、紫草科、夾竹桃科、茜草科等植物中均含有生物鹼。生物鹼極少與萜類和揮發油共存於同一植物類群中；越是特殊類型的生物鹼，其分布的植物類群就越窄。

生物鹼類化合物大多具有生物活性，往往是許多藥用植物包括許多中草藥的有效成分，例如鴉片中分離的鎮痛成分嗎啡、麻黃的抗哮喘成分麻黃鹼、顛茄的解痙攣成分阿托品、長春花的抗癌的成分長春新鹼、黃連的抗菌消炎成分黃連素（小蘗鹼）等。但也有例外，例如多種烏頭和貝母主的生物鹼並不代表原生藥的療效。有些甚至是中草藥的有毒成分，例如馬錢子中的番木鱉鹼。

五、萜類及揮發油類

1. 萜類化合物

萜類化合物（terpenoids）爲一類由甲戊二羥酸（Mevalonic acid, MVA）衍生而成，基本碳架多具有 2 個或 2 個以上異戊二烯單位（C_5H_8）n 結構特徵的化合物。按組成分子的異戊二烯基本結構的數目將萜類化合物分爲單萜、倍半萜、二萜、二倍半萜、三萜、四萜和多萜（表 1-3），每種萜類化合物又可分爲直鏈、單環、雙環、三環、四環和多環等，其含氧衍生物還可以分爲醇、醛、酮、酯、酸、醚等。

表 1-3　萜類化合物的分類及分布

名稱	通式 $(C_5H_8)_n$	碳原子數	主要存在形式
半萜	n=1	5	植物葉
單萜	n=2	10	植物精油
倍半萜	n=3	15	植物精油
二萜	n=4	20	樹脂、苦味質、植物醇、乳汁
二倍半萜	n=5	25	海綿、植物病菌、地衣
三萜	n=5	30	皂苷、樹脂、乳汁
四萜	n=8	40	植物色素
多聚萜	$(C_5H_8)_n$	7.5×10^3～3×10^5	橡膠、硬橡膠、多萜醇

萜類化合物在自然界分布廣泛，種類繁多。低級萜類主要存在於高等植物、藻類。苔蘚和地衣中，在昆蟲和微生物中也有發現。萜類化合物在有花植物的 94 個目中均有存在。單萜主要存在唇形目、菊目、蕓香目、紅端木目、木蘭目中；倍半萜主要存在木蘭目、蕓香目、唇形目；二萜主要存在無患子目中；三萜主要存在毛茛目、石竹目、山茶目、玄參目、報春花目中。這些化合物中有爲人們熟悉的成分，例如橡膠和薄荷醇；也有用作藥物成分，例如青蒿素、紫杉醇；有的是甜味劑，例如甜菊苷。除主要分布於植物外，來自海洋生物中發現大量的萜類化合物，超過 22,000 種。

2. 揮發油

揮發油（**volatile oil**）又稱**精油**（**essential oil**），是一類具有芳香氣味的油狀液體的總稱。在常溫下能揮發，可隨水蒸氣蒸餾。揮發油存在於植物的腺毛、油室、油管、分泌細胞或樹脂道中，大多數呈油滴狀存在，也有些與樹脂、黏液質共同存在，還有少數以苷的形式存在。

揮發油在植物體中的存在部位常各不相同，有的全株植物中都含有，有的則在花、果、葉、根或根莖部分的某一器官中含量較多，隨植物品種不同而差異較大。同一植物的藥用部位不同，其所含揮發油的組成成分也有差異。例如：樟科桂屬植物的樹皮揮發油多含桂皮醛，葉中則主要含丁香酚，根和木部則含樟腦多。有的植物由於採集時間不同，同一藥用部分所含的揮發油成分也不完全一樣。例如：胡荽子，果實未熟對其揮發油主含桂皮醛和異桂皮醛，成熟時則主含芳樟醇、楊梅葉烯爲主。

迄今爲止已發現含有揮發油的植物有3,000餘種。例如：蕓香科植物：蕓香、降香、花椒、橙、檸檬、佛手、吳茱萸等；傘形科植物：小茴香、芫荽、川芎、白芷、防風、柴胡、當歸、獨活等；菊科植物：菊、蒿、艾、白朮、澤蘭、木香等；唇形科植物：薄荷、藿香、荊芥、紫蘇、羅勒等；樟科植物：山雞椒、烏藥、肉桂、樟樹等；木蘭科植物：五味子、八角茴香、厚朴等；桃金娘科植物：丁香、桉、白千層等；馬兜鈴科植物：細辛、馬兜鈴等；薑科植物：薑黃、薑、高良薑、砂仁、豆蔻等；馬鞭草科植物：馬鞭草、牡荊、蔓荊；禾本科植物：香茅、蕓香草等；敗醬科植物：敗醬、緬草、甘松等都含有豐富的揮發油類成分。

六、鞣質類

鞣質（tannins）又稱丹寧或**鞣酸（tannic acid）**，能與蛋白質或生物鹼結合成複雜的多元酚化合物，廣泛應用於皮革加工中提高皮革質量，因此稱為鞣質。目前，鞣質是由沒食子酸（或其聚合物）的葡萄糖（及其他多元醇）酯、黃烷醇及其衍生物的聚合物以及兩者混合共同組成的植物多元酚。

中草藥資源十分豐富，例如五倍子、大黃、虎杖、仙鶴草、四季青、麻黃等均含有大量鞣質類化合物。目前已分離鑑定的鞣質化合物有400多種，鞣質具有多方面生物活性，主要為抗腫瘤作用。例如茶葉中EGCG（epigallocatechin gallate），月見草中的月見草素B（oenothein B）等具有顯著抗腫瘤促發作用（antipromotion）；抗脂質過氧化，清除自由基作用；抗病毒作用；抗過敏、泡疹作用以及利用其收斂用於止血、止瀉、治燒傷等。

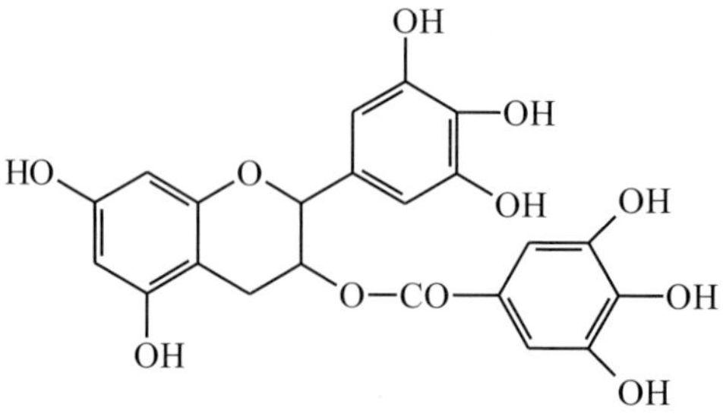

茶葉中 EGCG

第四節　天然化妝品

一、天然活性成分

數千年羅馬人使用牛奶泡澡來美白肌膚，中國古代本草中亦包含許多美容藥物，用臉、鼻、牙齒、頭髮、疣痣等方面。近年來，全球消費者環保意識抬頭、在訴求自然及疾病預防等概念的發展下，天然具有機能性或活性成分的研究及應用已是化妝產品開發的一大趨勢。

何謂「**天然活性成分**」？來自於天然物質中含有特定的活性成分，該活性成分「**本身的作用具有藥理及生理學的依據，經皮吸收後確實發揮預期的效用，例如治療或預防疾病、促進健康、增加營養及美容保健等生理功能**」，稱爲**天然活性成分**（**natural active product**）或是**機能性成分**（**functional product**）。舉凡大自然中具有活性成分或機能性成分的物質，就簡稱天然物，這些天然物的來源包括動物、植物、海洋生物、微生物、礦物。將具有天然活性的天然物進行萃取，即爲天然物萃取。將「**天然具有活性的成分或天然萃取物**」添加至化妝品中，即爲「**天然化妝品**」。

二、天然物應用在化妝品的類型

全球天然萃取物應用廣泛，其中最廣的三個領域爲保健食品、化妝品、藥品三個部分。本書僅針對天然萃取物在化妝品上的應用進行介紹，目前在天然化妝品的型態上可以分成兩個型態，第一種型態爲草本植物化妝品，以草本植物爲基礎發展出兼具保養及健康概念的化妝品，其所使用的原料爲草本植物、草本植物萃取物及草藥。第二種型態爲藥妝品，添加天然活性成分至化妝品中，讓使用者能改善皮膚（頭髮）之生理功能及提供特定療效的化妝品。

（一）草本植物化妝品

在此以 Ayurvedic 化妝品（阿育吠陀化妝品）爲例，Ayurvedic 是由兩個梵文一「Ayus」及「Veda」所組成，「Ayus」指的是生命，「Veda」指的則是智慧或生命科學，Ayurveda 則是結合意識、智慧、生理及心靈，所以 Ayurveda 不只僅限於生理症狀，也包含心靈的及群居的安康，即 Ayurveda 是以預防疾病及增加健康、長壽及活力爲目標。Ayurveda 被 WHO（World Health Organization）歸類爲傳統健康科學，目前被約 70%～80% 的印度人使用。近年來，Ayurveda 被使用在芳香療法、順勢醫療（homeopathy）及自然療法，ayurvedic 化妝品也應運而生。

Ayurvedic 化妝品傳統上是印度的草本植物爲基礎，通常是 ayurvedic 化妝品配方原則爲「**源自純植物原料及天然成分、完全草本植物或草本植物萃取物、純的基礎油（essential oils）、使用已確認的傳統 ayurvedic 植物、無一般人工成分（包括防腐劑、香味、色素、酒精及礦物油）、無化學處理、無動物成分及動物試驗**」。ayurvedic 化妝品與當代健康趨勢一致，又絕對符合目前各界努力搜尋的自然和健康產品。因此，大量以傳統印度草本植物爲基礎的 ayurvedic 化妝保養品配方被開發，如表 1-4 所示。

表 1-4 應用在化妝品之 ayurvedic 草藥配方

植物名稱	俗稱	功能
Acacia coninna pods	Shikakai	洗髮精、肥皂
Acorus calamus rhizome	Sweet flag	芳香劑（aromatic）、粉劑（dusting powders）、爽膚水（skin lotions）
Allium sativum bulbs	Garlic	促進皮膚修復
Aloe vera leaf	Aloe	潤膚膏（moisturizer）、防曬乳液
Alpinia galangal rhizome	Galanga	芳香藥物、粉劑
Avena sativa fruit	Oat	平衡化妝水（skin tonic）/ 潤膚膏
Azadirachta indica leaves	Neem	牙膏、洗髮精、肥皂
Balamodendron myrrha gum	Myrrh	洗髮精 / 肥皂

（二）藥妝品

1.藥妝品之定義

Cosmeceutical 是由「cosmetic」及「pharmaceutical」組合而成，雖然 Cosmeceutical 一詞於 1963 年出現，但真正在美國被廣為使用是 1993 年果酸類產品之風行所帶動，目前仍以美國最常見，其他國家才在逐漸使用中。1938 年美國 FDA 的「食品、藥物及化妝品法」中只分別定義了化妝品及藥品。至今美國 FDA 尚未將藥妝品歸為一個真正類別（bona fide category），這「灰色地帶」，就像十年前營養保健品（food supplements）同樣模式。1998 年產業界則將藥妝品定義為：「主張經由含 α- 羥基酸（alpha hydroxyl acids, AHA）、β- 羥基酸（beta hydroxy acids）及維生素 A、C 及 E 等成分來達到療效的皮膚保養產品」。隨著藥妝品持續地演進，現今藥妝品的一般定義則是：「**可讓使用者的皮膚（或頭髮）外貌產生生理上（physiological）的變化，改善皮膚（或頭髮）之功能及提供特定療效的化妝品產品**」。

藥妝品（cosmeceutical）可謂是連接傳統簡單清潔及美化的化妝品與使用於藥物治療之特定藥效的處方藥或成藥（over-the-counter, OTC）之間缺口的橋樑（如圖 1-3 所示）。因此，藥妝品可定義爲：「**可讓使用者的外貌產生生理上的變化，且企圖反轉或減緩基質損害的功能性化妝品產品**」。簡言之，**傳統的化妝品只著眼在隱藏歲月的痕跡或加強美化外表；**而**藥妝品則是與皮膚作用以產生特定效果的產品，如抗皺、抗老化、粉刺治療及防曬**。

美麗基本需求	一般性化妝品	功能性化妝品	藥妝品	OTC產品	藥品	特定醫療需求
	E.G.L'ORÉAL & PLENITUDE	E.G.LANCÔME & HELENA RUBENSTEIN	E.G.VICHY LA ROCHE & POSAY	EUCERIN & NEUTROMED	DIFFERIN & LANACANE	

圖 1-3　化妝品、藥物及新興的藥妝範圍 皮膚保養品

資料來源：徐雅芬、羅淑慧著：天然萃取物應用在保健品、化妝品及醫藥產業之發展契機，生物技術開發中心，2006。

2. 藥妝品活性成分

AHA（alpha hydroxyl acids）是第一個打開藥妝市場的藥妝產品，也是最重要的合成成分，AHA 主要是用在皮膚剝落以去除角質層。次重要的藥妝成分是對皮膚外表及健康有效的維生素 A 衍生物 - 維生素 A 酸（retinol acid），它是唯一被 FDA 認可會對某些**光老化（photoaging）**影響之反轉、安全及有效的成分。藥妝品活性成分原料的成長主要是由於創新或性能的增進，例如輔酶 Q10（co-enzyme Q10）結合了抗氧化劑及

皮膚剝落作用；新一代果酸-Poly Hydroxy Acid（PHA）降低皮膚刺激風險；eflornithine hydrochloride 減少毛髮生長的新商業用途；finasteride 增加毛髮生長等。寶僑（P&G）的產品-Olay Regenerist則是使用了一專有的胺基酸-胜肽複合物（aminopeptide complex），它可驅使新細胞到表面，並降低所出現的細紋及皺紋。

目前消費者對藥妝產品有更多樣化的選擇，不僅要在式樣或技術上能符合預期的功能品質，在成分上也開始往天然植物尋求。常見藥妝品活性成分類別如表 1-5。

表 1-5　藥妝品活性成分之類別

藥妝品活性成分	主要代表
抗氧化劑（antioxidants）	維生素 A、E、C 之化合物
特化（specialty chemicals）	finasteride、minoxidil
酸（acids）	AHA (alpha hydroxyl acids)、BHA (beta hydroxyl acids)
天然萃取物	**主要代表**
微生物體萃取物（microbial extracts）	肉毒桿菌毒素、神經醯胺（ceramids）、麴酸（kojic acid）
植物萃取物（plant extracts）	蘆薈（aloe vera）、銀杏（ginkgo bibea）、綠茶、薄荷
酵素（enzymes）	輔酶 Q_{10}、超氧化物歧化酶（SOD）、蛋白酶
蛋白質	膠原蛋白（collagen）、胺基酸、彈力蛋白（elasin）
其他	聚合物（如幾丁聚糖）

三、天然化妝品的定義

無論是草本植物化妝品或是藥妝品而言，幾乎沒有所謂的 100% 天然化妝品，因當產品需添加防腐劑成分以延長產品保存期間時，產品的組成分是綜合性。事實上，使用愈多天然成分的產品就需要添加更多的防腐劑以防止細菌滋生。因此，一個天然化妝品是指包含某種比例的天然成分，本質上是一個**半合成物（semi-synthetic）**的產品。

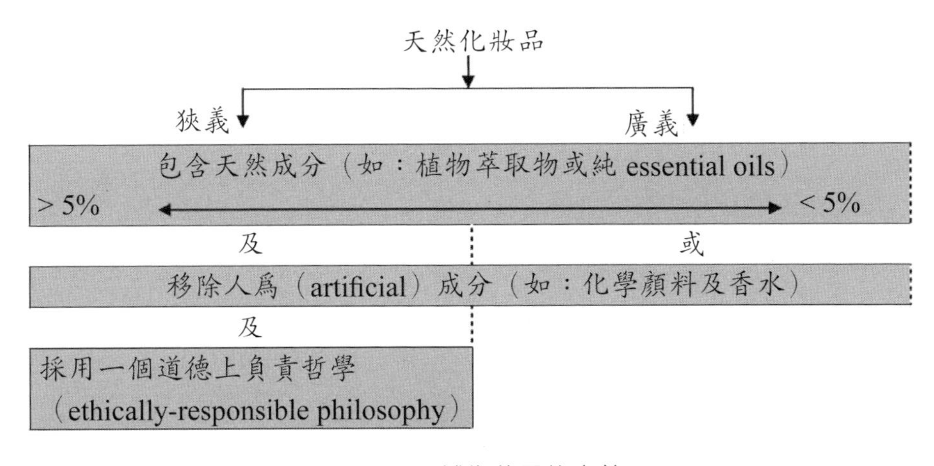

圖 1-4　天然化妝品的定義

資料來源：徐雅芬、羅淑慧著：天然萃取物應用在保健品、化妝品及醫藥產業之發展契機，生物技術開發中心，2006。

1.狹義的天然化妝品

天然化妝品是指產品中的活性成分必須是天然來源，該主成分是使產品更有效或增進它的性能。**實質上，狹義的天然化妝品是指含 5% 以上的天然原料所製造的產品**，而所謂天然原料則必須符合下列條件之一：

■ **最低精煉（minimally refined）**：例如乾燥濃縮的甘菊葉（chamomile leaves）。

- **從原物質萃取或製成**：例如甘菊油。
- **原物質未被改變的狀況**：例如甘菊花。

其次，狹義的天然化妝品不含非天然物質，其他組成分不得包含：

- **人工色素或香水**。
- **與天然成分相當的化學合成物質**。
- **石油化學製品（petrochemical）來源**。
- **從動物基礎來源得到的組成分**（這是有爭論的，因動物的確是屬於自然物，所以從動物基礎來源得到的組成分的確是天然物，但在此並不將其列入）。

2.廣義的天然化妝品

廣義的天然化妝品係指其配方是較天然的基本原料，可說成比非天然產品「較少人工成分」，即只要符合下列兩條件之任一：

- **包含天然活性成分**。
- **去除人工的次要成分**。

依這廣泛的天然化妝品定義，添加的天然成分也必須是最低限度地精煉、自原物質中萃取或製成及／或是它未被改變的狀況。然而，天然成分添加在這些所謂的廣泛天然化妝品產品，這添加量是明顯地較低。因此，依此廣義的定義，包含少於 5% 天然成分的產品也可被考量是天然化妝品。

如果產品是較少人造成分，因此更自然的產品，也可被歸類爲天然產品；但必須是除去化學合成物、石油化學或動物基礎的組成分。**故廣義的天然化妝品是「不含人造色素和香水、與自然成分相當的化學合成物及沒有動物基礎之組成分」**。

習題

1. 何謂天然物及天然活性成分？這些天然活性成分的來源爲何？你（妳）覺得天然物活性成分有何應用？請舉一例說明。
2. 你（妳）覺得天然物的應用有哪些？
3. 天然物的有效成分，可以分成哪幾類型？請簡述之。
4. 何謂天然化妝品？請說明狹義及廣義天然化妝品的定義。

第二篇 天然化妝品調製的基礎理論

化妝品工業是綜合性較強的技術密集型工業，它涉及的面很廣，不僅與物理化學、表面化學、膠體化學、有機化學、染料化學、香料化學、化學工程等有關，還和微生物學、皮膚科學、毛髮科學、生理學、營養學、醫藥學、美容學、心理學等密切相關。這就要求多門學科知識相互配合，並綜合運用，才能生產出優質、高效能的化妝品。本篇介紹表面活性劑在化妝品調製的應用、乳化作用及乳化劑的選擇、膠體、凝膠及流變特性、皮膚結構、化妝品經皮吸收及滲透及增加化妝品物質傳送吸收上的應用等，引導讀者了解化妝品調製的基礎概念和化妝品如何經皮膚吸收及滲透。

第二章　表面活性劑在化妝品調製的應用

90% 以上的化妝品都是分散體系，散體系具有很大的比表面積，體系形成的巨大界面使得體系具有界面（表面）特性，這些表面特性會影響化妝品的物質特性。

第一節　表面活性劑與表面活性劑特性

一、表面張力

（一）表面與界面

通常所說的表面是指物體與空氣的接觸面，實際上也是空氣和物體的界面。界面是相與相接觸的面，即固體與液體的表面或是固相或液相與汽相的界面。

什麼是相？相是指物質體系中具有相同組成、相同物理特性和相同化學特性的均勻物質。例如水、冰及水蒸氣三者雖然都是 H_2O，但因有所不同的物理特性，所以分屬液相、固相及氣相。按固相、液相和氣相組合的形式，界面可以分成：固體 - 氣體、固體 - 液體、液體 - 氣體、液體 - 液體、固體 - 固體等五種界面。

（二）表面張力

物質分子之間存在著各種引力。在液體內部，分子間的距離很小，分子間的吸引力較大。但是，由於液體內部每個分子的上下左右都有相同的吸引力，因此彼此可以抵消互成平衡，即作用於該分子上吸引力的合力等於零。在液體表面層，情況就與液體內部不一樣，表面上的液體分子只受到液體分子的吸引力，表面上空氣對它的吸引力則是微不足道。

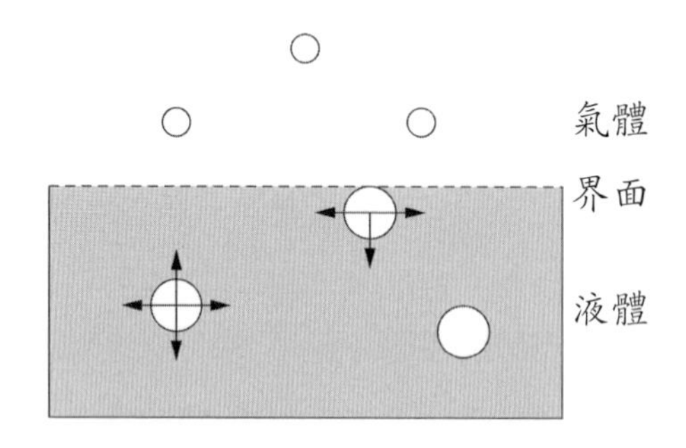

圖 2-1 界面分子受力示意圖

如圖 2-1 所示，液體表面層的分子層僅在它的左右和下面受相鄰分子的吸引力。作用於表面層分子的吸引力的合力，方向指向液體內部並與液面垂直。這種合力把液體表面層上的分子拉向液體內部，因而液體表面有趨向縮小的傾向（即縮小表面積的趨勢）。如要使表面積擴大，就必須克服這種吸引力，即為表面張力。表面張力越大的液體，縮小表面積的趨勢越強。例如，汞常呈圓球狀，水滴有時也可呈圓球狀，乙醚在空氣中表面張力很小，很少呈圓球狀。常見的液體物質的表面張力如表 2-1 所示。

表 2-1 幾種液體的表面張力

物質	表面張力（mM/m）	物質	表面張力（mM/m）
汞	485.0	氯仿	27.1
水	72.8	四氯化碳	26.7
硝基苯	43.4	乙醚	17.1
油酸	32.5	蓖麻油	39.0
苯	28.9	液狀石蠟	33.1

二、表面活性劑的定義與分類

（一）表面活性劑的定義

表面活性劑是一種有機化合物，分子結構具有兩種不同性質的基團：一種是不溶於水的長碳鏈烷基，稱爲**親油基（hydrophobic group）**；一種是可溶於水的基團，稱爲**親水基（hydroplilic group）**。故表面活性劑對水油都有親和性，能吸附在水油界面上，降低二相間的表面張力。以十二醇硫酸鈉（$C_{12}H_{25}OSO_3Na$）爲例，親水基爲 $-SO_4Na$ 部分，是親性基團並具有較強的親水性；親油基（疏水基）爲分子中烴基部分，$CH_3(CH_2)_{10}CH_2^-$，是非極性基團，具有較強的親油性或疏水性，如圖 2-2 所示。

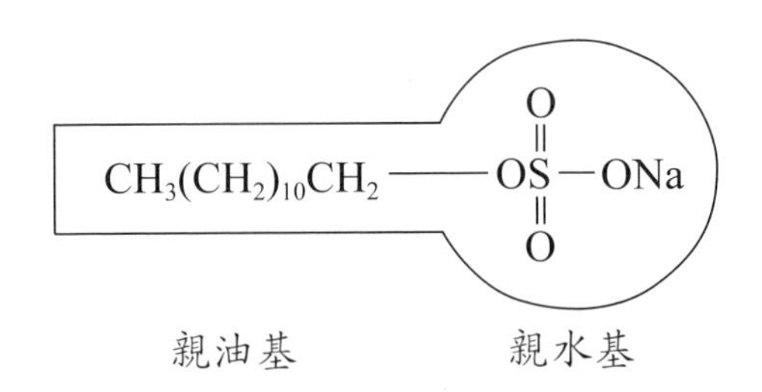

圖 2-2　表面活性劑分子結構示意圖

（二）表面活性劑的分類

表面活性劑大多兼有保護膠體和電解質的性質，例如肥皂在水溶液中具有保護膠體和電解質的雙重性質。我們知道，酸、鹼、鹽類電解質溶解在水裡，解離成等價的陰荷性及陽荷性兩種離子。酸根，如硫酸根 SO_4^-，鹼根，如氫氧根 OH^- 都是陰離子；氫離子 H^+，重金屬離子，如鉀離子 K^+ 都是陽離子。表面活性劑也是電解質，在水中同樣離解成陰、陽兩種離子。能夠產生界面活性（就是發生作用的部分）的官能基是陰離子時叫做「**陰電荷劑**」；是陽離子時叫做「**陽電荷劑**」。此外，還有不產生離解作用的助劑，它的水溶性由分子中的環氧乙烷基—CH_3 · O · CH_2—所產生，這一類表面活性劑叫做「**非電離劑**」。

表面活性劑按其是否在水中離解以及離解的親油基團所帶的電荷可分爲陽離子型表面活性劑、陰離子型表面活性劑、兩性型表面活性劑及非離子型表面活性劑等類型。

1. **陽離子型表面活性劑（cationic surfactant）**：高碳烷基的一級、二級、三級和四級銨鹽等，陽電荷活性劑在水中離解後，它的親水性部分（hydroplilic group）帶有陽電荷，特點是具有較好的殺菌性與抗靜電性，在化妝品中的應用是柔軟去靜電。
2. **陰離子型表面活性劑（anionic surfactant）**：脂肪酸皂、十二烷基硫酸鈉等，陰電荷活性劑在水中離解後，它的親水性部分（hydroplilic group）帶有陰電荷，特點是洗淨去污能力強，在化妝品中的應用主要是清潔洗滌作用。
3. **兩性型表面活性劑（amphoteric surfactant）**：椰油醯胺丙基甜菜鹼、咪唑啉等，特點是具有良好的洗滌作用且比較溫和，常與陰離子型或陽離子型表面活性劑搭配使用。大多用於嬰兒清潔用品、洗髮劑。
4. **非離子型表面活性劑（nonionic surfactant）**：包括失水山梨醇脂肪酸酯（Span）及環氧乙烷加成物（Tween）。例如，失水山梨醇單硬脂酸酯（Sorbitan Monostearate, Span 60）和聚氧乙烯失水山梨醇單硬脂酸酯（Polyoxyethylene Sorbitan Monostearate, Tween 60），特點是安全溫和，無刺激性，具有良好的乳化、增溶等作用，在化妝品中應用最廣。

除了上面幾種按離子形式分類的表面活性劑外，還有天然的表面活性劑，例如羊毛脂、卵磷脂以及近年來迅速發展的生物表面活性劑，例如槐糖脂等。

三、表面活性劑的水溶液

（一）定向排列

表面活性劑的分子是由親水基和親油基兩部分構成。當表面活性劑溶於水，分子在水面上呈有序定向方式排列，親水基朝向水相。如果溶於相互不溶的油和水中，在油 - 水兩相界面上，分子也是以有序定向方式排列，如圖 2-3 所示。親水基伸向水相，親油基則伸向油相，引起油 - 水兩相界面特性發生改變。

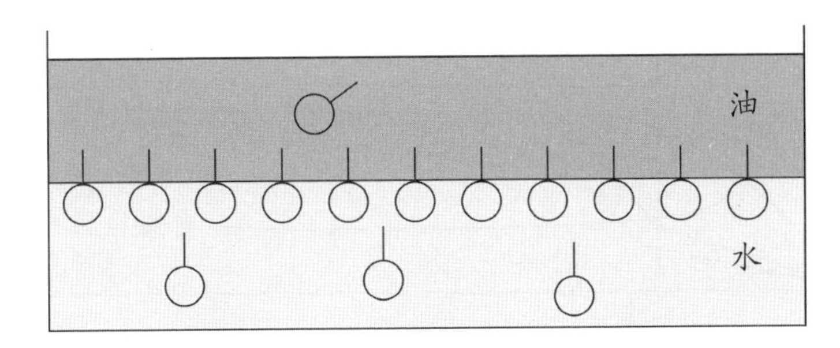

圖 2-3　表面活性劑分子在油 - 水界面上定向排列示意圖

（二）膠束形成

表面活性劑溶於水後，分子吸附在水面上，使水界面特性發生變化。以陽離子表面活性劑十二醇硫酸鈉（$C_{12}H_{25}OSO_3Na$）水溶液為例（如圖 2-4 所示），一些物理化學特性，例如去污能力、增溶能力、溶解度、表面張力、滲透壓、導電的當量與油相的表面張力等，物理化學特性會隨濃度的變化而有一個轉折點，大約為 0.008 mol/L 左右的範圍，此為十二醇硫酸鈉的 C_{mc} 值。當濃度大於此 C_{mc} 值時，表面活性劑的效果較佳。對同一種表面活性劑而言，幾乎在同一濃度範圍之內發生許多特性的急劇變化，當表面活性劑達到某一濃度範圍時，分子形成聚集體或締合體，使稱為**膠束**

(micelle)，如圖 2-5 所示。能夠形成膠束的最低濃度稱爲**臨界膠束濃度(critical micelle concentration)**，以 C_{mc} 表示。

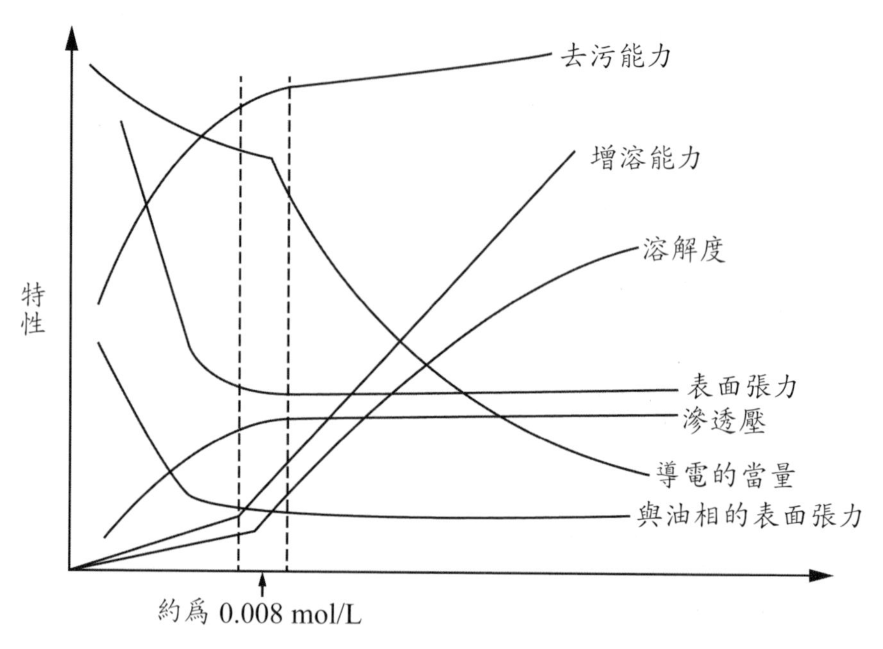

圖 2-4　十二醇硫醇鈉的 C_{mc} 濃度值

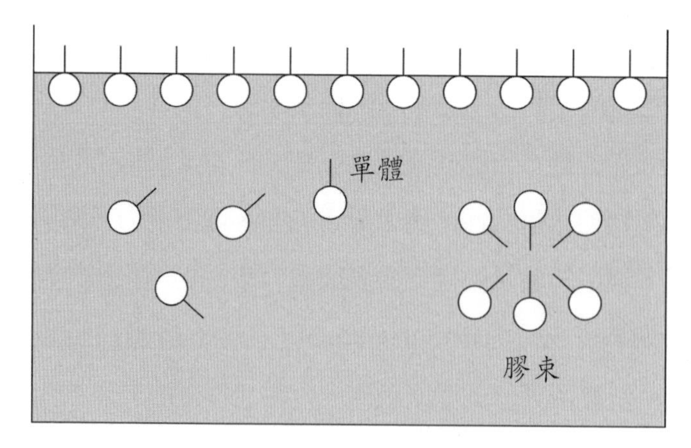

圖 2-5　膠束形成示意圖

四、膠束結構

表面活性劑溶解於水，當濃度很稀時，分子量是以少量分子將疏水基互相靠攏而分散在水中，當達到一定濃度時，即達到臨界膠束濃度（C_{mc}）時，立即互相聚集成較大的集團或是膠束（膠團），如圖 2-6 所示球形、棒狀或層狀膠束。極性基團（親水基）朝外與水相接觸，非極性基團（親油基或疏水基）朝裡面被包裹在膠束內部，幾乎和水脫離，此過程稱爲**膠束化作用（micellization）**。

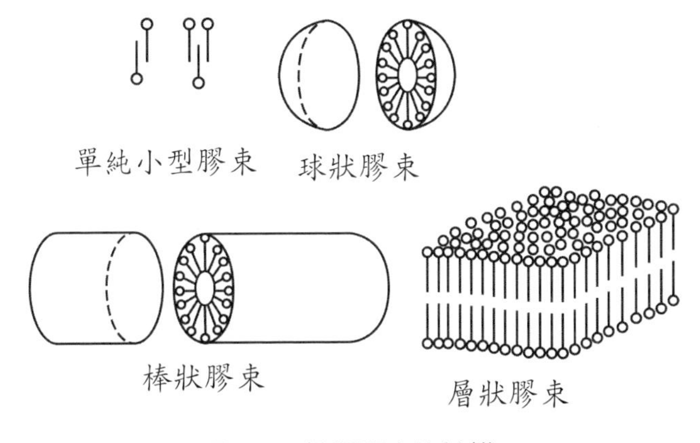

圖 2-6　各種膠束的結構

膠束大小的量度是聚集數，表示構成膠束的分子或離子單體數目。一般情況下，離子型表面活性劑的聚集數很小，約爲 100 之內，而非離子型表面活性劑的聚集數很大，參見表 2-2。聚集數在 100 之內的膠束多爲球狀，再多可形成棒狀或層狀膠束。離子型表面活性劑雖親水基不同，但其聚集數在 50～60 之間，非離子型表面活性劑的 C_{mc} 很低，聚集數則較大，這是因爲它們的親水基之間沒有離子電荷排斥作用所致。在水溶液中，表面活性與水之間相似性越大，聚集數越小；反之，相似性越小，聚集數越大。當表面活性劑分子的親水性變弱或親油性增加，形成膠束聚集數顯著增大。

表 2-2 碳鏈為 C_{12} 的表面活性劑的 C_{mc}、膠束量與聚集數（20℃）關係

表面活性劑	C_{mc} (mmol/L)	膠束量（$\times 10^3$）	聚集數（n）
$C_{12}H_{25}SO_4Na$	8.1	18	62
$C_{12}H_{25}N(CH_3)_3Br$	14.4	15	50
$C_{12}H_{25}COOK$	12.5	11.9	50
$C_{12}H_{25}SO_3Na$	10.0	14.7	54
$C_{12}H_{25}NH_3Cl$	14.0	12.3	56
$C_{12}H_{25}N(C_2H_5)Br$	16.0	17.7	54
$C_{12}H_{25}N(CH_3)_2O$	0.21	17.3	76
$C_{12}H_{25}O(CH_2CH_2O)_6H$	0.087	180	400

五、表面活性劑的C_{mc}與表面活性劑的關係

表面活性劑的臨界膠束濃度（C_{mc}）與在水溶液表面上開始形成飽和吸附層所對應的濃度是一致的，同時表面活性劑水溶液的許多物理特性以 C_{mc} 值爲分界，發生顯著的變化，如圖 2-4 所示。反之也可透過其水溶液物理特性顯著變化的濃度範圍，推測出其 C_{mc} 值的範圍。去污能力、增溶能力、溶解度、表面張力、滲透壓等作用均在 C_{mc} 值的範圍內，有顯著的變化。表 2-3 列出常見各類表面活性劑的 C_{mc} 值。將 C_{mc} 值作爲表面活性劑的一種量度時，C_{mc} 值越小，表示該表面活性劑在水溶液中形成膠束所需的濃度越低，表面活性越高。

表 2-3 一些表面活性劑的臨界膠束濃度

表面活性劑	溫度（℃）	C_{mc} (mmol/L)
$C_{12}H_{25}SO_4Na$	40	8.72
$C_{16}H_{33}SO_4Na$	40	0.88

表面活性劑	溫度（℃）	C_{mc} (mmol/L)
$C_{11}H_{23}COONa$	25	26.0
$C_{17}H_{35}COONa$	55	0.45
$C_{17}H_{33}COONa$	50	1.20
$C_{12}H_{25}SO_3Na$	40	9.70
$C_{16}H_{33}SO_3Na$	50	0.70
p-n-$C_8H_{17}C_6H_4SO_3Na$	35	15.0
p-n-$C_{12}H_{25}C_6H_4SO_3Na$	60	1.20
$C_{12}H_{25}N(CH_3)_3Br$	25	16.0
$C_{16}H_{33}N(CH_3)_3Br$	25	0.92
$C_{12}H_{25}N^+(CH_3)_2CH_2COO^-$	23	1.80
$C_{16}H_{33}N^+(CH_3)_2CH_2COO^-$	23	0.02
$C_{10}H_{21}O(CH_2CH_2O)_8H$	25	1.00
$C_{12}H_{25}O(CH_2CH_2O)_3H$	25	0.052
$C_{12}H_{25}O(CH_2CH_2O)_7H$	25	0.082
$C_{12}H_{25}O(CH_2CH_2O)_8H$	25	0.10
$C_{12}H_{25}O(CH_2CH_2O)_9H$	23	0.10
$C_{14}H_{29}O(CH_2CH_2O)_8H$	25	0.09

六、影響臨界膠束濃度的因素

1. **碳氫鏈長的影響**：離子表面活性劑分子中碳氫鏈的碳數在 8～16 之間，C_{mc} 值隨碳原子數變化呈現一定規律，在同系物中每增加一個碳原子，C_{mc} 值降低約 1/2。對非離子活面活性劑其碳氫鏈上長度對 C_{mc} 值影響較大，每增加 2 個碳原子，C_{mc} 值降低約 1/10。
2. **碳氫鏈分支及極性基團位置的影響**：非極性基團的碳氫鏈有支鏈或極性基團處於烴鏈中間位置時，能使烴鏈之間相互作用力減弱，C_{mc} 值則增加。親油基烴碳原子數目相同時，極性基團越靠近中間位置時，則 C_{mc} 值越大。

3. **碳氫鏈中其他取代基的影響**：疏水碳氫鏈中有其它基團時，會影響表面性劑的疏水性而影響。例如碳氫鏈中有苯基時，一個苯基約相當於 3.5 個 $-CH_2-$ 基。若疏水基碳氫鏈中有雙鍵或其他基團（如 -O- 或 -OH）時，也會使 C_{mc} 值增大。
4. **親水基團的影響**：在水溶液中，離子型表面活性劑的 C_{mc} 值比非離子型的大得多。疏水基團相同時，離子型表面活性劑的 C_{mc} 值大約為非離子型表面活性劑（聚氧乙烯為親水基）的 100 倍。兩性離子表面活性劑中親水基團的變化和非離子型表面活性劑中親水基團聚氧乙烯單元數目變化，對 C_{mc} 值的影響不大。
5. **鹽離子的影響**：在表面活性劑水溶液中，添加鹽可使 C_{mc} 值降低且還與添加鹽的濃度有關。1 價金屬鹽離子對 C_{mc} 值影響不大，2 價金屬鹽離子（Cu^{2+}、Zn^{2+}、Mg^{2+}）比 1 價金屬鹽離子（K^{+}、Na^{+}）對降低 C_{mc} 值的效應大。而陰離子對 C_{mc} 值的影響確不同，數個陰離子降低 C_{mc} 值能力的大小為 $I^{-} > Br^{-} > Cl^{-}$。

七、表面活性劑溶解度與溫度關係

溶質的溶解度隨溫度升高而增加，表面活性劑的溶解度隨溫度改變而有所不同。

1. **離子型表面活性劑**：低溫時，溶解度較低，溫度升高則增加，當達到某一溫度時，溶解度急劇增加，該溫度稱為「**臨界溶解度**」。如圖 2-7 所示，烷基磺酸鈉的溶解度隨溫度的變化情況。離子型表面活性劑分子發生締合形成膠束形式，使溶解度增大。實際上，該溫度也是該溫度下的臨界膠束濃度（C_{mc}）。

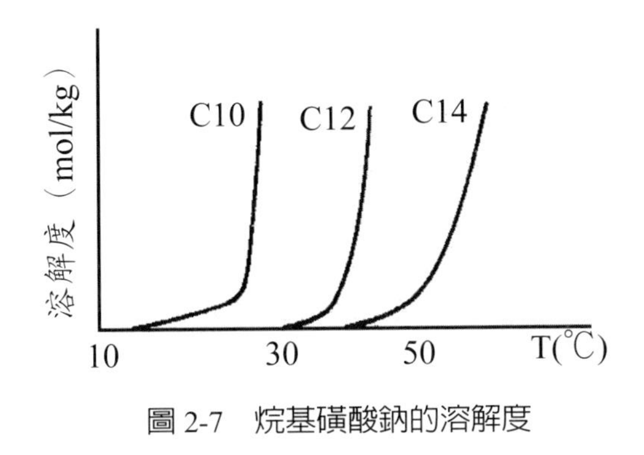

圖 2-7　烷基磺酸鈉的溶解度

2. **非離子型表面活性劑**：與上述相反，非離子型表面活性劑的溶解度隨溫度升高而降低，達到某一溫度時溶液變混濁，此溫度稱為**濁點（cloud point）**。例如，以聚氧乙烯為親水基的非離子表面活性劑，由於聚氧乙烯鏈中氧原子與水分子之間形成氫鍵而溶解。當溫度升高時，氫鍵發生斷裂，導致親水性變弱、溶解度降低，溶液才會出現混濁。

第二節　表面活性劑在化妝品中的作用原理

一、增溶作用（solubilization）

（一）增溶作用機制

使微溶性或不溶性物質增大溶解度的現象稱為「**增溶作用**」。將表面活性劑加於水中時，水的表面張力初則急劇下降，繼而形成活性劑分子聚集的膠束。形成膠束時的表面活性劑濃度稱為「**臨界膠束濃度**」。當表面活性劑的濃度達到臨界膠束濃度時，膠束能把油或固體微粒吸聚在親油基的一端，因此增大微溶物或不溶物的溶解度。溶質與表面活性劑膠團結合的方式如圖 2-8 所示。

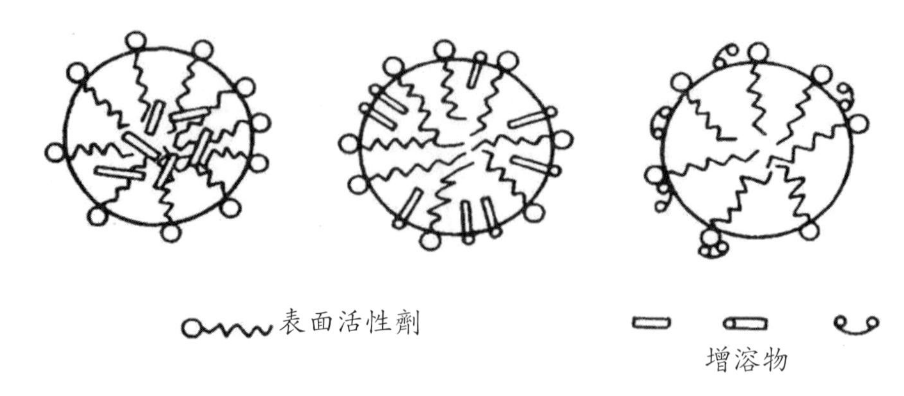

圖 2-8 溶質與表面活性劑膠團結合的方示意圖

選擇表面活性劑作爲增溶劑時可考慮如下：活性劑的親油基越長，增溶量越大；被增溶物則是同系物中分子越大的，增溶量越小；烷基鏈長度相同的，極性的化合物比非極性的化合物增溶量大。

化妝水通常要用水與醇的混合液進行製備，根據水與醇混合比的變化則產品基質所使用的增溶劑也各異，但增溶時都是用親水性強、HLB > 15 的表面活性劑，多數用到非離子型的乙氧基化物（EO）。例如，化妝水的增溶對象是香料、油分和藥劑等，可用烷基聚氧乙烯醚增溶。聚氧乙烯的烷基芳基醚雖然增溶能力強，但對眼睛有害，一般不使用。此外，蓖麻油基的兩性衍生物具有優良的香料油、植物油溶解性，且這種活性劑對眼睛無刺激，適用於製備無刺激香皂等化妝品。

（二）影響增溶作用的因素

1. **增溶劑的分子結構**：表面活性劑在達到 C_{mc} 以後，增溶作用顯著提高。長鏈疏水基碳氫鏈要比短的增溶性強，因爲碳氫鏈增長，分子疏水性增大，表面活性劑聚集成膠束的趨勢增強，即 C_{mc} 降低。膠束數目增多，在較低濃度下即能發生增溶。
2. **被增溶劑的分子結構和特性**：脂肪烴和烷基芳香烴的增溶量隨碳氫鏈增

加而減少，隨不飽和程度及環化程度增加而增加。對於多環芳香烴，增溶量隨相對分子量增加而減少。帶支鏈的飽和化合物與相應的直鏈異構物的增溶物大致相同。被增溶物的極性增大，增溶量也相應增高，如烷烴與相應的脂肪醇相比，脂肪醇極性增大，增溶量則增加較多。

3. **電解質**：在離子型表面活性劑水溶液中，加入無機鹽電解質可增加烴類等非極性有機物增溶量。加入無機鹽可使表面活性劑的 C_{mc} 下降，膠束數量增加，所以增溶能力增大。
4. **有機添加物**：在表面活性劑水溶液中加入非極性化合物如烴類，會使膠束量增大，有利極性化合物插入膠束柵欄間，使極性被增溶物的增溶量增大。反之，加入極性有機物後，使非極性化合物的增溶量增大。極性有機物的碳氫鏈越長，極性越小，使非極性化合物的增溶量增加越多。
5. **溫度**：對於離子型表面活性劑，溫度提高，對極性和非極性的增溶物的增溶量都增加，因爲熱運動使膠束中能發生增溶的空間增大。對於聚氧乙烯型非離子表面活性劑，溫度提高，使非極性增溶物的增溶量增加，因爲溫度升高易於形成膠束及導致膠束聚集數增加。對於極性增溶物，在接近濁點時增溶量增加，超過濁點時則增溶量下降。因爲溫度升高（濁點之前）時，受熱使膠束的聚集數增加，增溶能力隨溫度上升而增加。但在升高（濁點之後）時，聚氧乙烯鏈發生脫水，膠束中的柵欄位置，易於捲縮得更緊，增溶空間減小則增溶能力下降。
6. **其他原因**：表面活性劑分子之間存在較強的相互作用時，會形成不溶的結晶或液晶。在硬的液晶結構中，供增溶作用可利用的空間小於具有彈性的膠束，則可限制增溶作用。某些非表面活性劑（又稱水溶助長劑）能阻止表面活性劑液晶的生成，使有機物在水中的溶解度增加，此稱爲「**水溶助長作用**」。水溶助長劑能與表面活性劑形成混合膠束，因爲親水基頭部大，疏水基小，傾向形成球狀膠束，能阻止液晶形成，增加表面活性劑在水中的溶解度，形成的膠束溶液對有機物的溶解能力增加。

二、乳化作用（emulsion）

使非水溶性物質在水中呈均勻乳化形成乳狀液的現象稱爲「**乳化作用**」。乳化過程中，表面活性劑分子的親油基一端溶入油相，親水基一端溶入水相，活性劑的分子吸附在油與水的界面間，降低油與水的表面張力，使之能充分乳化。乳化按連續相是水相還是油相可分爲水包油型（O/W）與油包水型（W/O）二種基本形式。詳細的乳化作用及乳化劑選擇，請參見第三節介紹。

選擇化妝品乳化劑時一般可從親水親油平衡角度考慮如下：W/O 型乳化常用油溶性大、HLB 值（親水親油平衡值）爲 4～7 的乳化劑；O/W 型乳化常用水溶性大、HLB 值爲 9～16 的乳化劑；油溶性與水溶性乳化劑的混合物產生的乳狀液的品質及穩定性優於單一乳化劑產生的乳狀液；油相極性越大，乳化劑應是更親水的；被乳化的油類越是非極性的，乳化劑應是更親油的。

三、分散作用（dispersion）

使非水溶性物質在水中成微粒均勻分散狀態的現象稱爲「**分散作用**」。分散過程中，表面活性劑分子的親水基一端伸在水中，親油基一端吸附在固體粒子表面，在固體的表面形成了親水性吸附層。活性劑的潤濕作用破壞了固體微粒間的內聚力，使活性劑分子進入固體微粒中，變成小質點分散於水中。

化妝品的分散系統包括粉體、溶劑及分散劑三部分。粉體可分為無機顏料、有機顏料兩類；溶劑則分為水系、非水系兩類；作為媒介的分散劑又有親水性（適用於水系）與親油性（適用於非水系）兩類。因此系統有多種組合方式，實際生產上它們混在複雜的系統中加以利用的情況較多。

用於分散顏料的表面活性劑很多既是乳化劑又是分散劑，如烷基醚羧酸鹽、烷基磺酸鹽等，它們都有很好的分散特性。但口紅等化妝品常會因汗和皮脂的破壞而影響化妝效果，近年來出現的矽酮酸則不會產生此類問題。矽酮酸是以矽油為基質，以耐油性、耐水性好的非離子型聚醚變性矽酮為活性劑，能使顏料不被破壞，是適用於各種皮膚的化妝品。

四、清潔洗滌（cleasing）、柔軟去靜電（emollient and atistat）、潤濕滲透（osmosis）作用

表面活性劑在化妝品上的應用除了乳化、增溶、分散等主要用途外，還有清潔洗滌、柔軟去靜電和潤濕滲透等作用。

(1) 陰離子型活性劑用於清潔洗滌上已有很久的歷史。在洗滌中污垢從表面活性劑上脫離的過程，如圖 2-9 所示。肥皂的去污能力是其他洗滌劑難以比擬的。十二烷基硫酸鈉是清潔系列化妝品中常用的原料，能達到良好的去污效果。兩性型表面活性劑咪唑啉是

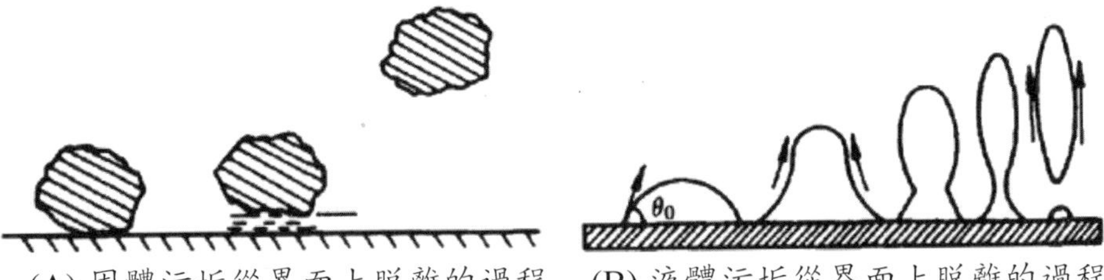

(A) 固體污垢從界面上脫離的過程　(B) 液體污垢從界面上脫離的過程

圖 2-9　污垢從界面脫離的過程

溫和的清潔用的表面活性劑，是配製高級洗臉產品、護髮乳及嬰兒洗髮精等不可缺少的組分。

(2) 陽離子型表面活性劑雖然較其他類型的表面活性劑使用得少，但卻有很好的柔軟去靜電能力，在毛髮柔軟整理劑中有著獨特的作用。從羊毛脂肪酸中衍生出來的四級銨鹽類，其刺激性小，並兼具了羊毛脂的保水特性、潤濕特性及陽離子型表面活性劑的特點，能賦予頭髮濕潤、柔軟等獨特的感觸。

(3) 化妝品不僅要有美容功效，使用起來還應有舒適柔和的感覺，這些都離不開表面活性劑的潤濕作用。生物表面活性劑，例如磷脂是生物細胞的重要成分，對細胞代謝和細胞膜滲透性調節上相當重要，對人體的肌膚有很好的保濕性和滲透性。槐糖脂類生物表面活性劑對皮膚有奇特的親和性，可讓皮膚具有柔軟與濕潤之感。

第三節　乳化作用

人們日常使用的化妝品幾乎都是由某種載體所形成乳化體、水溶液、油狀液、懸浮液、粉劑或固體等。其中，**乳化體（emulsoid）**（即乳狀液）的形式最多，它可以是類似水溶液的流體、黏稠狀的乳蜜液、半固體膏霜等形式製成化妝品。這類型的化妝品無論以特性、效果和使用感覺上，還是從產品的外觀上都優於單獨使用水性或油性的原料，深受人們的喜愛。之所以能製成各種形式的乳化體，主要是由於表面活性劑的**乳化作用（emulsification）**。

一、乳狀液的概念

使非水溶性物質在水中呈均勻乳化形成乳狀液的現象稱爲乳化作用。乳化過程中，表面活性劑分子的親油基一端溶入油相，親水基一端溶入水相，活性劑的分子吸附在油與水的界面間，從而降低油與水的表面張力，使之能充分乳化。乳化按連續相是水相還是油相可分爲水包油型（O/W）與油包水型（W/O）二種基本形式。如圖 2-10 所示。

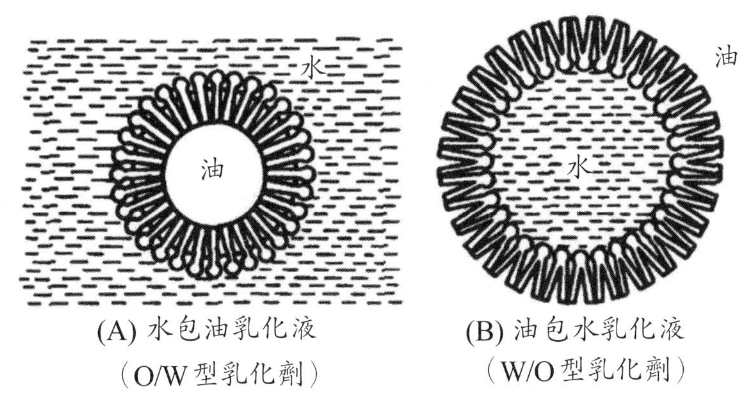

圖 2-10　乳狀液示意圖。

二、乳化機制

互不相溶的油和水兩相，藉助攪拌等方式使油相和水相混合，其中一相呈微球狀液滴分散於另一相中，形成一種暫時乳狀液，該暫時乳狀液是一種熱力學不穩定的體系。分散相或內相的微球狀液滴之直徑大小在 0.05～10 μm 之間，比表面積很大，兩相的表面積也相當大，使該體系的能量很高，它們有自動降低能量的趨勢，即微小液狀球會相互聚集，力圖縮小表面積、降低表面能，分散的微小液球逐漸分開，液滴逐漸變大。最後，使油和水重新分開成兩層液體，油和水又恢復到原來狀態。爲了使形成的乳狀液較長時間保持穩定，需要加入降低表面張力的成分，即乳化劑。表面活性劑具有降低分散體系表面張力的作用，使不穩定的分散體系變成相對穩定的體系，如圖 2-11 所示。

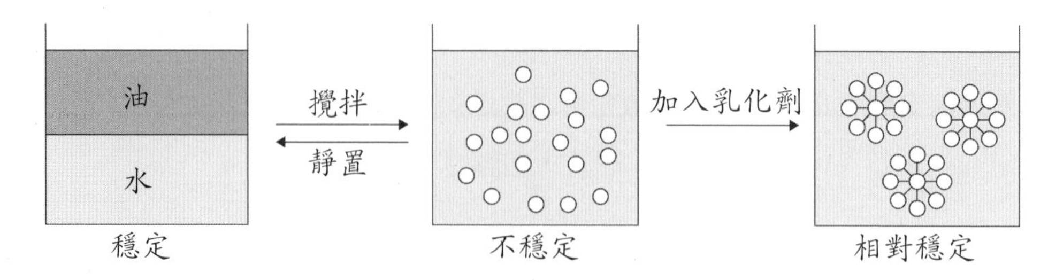

圖 2-11 乳狀液形成示意圖

三、乳狀液的穩定性及不穩定形式

（一）乳狀液的穩定性

油和水在表面活性劑作用下製得相對穩定的乳狀液。但爲了製得的乳狀液能具有較好的穩定性，應從選擇適宜當的乳化劑、降低表面張力、增加界面膜的強度等因素考慮。

1. 依據乳狀液類型選擇乳化劑

(1) **製備油／水型乳狀液**：一般選用在乳狀液的水相中溶解度較大的乳化劑，通常爲低價的離子型表面活性劑。離子型乳化劑分子在界面定向吸附時，非極性碳氫鏈部分伸向油相，使分散的油相液珠表面帶有電荷，因同種電荷的排斥作用而使分散體系穩定。

(2) **製備水／油型乳狀液**：要求乳化劑在分散介質（油相）中溶解度好，通常多爲非離子型表面活性劑。高價的陰離子表面活性劑也利形成水／油型乳狀液。非離子乳化劑在分散相（水相）表面通過氫鍵形成一層界面膜，能降低表面張力而使水相的液珠不易聚集，使體系穩定。

2. 界面膜的形成

爲了使分散體系穩定，加入乳化劑降低表面張力，同時，乳化劑分子是定向排列在界面上形成界面膜（圖 2-12 所示）。界面膜可以保護分散相液珠不易因相互碰撞而發生聚結。為了使形成界面膜具有一定強度，因此加入足夠量的乳化劑是必要的。

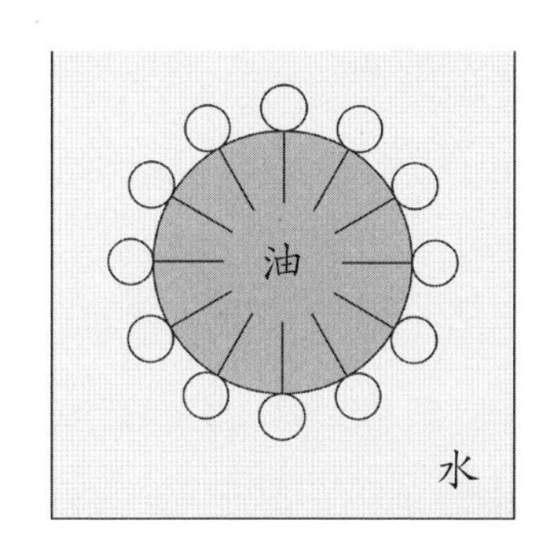

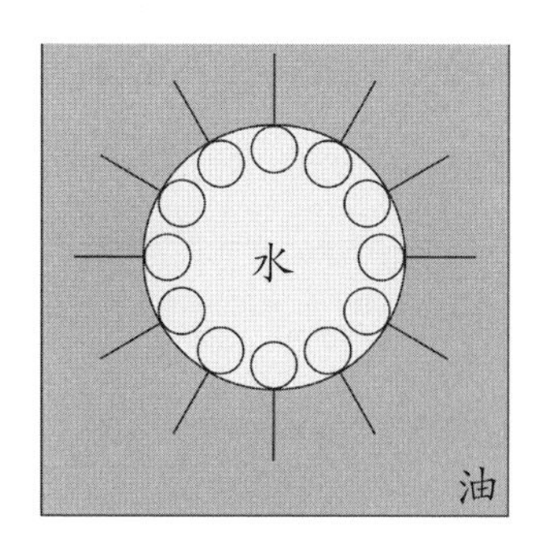

圖 2-12　兩種乳狀液形成界面膜示意圖

3. **分散相液電荷**：乳狀液的分散相是以微小液珠形式存在，界面上帶有電荷。當使用離子型乳化劑時，極性端處於水相，非極性端伸向油相，而使分散相界面上帶有電荷。由於帶有同種電荷，相互靠近時產生排斥作用，不能聚結，則提高乳狀液的穩定性。
4. **分散介質的黏度**：分散介質黏度大，可使分散的液珠運動受阻，減緩液珠之間碰撞，不易發生聚結，使乳狀液穩定。一般加入高分子聚合物可使分散介質黏度增大，還對液珠表面形成堅硬界面膜，可提高狀液穩地性。

（二）乳狀液的不穩定形式

1.分層

乳狀液中由於上下部分出現分散相的濃度差現象，稱為乳狀液的**分層**（**stratification**）。例如，牛奶放置一段時間後，發現上層含脂肪量高而下層含脂肪量低，原因是分散相乳脂的相對密度比水小所引起，這種現象稱為「**上向分層**」。

2. 變形

是乳狀液不穩定的另一種形式，乳狀液可能突然由油／水型變成水／油型乳狀液或是由水／油型變成油／水型乳狀液，這種現象稱為**變形**（**distortion**）。

可能造成變型的三個步驟如下：

(1) 在油／水型乳狀液中，分散相呈微小液珠形式，表面因有陰離子乳化劑而使表面帶有負電荷，如在乳狀液中加入高價帶正電荷離子如 Ca^{2+}、Mg^{2+}、B^{2+} 等，表面電荷被中和，使液珠易發生聚集。

(2) 聚集在一起的液珠，可將水相（外相）在局部被包圍起來，形成不規則的水珠。

(3) 液珠如發生破裂，則油相變成連續相，水相變成了分散相，這時原來的油／水型乳狀液變成了水／油型乳狀液，如圖 2-13 所示。

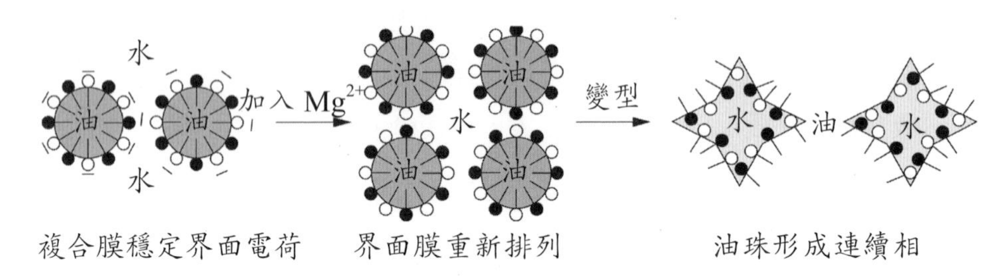

圖 2-13　乳狀液變型過程示意圖

3. 破乳

是指乳狀液完全破壞，造成油 - 水兩相分離，其中分層、變形和**破乳**（**demulsification**）可能同時發生。乳狀液的破乳可以分為絮凝和聚結兩個過程。

(1) **在絮凝過程中**：分散相的液珠可聚集在一起形成團，但各個液珠仍單獨存在，沒發生合併。如有可能性還可分散開，所以此過程是可逆的。

(2) **聚結過程**：前一步聚集成團的液珠合併成一個大的液滴，不可能再分散開，由於液珠的合併可導致液珠數量急劇減少，大的液滴數量增加，最後使乳狀液完全破壞。

四、乳化劑的選擇

（一）HLB值的定義

表面活性劑分子結構中具有親水性及親油性基，可利用親水性的極性基和親油性的非極性基的強度之間的平衡，進行化妝品中的乳化作用。通常，親水性和親油性的平衡值是以 **HLB 值（Hydrophilic lipophilic balance）**來表示。HLB 值是由分子的化學結構、極性強弱或分子中的水合作用所決定。乳化劑的 HLB 值表示該乳化劑同時對水和油的相對吸引作用強弱。HLB 值高表示它的親水性強，HLB 值低表示親油性高。根據 HLB 值的作用可以判斷該乳化劑適合的作用，如表 2-4 所示。圖 2-14 顯示了不同的 HLB 值對表面活性劑的狀態、用途的影響。

表 2-4　HLB 值的範圍及其應用

HLB 值範圍	應用	HLB 值範圍	應用
1.5～3.0	消泡劑	8～18	油／水型乳化劑
3～6	水／油型乳化劑	13～15	洗滌劑
7～9	潤濕劑	15～18	增溶劑

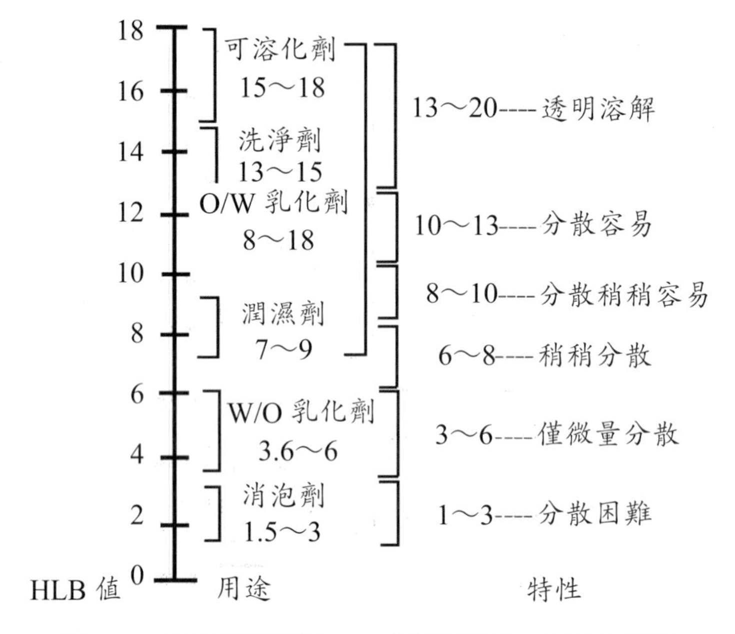

圖 2-14　表面活性劑的 HLB 值對其特性、用途的影響

選擇化妝品乳化劑時，一般可從親水親油平衡角度考慮如下：W/O 型乳化劑常用油溶性大、HLB 值爲 4～7 的乳化劑；O/W 型乳化劑常用水溶性大、HLB 值爲 9～16 的乳化劑；油溶性與水溶性乳化劑混合物所產生的乳狀液之品質及穩定性，優於單一乳化劑所產生的乳狀液；油相極性越大，乳化劑應是更親水的；被乳化的油類越是非極性的，乳化劑應是更親油的。

（二）HLB值的計算

1. 按照分子官能基團的結構來計算

將乳化劑分子結構分解成一些官能基，根據每一官能基團對 HLB 的貢獻大小（可分正、負）來計算該乳化劑的 HLB 值。此方法適用陽離子、陰離子及兩性離子型的乳化劑。計算公式如下：

$$HLB = \Sigma（親水性基團數值）- \Sigma（親油性基團數值）+ 7$$

式中，各種官能基團的基團數值參見表 2-5 所示。表中所列的基團數值是正值表示基團是親水性的，為負值則表示該基團是親油性，計算時要將其絕對值帶入公式中。

表 2-5　各種官能基團的基團數值

親水基團	基團數值	親油基團	基團數值
$-SO_4Na$	38.7	-O- 醚	1.3
-COOK	21.1	-OH 羥基（失水山梨環）	0.5
-COONa	19.1	$-(CH_2CH_2O)-$（衍生基團）	0.33
—N<（二級胺）	9.4	$-CH_3$	-0.475
-COO- 酯（失水山梨醇環）	6.8	$-CH_2-$	-0.475
-COO- 酯（游離）	2.4	>CH—	-0.475
-COOH	2.1	$-(CH_2CH_2CH_2O)-$（衍生基團）	-0.15
-OH 羥基（游離）	1.9		

例如：油酸鈉的分子結構式為：$CH_3(CH_2)_7CH=CH(CH_2)_7COONa$，油酸鈉的 HLB 為：

經查表可知 -COONa 基團數值為 19.1，$-CH_3$、$-CH_2-$、=CH- 的基團數值均為 -0.475，-COONa 數量 1 個、CH_3 數量 1 個、$-CH_2-$ 數量 14 個、=CH- 數量 2 個。則可計算：

$$HLB = 19.1 - (1 + 14 + 2) \times 0.475 + 7 = 18$$

2. 按照親水 - 親油基團的質量分數計算

(1) 多元醇的脂肪酸酯可用下列經驗計算公式計算：

$$HLB = 20 \times (1 - S/A)$$

式中，S 為酯皂化值，A 為脂肪酸的酸值（一般式測定出來的）。

例如單硬脂肪甘油酯 S 為 161，A 為 198，則：

$$HLB = 20\,(1 - 161/198) = 3.8$$

(2) 難以測得皂化值的脂肪酸酯可用下列公式計算：

$$HLB = (E + P)/5$$

式中，E 為氧化乙烯的質量分數（%），P 為多元醇的質量分數（%）。

例如某種聚氧乙烯失水山梨醇羊毛酸酯，其氧化乙烯含量為 65.1%，多元醇含量為 6.7%，則其 HLB 值為：

$$HLB = (65.1 + 6.7)/5 = 14.4$$

(3) 聚氧乙烯與脂肪醇縮合物可用下列計算公式：

$$HLB = E/5$$

式中，E 爲分子中親水基氧化乙烯質量占分子總質量的比値。

例如聚氧乙烯（10）十六醇醚，分子式 $C_{16}H_{33}O(CH_2CH_2O)_{10}H$，氧化乙烯 CH_2CH_2O 相對分子量質量為 44，十六醇 $C_{16}H_{33}O$ 相對分子質量為 242。

$$E = 44 \times 10 / (44 \times 10 + 242) = 64.5$$

$$HLB = 64.5/5 = 12.9$$

3. HLB 值的應用

化妝品配方中油相和乳化劑常常不是單一組成，而是兩種以上的組成，可利用 HLB 値加和性來計算其混合組成的 HLB 値，計算公式爲：

$$HLB = (W_A \times HLB_A + W_B \times HLB_B) / (W_A + W_B)$$

式中，W_A、W_B 分別爲混合乳化劑中乳化劑 A 和 B 的用量。HLB_A、HLB_B 分別爲乳化劑 A 和 B 的 HLB 値。

例如某配方中含 5 份的單硬脂酸甘油酯（HLB = 3.8）和 1 份的失水山梨醇單硬脂酸酯（HLB = 4.7），求混合乳化劑的 HLB 值：

$$HLB = (5 \times 3.8 + 1 \times 4.7) / (5 + 1) = 23.7/6 = 3.95$$

由表 3-4 可知，此 HLB 的乳化劑適合用於水 / 油型乳化劑。

一些常用乳化劑的 HLB 值如表 2-6 所示。

表 2-6 常用乳化劑的 HLB 值

化學名稱	商品名	HLB 值
失水山梨醇三油酸酯（Sorbitan Trioleate）	Span 85	1.8
失水山梨醇三硬脂酸酯（Sorbitan Tristearate）	Span 65	2.1
聚氧乙烯山梨醇蜂蠟衍生物（Polyoxyethylene Sorbitol derivatives）	Atlas G-1704	3.0
失水山梨醇單油酸酯（Sorbitan Monooleate）	Span 80	4.3
失水山梨醇單硬脂酸酯（Sorbitan Monostearate）	Span 60	4.7
單硬脂酸甘油酯（Monostearate Glyceride）	Aldo 28	3.8～5.5
失水山梨醇單棕櫚酸酯（Sorbitan Monopalmitate）	Span 40	6.7
失水山梨醇單月桂酸酯（Sorbitan Monolaurate）	Span 20	8.6
聚氧乙烯失水山梨醇單硬脂酸酯（Polyoxyethylene Sorbitan Monostearate）	Tween 61	9.6
聚氧乙烯羊毛脂衍生物（Polyoxyethylene Lanolin derivatives）	Atlas G-1790	11.0
聚氧乙烯月桂醇醚（Polyoxyethylene Lauryl Ether）	Atlas G-2133	13.1
聚氧乙烯失水山梨醇單硬脂酸酯（Polyoxyethylene Sorbitan Monostearate）	Tween 60	14.9
羊毛醇酯衍生物（Lanolin Alcohol derivatives）	Atlas G-1441	14.0
聚氧乙烯失水山梨醇單硬脂酸酯（Polyoxyethylene Sorbitan Monooleate）	Tween 80	15.0
聚氧乙烯單硬脂酸酯（Polyoxyethylene Monostearate）	Myri 49	15.0

化學名稱	商品名	HLB 值
聚氧乙烯十八醇醚（Polyoxyethylene Stearyl Ether）	Atlas G-3720	15.3
聚氧乙烯油醇醚（Polyoxyethylene Oleyl Ether）	Atlas G-3920	15.4
聚氧乙烯失水山梨醇單棕櫚酸酯（Polyoxyethylene Sorbitan Monopalmitate）	Tween 40	15.6
聚氧乙烯氧丙烯硬脂酸酯（Polyoxyethylene Oxypropylene Stearate）	Atlas G-2162	15.7
聚氧乙烯單硬脂酸酯（Polyoxyethylene Monostearate）	Myri 51	16.0
聚氧乙烯單月桂酸酯（Polyoxyethylene Monolaurate）	Atlas G-2129	16.3
聚氧乙烯醚（Polyoxyethylene ether）	Atlas G-3930	16.6
聚氧乙烯失水山梨醇單月桂酸酯（Polyoxyethylene Sorbitan Monolaurate）	Tween 20	16.7
聚氧乙烯月桂醚（Polyoxyethylene Lauryl Ether）	Brij 35	16.9
*油酸鈉（油酸的 HLB = 1）（Sodium Oleate）		18.0
聚氧乙烯單硬脂酸酯（Polyoxyethylene Monostearate）	Atlas G-2159	18.8
*油酸鉀（Potassium Oleate）		20.0
*月桂醇硫酸鈉（Sodium Lauryl Sulfate）	K_{12}	40.0

* 爲陽離子表面活性劑，其餘全部爲非離子型表面活性劑；Span 爲失水山梨醇脂肪酯類型乳化劑；Tween 是聚氧乙烯失水山梨醇脂肪酸酯類型乳化劑；Atlas 是聚氧乙烯脂肪醇醚類型乳化劑。

五、多相乳狀液

在分散相的內部存在分散粒子，這種狀態的體系稱爲**多相乳狀液（multiphase emulsion）**，也稱爲複合乳狀液。它是一種油／水型和水／油型乳狀液共存的複合體系，是油滴裡含有一個或多個小水滴，這種含小水滴的油滴分散在水相中形成的乳狀液稱爲水包油包水（water-in-oil-in-watre, W/O/W）型乳狀液；含有小油滴的水滴分散在油相中形成的乳液，則稱爲油包水包油（oil-in-water-in-oil, O/W/O）型乳狀液。

（一）多相乳狀液的特性和結構

化妝品的乳狀液多爲油／水型和水／油型，前者雖然具有較好的塗敷特性，但其潤膚和洗淨效果不如後者。後者具有較好的潤滑和洗淨作用，但其含油量較高，使用後油膩感強烈。油包水包油（O/W/O）型乳狀液化妝品出現後，兼具兩種乳狀液的優點，更重要的是多相乳狀液可用作活性成分的載體，因爲是被包裹在內相的有效成分要通過兩個相界面才能釋放出來，可以延遲和控制有效成分的釋放。多相乳狀液的結構可分爲兩種情況，一種是分散粒子內包含幾個大小相差不多的小粒子。另一種是分散粒子內含有數個大小不等的小粒子，如圖 2-15 所示。

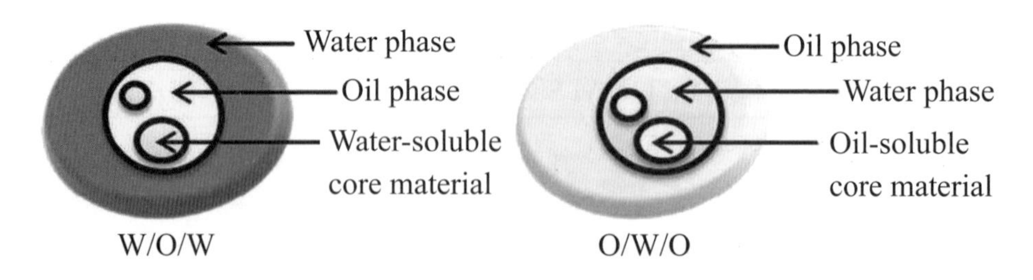

圖 2-15　多相乳狀液的結構示意圖

（二）多相乳狀液形成方法

多相乳狀液形成方法可分為兩種：一步乳化法和兩步乳化法。

1. **一步乳化法**：是在乳化劑存在下向油相中加入少量水相，先形成水／油型乳狀液，然後再加入水相使之轉相而形成水／油／水型乳狀液。
2. **兩步乳化法**：是先用親油性乳化劑形成水／油乳狀液，然後將水／油乳狀液加至含有親水性乳化劑的水相中，即可形成水／油／水型乳狀液。

習題

1. 請解釋表面與界面的差異。何謂表面張力？
2. 請說明表面活性劑的分類並請舉例說明表面活性的應用。
3. 何謂膠體臨界濃度？與表面活性的關係為何？請說明影響膠體臨界濃度的因素。
4. 請解釋乳化作用的原理及機制。
5. 請說明水／油型及油水型乳狀液的特性與差異。你（妳）認為如何達到兼具水／油型及油水型乳狀液的特性？
6. 請描述乳狀液產生變型的原因及發生流程。

第三章 化妝品調製的膠體特性

化妝品是由許多種化學物質組成的混合物，有關化妝品的物理化學特性與膠體和界面科學有密切關係。大多數的化妝品是一種處於溶解狀態的物質和不溶解狀態物質相混合形成的狀態，屬於一種分散體系或多分散體系，90% 以上的化妝品爲分散體系，即屬於化學領域中的膠體體系，因此膠體理論是化妝品基礎科學中的重要理論之一。

第一節　膠體與膠體的特性

一、膠體

自然界的各類物質一般都形成氣、液和固體三種聚集狀態，常稱爲氣相、液相和固相三種狀態，常有一種或幾種物質分散在另一種物質中的分散系。例如，水滴分散在空氣中形成雲霧；油分散在水中形成乳液等。將被分散的物質稱爲「**分散相**」或內相，另一種物質則稱爲分散介質或外相，有時也稱爲「**連續相**」。分散體系可按照分散相與分散介質的聚集狀態來分類，例如分散相爲氣態、液態和固態，其分散介質爲液態的分散體系則稱爲泡沫、乳狀液和溶膠，化妝品大多爲這幾類分散體系，化妝品產品慕絲、乳液、膏霜和粉蜜就分別屬於這幾類。

膠體（colloids）也是一種分散系，在這種分散系裡，分散質微粒直徑的大小介於溶質分子或離子的直徑（一般小於 10^{-9}m）和懸濁液或乳濁液微粒的直徑（一般大於 10^{-7}m）之間。一般來說，分散質微粒的直徑

大小在 10^{-9}～10^{-7}m 之間的分散系叫做「**膠體**」。根據膠體粒子大小介於 10^{-9}～10^{-7}m 之間的特點，把混有離子或分子雜質的膠體溶液放進用半透膜製成的容器內，並把這個容器放在溶劑中，讓分子或離子等較小的微粒透過半透膜，使離子或分子從膠體溶液裡分離出來，以淨化膠體。這樣的操作叫透析，應用透析的方法可精煉某些膠體。

膠體的種類很多，按照分散劑的不同，可分爲液溶膠、氣溶膠和固溶膠。分散劑是液體的叫做液溶膠（也叫溶膠），例如實驗室裡製備的 $Fe(OH)_3$ 和 AgI 膠體都是液溶膠；分散劑的氣體形態，叫做氣溶膠，例如霧、雲、煙等都是氣溶膠；分散劑是固體形態的，叫做固溶膠，例如煙水晶、有色玻璃等都是固溶膠。日常生活裡經常接觸和應用的膠體，有食品中的牛奶、豆漿、粥；日用品中的塑膠、橡膠製品，建築材料中的水泥等。90% 以上的化妝品均爲膠體分散系。例如：

1. 雪花膏是一種以油脂、蠟分散於水中的分散系。
2. 冷霜是將水分散於油脂、蠟中的分散系。
3. 牙膏是以固體細粉爲主，懸浮於膠性凝膠中的一種複雜分散系。
4. 水溶性香水是採取增溶方法，將芳香油分散於水中的透明液體。
5. 香粉蜜是利用保護膠體的作用，使細粉懸浮在水溶液中的分散系。
6. 洗髮精和剃鬚膏是肥皂或各種洗滌劑溶解於水的膠體溶液或膠性凝膠。
7. 唇膏、胭脂膏和指甲油是顏料分散於液體或半固體蠟類的分散系。
8. 香粉可以說是細粉中含有大量空氣或固體細粉。

此外，化妝品的許多原料都是以膠體形態存在的。

二、膠體的生成

膠體是一種高分散體系，分散相的大小是處於粗分散粒子和原子分子的大小之間，因此有兩種方法可以獲得膠體，一種是分散法，它是將粗顆粒透過機械、聲波、通電等方法分裂成膠體粒子；另一種是凝聚法，它是將原子、離子或分子聚結成膠體粒子，即：

$$\text{粗分散體系} \xrightarrow{\text{分散法}} \text{膠體} \xleftarrow{\text{凝聚法}} \text{低分子體系}$$

三、膠體的重力特性

動力特性主要是溶膠中粒子的不規則運動及由此產生的擴散、滲透及在重力場下粒子數隨高度的分布平衡等特性。

（一）布朗運動

植物學家布朗（Brown）利用顯微鏡觀察到，懸浮液水面上的花粉不斷地作不規則的運動，他觀察到溶膠粒子不斷地作不規則「之」字形的連續運動（圖 3-1），此即**布朗運動（Brownian movement）**。它是由於分散介質的分子熱運動碰撞溶液粒子的合力不為零而引起的。布朗運動是溶膠重要的動力性質之一，膠粒越小，布朗運動越激烈。

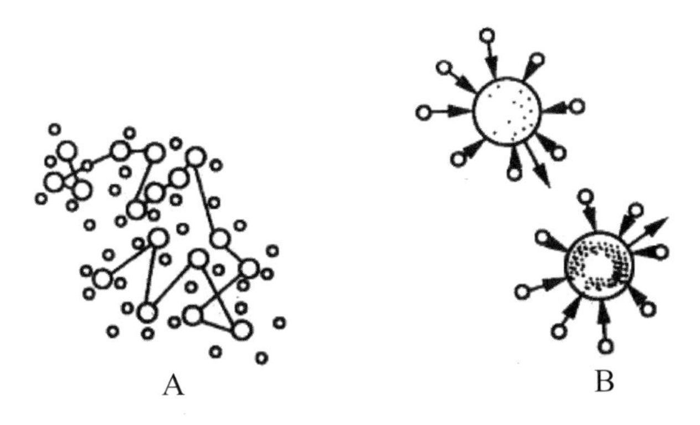

圖 3-1　膠粒的布朗運動示意圖

（二）擴散

布朗運動是不規則的，對膠粒來說，在某一瞬間向各個方向運動的幾率幾乎是相等的。當溶膠中存在濃度低時，布朗運動將使膠粒從濃度高的區域向濃度低的區域運動，這種現象稱爲膠粒的**擴散（diffusion）**。濃度差越大，擴散越快。膠粒顆粒較大，擴散速率要比眞溶液小得多。膠粒直徑在 10^{-9}～10^{-7}m 範圍內，濾紙的孔徑在 10^{-6}～10^{-5}m 之間。半透膜孔徑一般小於 10^{-9}m，膠粒能透過濾紙，不能透過半透膜。利用膠粒不能透過半透膜的特性，可除去溶膠中的小分子雜質，使溶膠淨化。

（三）沉降

分散系中的分散相粒子在重力作用下逐漸下沉的現象，稱爲**沉降（sedimentation）**。懸濁液（如泥漿水）中的分散相粒子大而重，可視爲不存在擴散現象，在重力作用下很快沉降。溶膠的膠粒較小，質量較輕，沉降和擴散兩種作用同時存在。一方面膠粒受重力作用沉降，另一方面由於介質的黏度和布朗運動使膠粒向上擴散。當沉降和擴散這兩個相反作用的速率相等時，稱爲「**沉降擴散平衡**」。平衡時，底層濃度最大，隨著高度的增加濃度逐漸減少，形成一定的濃度梯度。這種狀況與大氣層中氣體的分布相似。達到沉降平衡所需的時間與膠粒的大小及密度等有密切關係，粒子越小（或密度越小），建立平衡所需的時間就越長。

爲了加速膠粒沉降，可使用超速離心機。比地球重爲場大數十萬倍的離心力場的作用下，可使溶膠或蛋白質溶膠迅速沉降，可利用沉降速率測定溶膠膠團的莫耳質量或高分子化合物的莫耳質量。

四、膠體的光學特性

膠體分散體系同小分子眞溶液和高分子化合物溶液，雖屬於高度分散體系，但在光學特性上仍有差別。光不能完全通過懸浮液和乳狀液而呈現混濁，眞溶液往往是透明的。高度分散的溶膠能通過光線，也是呈現透明狀。很難從外觀上來鑑別溶膠與眞溶液，但若讓一束匯聚的光線透過溶膠，在側面可以看到一個發光的圓錐體，這現象稱爲**丁達爾效應（Tyndall effect）**（圖 3-2）。後來的研究發現眞溶液和高分子溶液也能產生這種丁達爾效應，但強度十分微弱。

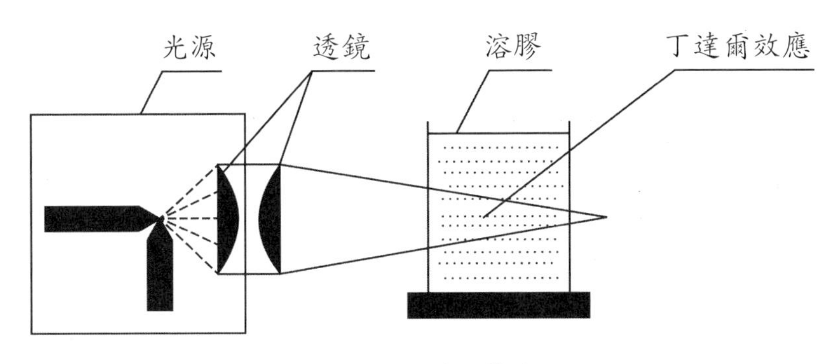

圖 3-2　丁達爾效應

可見光射入分散系統有三種不同的作用：第一種爲**光的吸收**。例如硫酸銅溶液呈現藍色，與銅離子吸收橙黃色的光有關；第二種爲**光的反射**，當分散粒子的直徑大於光的波長時發生反射，例如懸浮液和浮狀液；第三種爲**光的散射**，當分散粒子的直徑大於光的波長時發生的現象，即光可以繞過粒子向各個方向傳播。溶膠的一般膠粒大小大不超過 10^{-6}m，小於可見光和紫外光的波長。對溶膠而言，以散射爲主。對有色溶膠（例如氫氧化鐵溶液），除了散射作用外，尙有光的選擇吸收作用存在（即吸收可見光的某一部分）。

丁達爾效應可鑑別小分子溶液、高分子溶液和溶膠。小分子溶液基本上無丁達爾效應，高分子溶液的丁達爾效應微弱，而溶膠的丁達爾效應強烈。

五、膠體的電學特性

溶膠的電學特性又稱「**電動現象**」，是用來描述膠粒雙電層中的擴散層，從帶電的表面錯動分開時所引起的電泳及電滲等現象。

（一）電泳

在外加電場作用下，帶電的分散相粒子在分散介質中向電性相反電極移動的現象稱爲**電泳（electrophoresis）**（如圖 3-3 所示）。外加電勢梯度越大，膠粒帶電越多，膠粒越小；介質的黏度越小，則電泳速度越大。溶膠的電泳現象證明溶膠是帶電的，若在溶膠中加入電解質，則對電泳會有顯著的影響。隨溶膠中外加電解質的增加，可改變膠粒帶電特性，電泳速度會降低以至爲零，甚至改變膠粒的泳動方向。

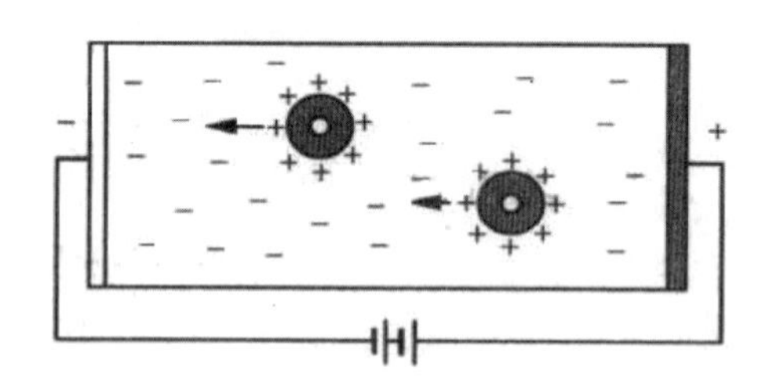

圖 3-3 電泳示意圖

（二）電滲

在外加電場作用下，分散介質（由過剩反離子所攜帶）通過多孔膜或極細的毛細管移動的現象稱爲**電滲（electroosmosis）**（如圖 3-4 所示）。電滲時帶電的固相不動，增加電解質至溶膠中會影響電滲的速度。隨著電解質的增加，電滲速度降低，甚至會改變液體流動的方向。

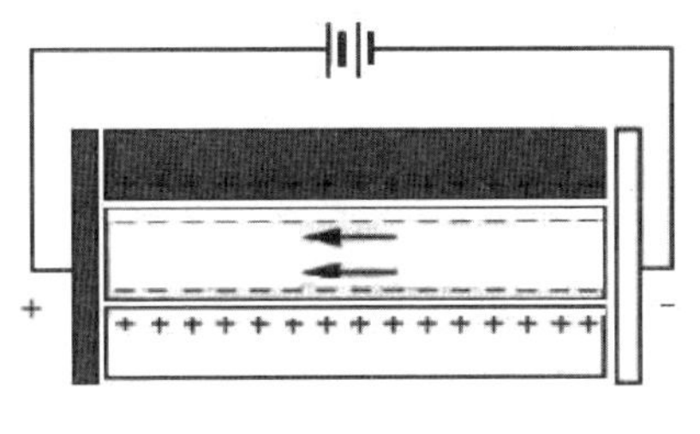

圖 3-4　電滲示意圖

六、膠體的穩定理論

膠體分散系的穩定與聚沉，涉及到膠體的形成和破壞，在理論上和實際上都具有重大的意義。

膠體是多分散體系，具有極大的比表面積和表面能，從熱力學角度來說，粒子間的聚結（從小微粒變成大微粒），降低其表面能是自發過程的必然趨勢，這是膠體不穩定的原因，即膠體是熱力學不穩定系統。另一方面，膠體中分子的熱運動狀態是存在的，擴散總會發生，使體系濃度分布均勻，使整個體系處於相對穩定狀態，即膠體體系又具有動力穩定性。雖然膠體是熱力學上的不穩定系統，但它又具有動力穩定性、電力穩定性及其他穩定因素，如加入一定各類和適當數量的電解質、高聚合物或聚合電解質等是可以使膠體體系在一個相當長時間內處於穩定的狀態。

膠體分散系是穩定與聚沉矛盾的體系，在體系中穩定與聚沉同時產生作用並相互轉化。膠體的穩定與聚沉取決於膠粒之間的排斥力和吸引力，前者是穩定的主要因素，後者是聚沉的主要因素。根據這兩種力產生的原因及其相互作用情況建立了膠體的穩定理論。

1.膠體的 DLVO 穩定理論

DLVO 理論是研究帶電微粒穩定的理論，認為帶電膠粒之間存在著兩種相互作用力：雙電層重疊時的靜電排斥力和粒子間的凡得瓦引力。它們相互作用決定了膠體的穩定性。

在描述膠體穩定時，通常採用「**位能**」而不用「力」，它們之間關係是位能等於力乘上在該力作用下位移的距離。

膠體膠粒之間的總位能爲排斥力位能與吸引力位能之和。體系的總位能決定了膠體的穩定性。當粒子間排斥力位能大於吸引力位能，並且足以阻止粒子由布朗運動碰撞而聚集時，則膠體處於相對的穩定狀態；相反，若吸引力位能大於排斥力位能，則粒子相互靠攏而發生聚沉。改變它們的相對大小，亦即改變了膠體的穩定性。DLVO 理論指出，膠粒間的排斥力位能與膠粒大小、表面電位及雙電層的厚度等有關，且與兩膠粒的最短距離成指數關係。而吸引位能與膠粒間距離成反比，也與膠粒的大小有關，較大的膠粒具有較大的吸引位能，另外還和膠粒的特性有關。

膠體的穩定性受粒子的大小及粒子間距離的影響，還受粒子表面電荷以及擴散雙電層的厚度和電解度的濃度等影響，要使膠體處於穩定狀態，可以從幾個方面考慮：

- **提高膠粒的表面電位**：在帶有相同電荷的兩個膠粒間存在靜電排斥力（如圖 3-5），阻止兩膠粒接近、合併變大，膠體中的膠粒能相對穩定的存在。當膠粒的動能增大到能克服靜電排斥力時，膠粒間就會相互碰撞、合併及出現聚沉。通常膠體膠粒的動能沒有那麼大，故膠體能穩定存在。
- **增大擴散雙電層的厚度**：這可通過加入適當濃度的低價電解質來實現，即必然有一最佳電解質濃度使其排斥位能達到最大，而使膠體處於相對穩定狀態，電解質濃度不足或加入過量都會降低其排斥位能，而使聚體聚沉。
- **改變分散相及分散介質的特性來影響穩定性**：例如選擇與分散相特

性相同的分散介質，這有利於提高膠體的穩定性。

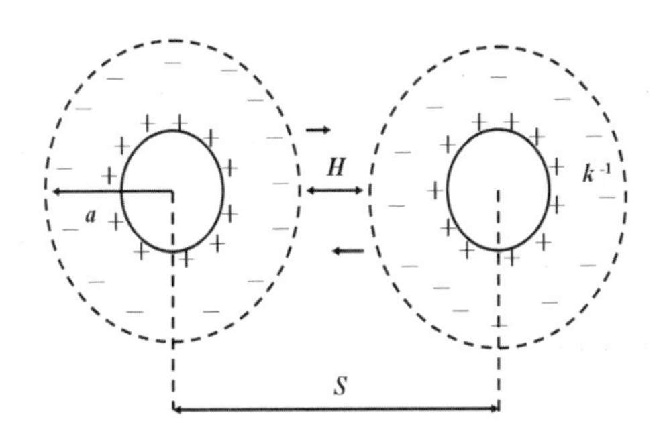

圖 3-5　球型膠粒之間的相互作用

2. 膠體的空間穩定理論

DLVO 穩定理論的考量點之一是微粒的雙電層重疊時的靜電排斥力作用。然而應用 DLVO 理論來解釋一些高聚體或非離子型表面活性劑存在的膠體體系的穩定性時，往往不成功。即使在水體系中加入非離子型表面活性劑或高分子聚合物往往能使膠體的穩定性大大提升，根據 DLVO 理論，擴散層重疊的排斥位能就會減少，膠體就會趨向不穩定。但事實並非完全如此，原因爲 DLVO 理論忽略了靜電排斥力位能以外的一些因素。微粒表面上的大分子吸附層阻止了粒子間的聚集，即忽略了吸附聚合物層的穩定作用，此一類穩定作用稱爲「**空間穩定作用**」。這種穩定理論稱爲空間穩定理論，又可稱爲膠體的吸附聚合物穩定理論。在空間穩定理論中，體系的總位能是排斥力位能與吸引力位能還有空間排斥力位能之總和。這裡的排斥力位能、吸引力位能其含義同 DLVO 理論，而空間排斥力位能當體系有非離子型的表面活性劑或高分子聚合物存在時，尤其在非水溶液中，它對體系穩定產生重要作用。在空間穩定理論中，吸附聚合物對體系的穩定性影響很大，吸附聚合物的結構、分子量、吸附層的厚度及分散介質對聚合物的溶解度等都對體系穩定有一定影響。

若在溶體中加入足夠數量的某些高分子化合物的溶液，高分子化合物能吸附在膠粒的表面上，使其對介質的親和力增加，達到防止聚沉的保護作用。高分子化合物的保護能力取決於它和膠體粒子間的吸附作用，如圖 3-6A 所示。若加入的高分子化合物少於保護膠體所必須的數量，則少量的高分子化合物能使膠體更容易爲電解質所聚沉，這種效應稱爲「**敏化作用**」。可由三個方面說明高分子化合物對膠體的聚沉作用。

- **搭橋效應**：一個長碳鍵的高分子化合物可以同時吸附在許多個分散相的微粒上。高分子化合物能發揮搭橋的作用，把許多個膠粒連接起來變成較大的聚集體而聚沉，如圖 3-6B。
- **脫水效應**：高分子化合物對水有更強的親和力，因爲它的溶解與水化作用，使膠體粒子脫水失去水化外殼而聚沉。
- **電中和效應**：離子型的高分子化合物吸附在帶電的膠體粒子上，可以中和分散相粒子的表面電荷，使粒子間的斥力勢能降低而使溶膠聚沉。

A. 保護作用

B. 聚沉作用

圖 3-6　高分子化合物對膠體的保護作用和聚沉作用

四、高分子溶液的形成與性質

人們把相對分子量在 10^4 道耳呑（dalton）以上的物質稱爲「**高分子化合物（macromolecular compound）**」。高分子化合物溶液的應用十分廣泛。化妝品常用的增溶劑、乳化劑等都是高分子化合物。人體中重要的物質 - 蛋白質、核酸、糖等都是天然的高分子化合物，在生命運動中扮演重要角色。故了解高分子化合物的結構和特性十分重要。

（一）高分子化合物的結構特性及柔順性

高分子化合物是由一種或幾種簡單化合物（簡稱單體）聚合而成，這些結構單元重複地結合成長鏈的高分子化合物。例如，澱粉（$C_6H_{10}O_5$）n 是由葡萄糖（$-C_6H_{10}O_5-$）彼此以氧原子相結合而成；蛋白質是由二十種胺基酸分子（$RCHNH_2 \cdot COOH$）彼此之間以胜肽鍵（-CONH-）而結合。各物質的分子鍵長度及結構單位之間結合方式不同，則形成線狀和分枝狀結構的高分子，如圖 3-7 所示。常態時，線狀分子具卷曲狀，在拉力的作用下被伸直，但伸直的鏈具有自動彎曲恢復原來狀態的趨勢。高分子鏈具有相當好的柔順性，這是由於鏈節上單鍵的內旋和鏈段的熱運動結果。高分子的柔順性大小首先決定於分子的結構，只含有碳、氫鏈的分子柔順性比較大；如果主鏈上有極性取代基，例如 -Cl、-OH、-COOH 等，此時因鏈段間的相互作用比較強，分子剛性較大；若鏈段間形成氫鍵，分子剛性也較大。此外，溶劑對高分子柔順性的影響也較大，當溶劑分子與高分子鏈間的吸引力強，超過鏈段間的內聚力時，高分子是伸展的且高分子線團充分鬆弛柔順（圖 3-8B），這種溶劑稱爲良好溶劑；反之，鏈段間由於內聚力作用導致相互接近形成不同程度的卷曲的線團（圖 3-8A），則很難施展其動態的柔順性，這種溶劑稱爲不良溶劑。

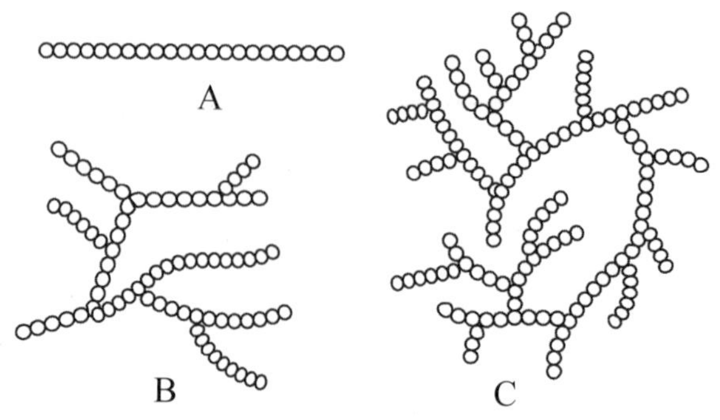

圖 3-7　高分子結構示意圖

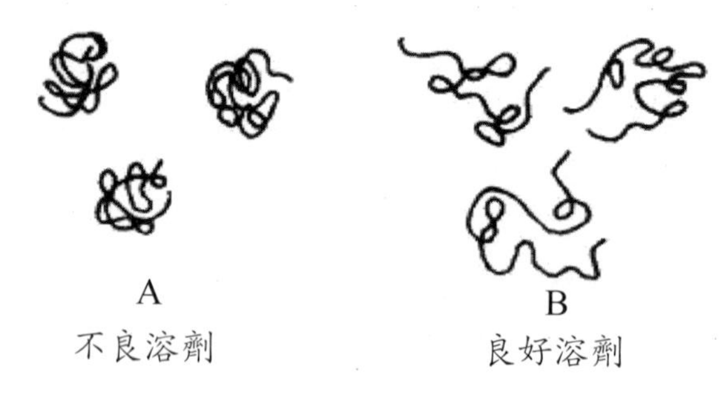

圖 3-8　高分子在兩種不同溶劑中的情況

（二）高分子溶液的特性

高分子化合物能自動地分散到適宜的分散介質中形成均勻的溶液。例如蛋白質在水中、橡膠在苯中都能自動溶解成爲高分子溶液。在這種自發形成的高分子溶液中，分散相粒子是單個的高分子，因而與低分子溶液一樣屬於單相、穩定體系。由於單個高分子體積大，其分散相粒子的大小已達到膠體範圍（10^{-9}～10^{-7}m），故具有溶膠的某些特性，例如擴散速度慢、不能通過半透膜等。因此高分子溶液也被列入膠體分散系。

1. **穩定性較大**：高分子溶液比溶膠穩定，在無菌、溶劑不蒸發的情況下，可以長期放置不沉澱。在穩定性方面與眞溶液相似，高分子化合物具有許多親水基團，如 -OH、-COOH、-NH_2 等，這些基團與水有很強的親和力。當高分子化合物溶解在水中時，親水基團在其表面上牢固地吸引著大量水分子形成一層水化膜。這層水化膜比溶膠膠粒的水化膜厚及致密得多，因而高分子溶液比溶膠穩定得多。要從高分子化合物從溶液中析出，除了中和電荷外，更重要的是除去水化膜。要使蛋白質從溶液中析出，必須加入大量的電解質才能完成，此過程稱爲**鹽析**（**salt out**）。

2. **黏度較大**：高分子化合物溶液的黏度比眞溶液和溶膠大得多。主要是高分子化合物具有線狀或分支狀結構，加上高分子化合物高度溶劑化（若溶劑爲水，則爲水化），在溶液中能牽引大量介質分子而運動困難，使自由流動的溶劑減少，故黏度較大。例如，1% 的橡膠溶於苯中，溶液的黏度爲純苯的十幾倍。當濃度增大或溫度降低時，高分子化合物溶液的黏度增大。

高分子溶液、溶膠和小分子眞溶液的主要特性比較，如表 3-1 所示。由表比較結果可見，高分子溶液的主要特徵爲高度分散、均相、穩定且是親液膠體。

表 3-1　高分子溶液、溶膠和小分子真溶液的主要特性比較

特性	溶膠	高分子溶液	小分子真溶液
分散質大小	10^{-9}～10^{-7}m	10^{-9}～10^{-7}m	＜ 10^{-9}～10^{-7}m
分散質形態	多分子聚集態	單分子	單分子
均相／多相	多相	均相	均相
通過半透膜	不能	不能	能
穩定性	不穩定	穩定	穩定

特性	溶膠	高分子溶液	小分子真溶液
擴散速度	慢	慢	快
丁達爾效應	強	微弱	微弱
黏度	小（與分散介質相似）	大	小（與溶劑相似）
外加電解質的敏感性	敏感	不太敏感	不敏感
聚沉後是否可逆復原	不可逆	可逆	可逆

第二節　凝膠

一、凝膠的形成

大多數高分子溶液在適當條件下，黏度逐漸增大，失去流動性使整個體系變成彈性半固體狀態。因為體系中大量的高分子相互連接形成立體網狀結構，網架間充滿的溶劑不能自由流動，構成網架的高分子仍具一定柔順性，表現出彈性半固體狀。這種體系稱為**凝膠（gel）**，這種凝膠化的過程稱為**膠凝（gelation）**。分散相質點的不對稱性、改變溫度、加入膠凝劑（如電解質）、提高分散物質的濃度、延長放置時間，都能促進凝膠的形成。膠凝作用不是聚沉過程的終點，只是失去了聚結穩定性，但具有動力穩定性。線性高分子溶液所形成的凝膠，其結構中大量無定形與少量微晶區處於混雜狀態。膠凝現象不僅發生於高分子溶液，桿狀、片狀的溶膠粒子也能相互連接形成網狀結構而成為凝膠。

人體的肌肉、臟器、細胞膜、皮膚及毛髮、指甲、軟骨等都可以看作是凝膠，人體中約占體重 2/3 的水，也是基本上保存在凝膠裡。凝膠處於溶液和固體高分子的中間狀態，一方面具有一定強度維持形態，另一方面可以讓許多物質在其中進行物質交換，對生命現象而言凝膠作用是十分重要。

二、凝膠結構

凝膠結構可以分爲四種（圖 3-9 所示）：(1) 球形質點相互連接，先由粒子連接成鏈條狀，再由鏈條構成立體網架（圖 3-9A 所示），屬於這種結構的有 TiO_2、SiO_2 凝膠；(2) 針狀或片狀質點，它們頂端間相互接觸連接成網狀結構（圖 3-9B 所示），例如 V_2O_3 白土凝膠；(3) 線形高分子相互連接成網狀結構，在網架局部區域的分子間形成有序排列的微晶區，整個網架是微晶區與無定型區相互間隔（圖 3-9C 所示），例如明膠、纖維素凝膠等；(4) 高分子通過化學橋鍵而形成網狀結構（圖 3-9D 所示），例如硫化橡膠、聚苯乙烯凝膠等。

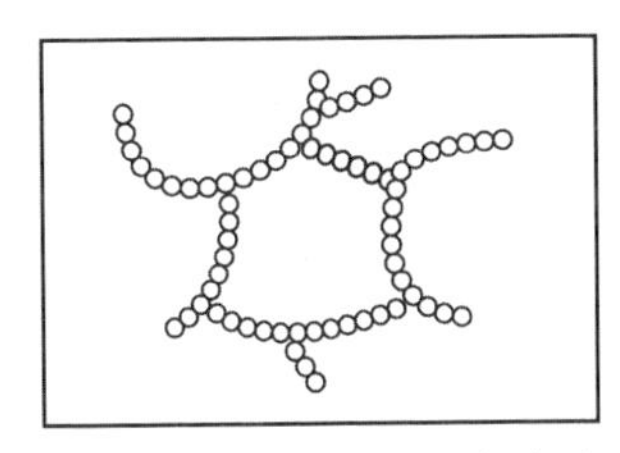

A. 球形質點形成鏈條狀網架型

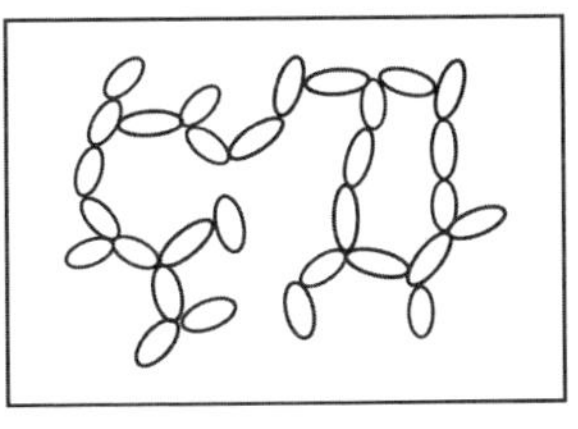

B. 針狀或片狀質點結成網架

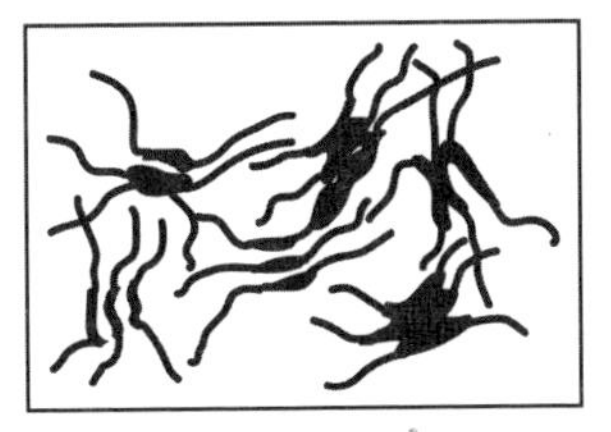

C. 線形高分子連接成微晶區與無定型區相間隔的網狀結構型

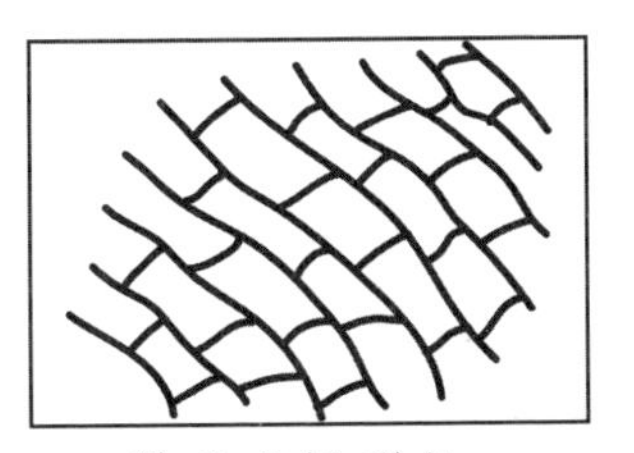

D. 質點成橋聯狀

圖 3-9　凝膠結構的類型

三、凝膠的特性

1. **膨脹作用**：乾燥的彈性凝膠放入適當的溶劑中，會自動吸收液體而膨脹，導致體積和質量增大的現象，稱爲**膨脹作用（swelling）**。有的彈性凝膠膨脹到一定程度，體積增大就停止了，稱爲**有限膨脹（limited swelling）**。有的彈性凝膠能無限地吸收溶劑，最後形成溶液，稱爲**無限膨脹（limitless swelling）**。非彈性凝膠不能膨脹。一般只有在植物組織膨脹後才能將有效成分萃取出來，因此要浸泡一定時間。此外，錠劑的崩解也與膨脹有關。膨脹的第一階段爲溶劑化過程，溶劑分子迅速進入凝膠中，並與凝膠大分子形成溶劑化層；第二階段微滲透作用，在第一階段進入凝膠結構內部的溶液與留在凝膠結構外部的溶液之間，由於溶液濃度差而形成滲透壓，促使大量溶劑繼續進入凝膠結構。
2. **觸變作用**：凝膠受振動或攪拌等外力作用，網狀結構拆散而成溶膠，去掉外力靜置一定時間後又恢復成半固體凝膠，這種凝膠與溶膠相互轉化的過程，稱爲**觸變現象（thixotropic）**。觸變作用的特點是凝膠結構的拆散與恢復是可逆的。因爲凝膠的空間網絡中充滿了溶劑分子，網絡是凡得瓦引力作用所構成，不是很牢固。因此振動或攪拌能使網絡破壞而變成溶液，靜置後由於凡得瓦引力作用又形成網絡，包住液體而成爲凝膠。
3. **離漿作用**：凝膠在老化過程中發生特殊的分層現象，液體緩慢地自動從凝膠中分離出來，凝膠出現脫水收縮現象稱爲**離漿（syneresis）**。離漿與物質在乾燥時的失水不相同，離漿出來的並非單純溶劑而是稀溶膠或高分子溶液。離漿亦可在潮濕低溫環境中發生。離漿發生的原因是凝膠網狀結構繼續交連，網架上粒子會進一步定向靠近，促使網孔收縮，把一部分液體從網孔中擠出。雖然離漿的速率與網架上粒子間距離有關，粒子間距離又與凝膠濃度有關。隨著粒子濃度增高，粒子間距離越短、離漿速率越大，離漿出來的液體量越多。

第三節　膠體的流變特性

流變學（rheology）是研究物質的流動與變形的科學，**流變特性（rheological characteristic）**是討論物質在外力作用下發生形變和流動的性質，即「**黏性**」和「**彈性**」。對某一流體施加極小的力，也會使其流動，此力的能量全部消耗於流動上，通過流體流動的方式而消耗能量。像這類有黏性而無彈性的液體（例如水和液體石蠟等），稱之爲「**牛頓流體**」。若對像彈簧、橡膠等無黏性但有彈性的物體施加作用力時，會使固體變形，但不會消耗能量，稱此類物體爲變形體（又稱「**虎克固體**」）。

溶液狀態的化妝品（例如香水、花露水、化妝水及髮油、防曬乳等）可以按照牛頓流體來處理，但分散體化妝品（例如乳狀液、懸浮體和凝膠狀的化妝品）則是黏性和彈性交織在一起，具複雜的流變特性，這類物體稱爲「**黏彈性物體**」。

化妝品的流變特性非常重要，它直接關係到化妝品在使用時的黏性、彈性、可塑性、潤滑性、分散性和光澤性等一系列的物理特性。同時，它對化妝品生產設備的設計或選擇、製備條件和要求都有直接的影響。

一、流體的流動型式（牛頓流體）

黏度是由於內摩擦力而產生的流動阻力，是流動的一個重要參數。流體流動時存在速度梯度。剪切應力（τ）的作用就是克服流動阻力，以維持一定的速度梯度而流動。對於簡單流體，剪切應力（τ）與速度梯度（D）成正比關係，即：

$$\tau = \eta D$$

式中，η 爲黏度係數，簡稱黏度。此公式稱爲牛頓公式。

凡符合牛頓公式的流體都屬於牛頓流體，表現出的流動形式稱爲牛頓流形，其特點有：(1) 一旦受到外力作用立即流動；(2) 黏度只與溫度有關，不受速度梯度的影響；(3) 流變曲線爲一通過原點的直線，直線的斜率爲 $1/\eta$。根據流變曲線可將流體分爲牛頓流體和非牛頓流體；純液體和低分子量化合物的溶液等簡單液體屬於牛頓流體。

二、化妝品中的流動形式（非牛頓流體）

化妝品中大多數屬於濃分散體系，它們的流變特性較爲複雜，τ-D 關係不符合牛頓公式，即 τ/D 的比值不是常數，而是速度梯度的函數，它們對應的流變曲線不像牛頓流體是一條過原點的函數，而是如圖 3-10 所示的各種曲線。以黏度 η 與速度梯度 D 作圖，則得到 η-D 關係圖，如圖 3-11 所示。在化妝品中的流體形式爲非牛頓流體，又可分爲**塑性流動（plastic flow）**、**假塑性流動（pseudoplastic flow）**、**脹流流動（dilatant flow）**等幾種類型。

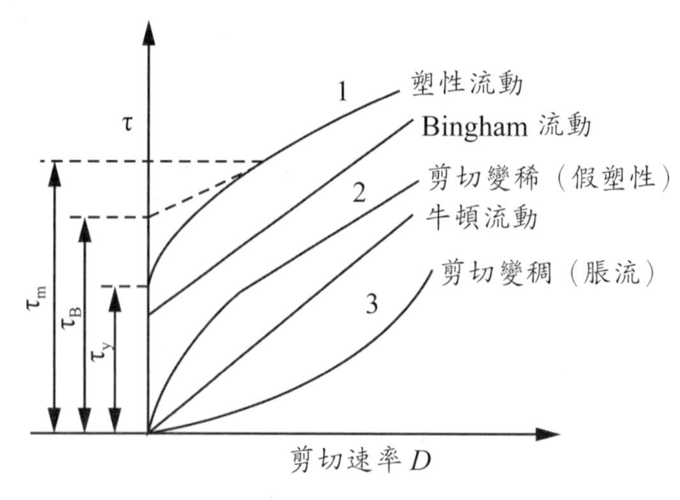

圖 3-10　牛頓流體與非牛頓流體的 τ-D 關係圖

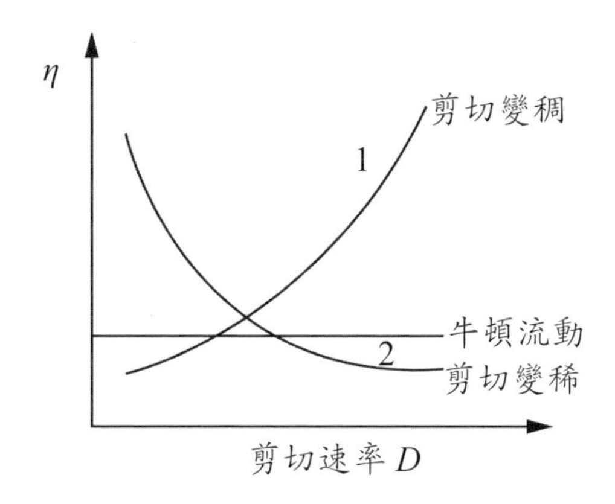

圖 3-11　牛頓流體和非牛頓流體的 η-D 關係圖

（一）塑性流動類型

塑性流動屬於非牛頓流型，塑性流變曲線的特點是不通過原點，與剪切應力軸相交於 τ_y 處。只有 $\tau > \tau_y$ 時，體系才流動，此處 τ_y 稱作**屈服值（yield value）**。塑性流動可看作是具有屈服值的假塑性流動，同屬於**「剪切變稀（shear thinning）」**非牛頓流體。隨著剪切應力的增大，在高剪切應力時，τ-D 曲線開始變成一定的線性關係。把開始變成線性關係時的剪切應力稱爲上限屈服值 τ_m；沿著線性部分直線外推至剪切應力軸，截距的剪切應力稱爲外推屈服值 τ_B；要使流體開始流動，需要克服最低剪切應力（上限屈服值），即爲塑性流動所謂的屈服值 τ_y。

影響塑性流動的因素很多，主要原由是網狀結構的形成，這完全取決於固體粒子的濃度、質點大小、形狀及它們之間的吸引力。只有當懸浮液濃度大到與質點相互接觸時，才表現出塑性流動現象。當體系處於靜置狀態時，部分質點相互吸引並形成疏鬆而有彈性的三維網狀結構。由於體系中三維網格作用力較大，黏度很高，使體系具有「固體」的特性。體系在流動變形之前，只有當外加剪切應力超過某一臨界值時，拆散質點間的網狀結構，網格崩潰，體系才能產生流動。剪切應力取消後，體系中的網狀結構又重新恢復，例如牙膏、泥漿、油漆、油墨、瀝青等。這類流型中，屈服值（又稱塑變值）和塑性黏度 η_p 是描述其流變特性的兩個重要參數。在化妝品中，表現出塑性流體特性的產品和包括牙膏、唇膏、棒狀髮蠟、無水油膏霜、濕粉、粉底霜、眉筆和胭脂等。

（二）假塑性流體

假塑性流體是一種常見的非牛頓流體，多數大分子化合物溶液和乳狀液均屬於假塑性流動。其特點是 τ-D 曲線過原點，表示只要略微加上應力，就發生流動，沒有屈服值；黏度隨著速度梯度的增大而越來越小，亦即流動越快，越顯得稀，最終達到一個恆定的最低值，這種流體稱爲「**剪切變稀**」非牛頓流體。

大多數的乳化狀化妝品都表現出假性塑性的流體行爲。體系中高聚物分子和一些長鏈的有機分子多屬不對稱質點，在速度梯度場中會取向，將其長軸轉向流動方向，因此降低流動阻力，即黏度降低。另外，在剪切應力的作用下，質點溶劑化層也可以變形，已溶劑化的體液層會部分地被分離出來，使原來質點的體積相應減少，同樣可減小流動阻力、黏度降低。隨著剪切速率增大，定向和變形的程度越高，黏度降低越多。而當剪切速率很高時，定向已趨向完全，黏度則不再變化。

（三）膨脹流動類型

膨脹流動也屬於非牛頓流體。膨脹流動的流變曲線也過原點，但它與假塑性流動相反，曲線是下凹的，黏度隨剪切速率增加而變大，即「**剪切變稠**」。具有這種流型的物體，攪拌時黏度增大，攪拌停止後黏度反而降低，又恢復到原來的流動特性。膨脹流動的顆粒必須是分散的，而不是聚結的；分散相濃度須相當大，且應在一狹小範圍內，即剪切增稠區僅只是一個數量級的剪切速率範圍；表現在濃度較低時爲牛頓流體，濃度較高時則爲塑性流體。當剪切應力不大時，膨脹流動的顆粒全是分散的；剪切應力加大時，許多顆粒被攪拌在一起，雖然這種結合並不穩定，但增加了流動的阻力，流動的阻力隨剪切速率增加而增加。分散相濃度太小，這種結合不易形成，濃度太大，顆粒早就接觸，攪拌時體系內部變化不多，故膨脹現象也不顯著。

因爲分散相顆粒本來是分散的，它們之間的結合是暫時的，停止攪拌後質點又成分散的，於是黏度會再次降低。多數粉末和分散粒子都在稠密充填的分散體系中顯現出膨脹流動的特性，但在化妝品中這種流型並不多見。

三、影響化妝品流變特性因素

多數化妝品是複雜的多相分散體系，即分散物質在分散介質中分散成膠態（如微乳液）、微粒（如乳液和膏霜）或粗粒狀（如含粉乳液和膏霜、面膜等），其流變特性較複雜。影響化妝品流變特性因素有很多，通常是幾個因素同時作用的結果。影響流變特性的主要因素包括：

1. 分散相的體積（或質量）分數、黏度、液滴或顆粒直徑、粒度分布和化學結構。
2. 連續相的特性和化學結構。
3. 乳化劑的化學特性、濃度，在分散相和連續相中的溶解度，以及乳化劑形成界面膜的特性、電黏度效應。
4. 其他添加物，特別是水溶性聚合物的作用等。

由於各類化妝品分散相的特性和體積分數變化很大，流變特性也會相應地發生變化而產生不同的使用效果。

四、觸變性

非牛頓流體（如膏霜、稠乳液和牙膏等）在恆定的剪切速率作用下，破壞形成液滴凝聚體的結構和結構再生之間產生平衡需要一定時間，因此會形成剪切應力隨時間延長而減小，最後接近某一定值的變化曲線，如圖 3-12 所示。這類體系，在恆定的剪切速率或剪切應力作用下，黏度隨時間延長而減小，並接近某一定值。當剪切速率或剪切應力解除後，黏度會逐漸回復。

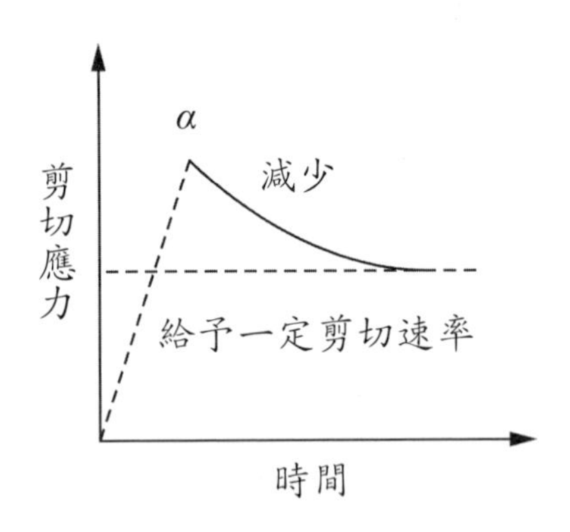

圖 3-12　恆定剪切速率下剪切應力隨時間的變化

在一定溫度下，非牛頓流體在外力（如攪拌等）作用下黏度隨時間延長而降低，變成易流動的。取消外力後，黏度又逐漸恢復到原來黏度的特性稱爲**觸變性（thixotropy）**。觸變體系的流變曲線有個塑變值，但不同於塑變流體，因爲增加剪切時，使體系結構自動復原，但被拆散的質點要靠布朗運動才能重建結構。這個過程需要時間，在一定短時間內不可能有明顯的觸變性形成，所以觸變流體的流變曲線上可得如圖 3-13 所示的**滯後環（hysteresis loop）**。透過計算環的面積，可做爲體系觸變性大小的度量。環的面積越大，觸變性越大。

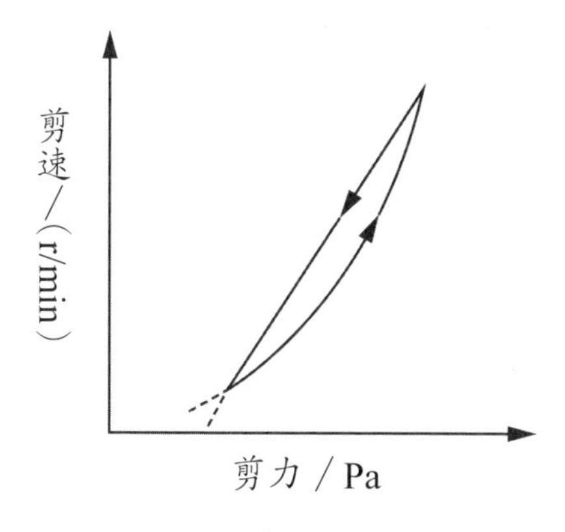

圖 3-13　觸變性滯後環

體系的觸變性與質點的不均勻性和定向性有關。但實際情況是相當複雜的，影響觸變性的因素主要影下列幾點：

1. **體系的濃度**：體系只有在一定濃度下，才具有觸變性。
2. **體系的固體質點大小及形狀**：對於較細的質點，形狀越不對稱的質點，體系越易呈現觸變性。
3. **在膠體中加入電解質使之呈現觸變性**。
4. **溫度升高對觸變性的形成不利**。

自然界中的許多物質（如血漿、天然礦物中的膨潤土、高嶺土等）在一定的條件下都具有觸變性。不少乳狀液、懸浮液也有明顯的觸變性。觸變性的應用價值，例如化妝品中膏霜、牙膏、唇膏和濕粉等都要求適合的觸變性。油漆因為有一定的觸變性才不致使新刷的油漆立即從漆壁上流下來。硅鋁酸鹽類無機增稠劑也有很好的觸變性。這類體系的加工過程如高速均質、膠體磨、輸送幫浦的類型等對產品的最終流變性有很大的影響。

一些化妝品的流變特性如表 3-2 所示。

表 3-2　化妝品流變特性

分類	形式	產品	流變學特性
油性製品	液狀	頭髮油、防曬油、化妝用油	牛頓流動類型
	半固體狀 固體狀	潤髮乳、髮蠟、無水油性膏霜、唇膏、軟膏基質	塑性流動類型，油脂結晶的網狀結構
水性製品	液狀	化妝水、花露水、香水、潤髮水	牛頓流動類型
	半固體狀 固體狀	果凍狀膏霜 面膜	塑性流動類型
粉末製品	粉末狀	香粉、爽身粉	塑性流動類型、膨脹流動類型、粉體的流動
油性＋水性製品（乳化體）	液狀	乳液、髮膏、護髮乳	塑性流動類型、假塑性流動類型
	半固體狀 固體狀	膏霜	多爲觸變性；由於分散液滴和結構成分而造成結構形成與破壞
油性＋粉末製品	液狀	指甲油（粉末＋有機溶劑）	觸變性；流動和結構回復，易塗抹
	半固體狀 固體狀	口紅、胭脂、面油膏 眉筆	塑性凝膠結構
水性＋粉末製品	液狀	化妝水粉	塑性流動類型；靜止狀態下沉降，振盪下再分散
	半固體狀 固體狀	面膜 牙膏	觸變性凝膠，塑性大 假塑性流動類型

分類	形式	產品	流變學特性
油性＋水性＋粉末製品	液狀	粉底液	塑性流動類型
	半固體狀 固體狀	粉底霜	
幾乎不含水分	固體	粉餅、眼影粉（固體香粉）	粉體流動

習題

1. 什麼是膠體？它的重要特性有哪些？
2. 影響膠體穩定的因素爲何？
3. 請說明高分子化合物對溶膠的聚沉作用有哪些效應？
4. 請解釋流變特性與化妝品的關係。影響化妝品流變特性的因素爲何？
5. 出現在化妝品中的流體流動形式爲何並舉例說明？
6. 何謂流體的觸變性？請說明影響觸變性的因素爲何？

第四章　化妝品調製與皮膚吸收的關係

皮膚（skin）是人體最大的器官，被覆於人的體表，是內外環境的分界面，也是抵禦外界不良因素侵擾的第一防線。皮膚的外觀反映人體的健康狀態及年齡變化。在日常生活中，正常使用化妝品確實可以幫助及改善皮膚的生理狀態，但若因爲化妝品中成分、個人體質因素、生活習慣等等因素，還是有可能會引起皮膚黏膜及其他附屬器官的損害等皮膚疾病。本章主要介紹皮膚的結構、化妝品在皮膚上的作用及影響化妝品經皮膚吸收的因素。

第一節　天然化妝品與皮膚生理的關係

世界衛生組織（WHO）認爲健康可分爲 3 種狀態，第 1 種爲眞正健康的狀態，這種人完全是健康的，第 2 種就是生病的狀態，第 3 種是介於 2 者之間的狀態，稱爲亞健康（如圖 4-1 所示）。亞健康未必有一個公正的標準，它是介於完全健康，即未檢查出任何疾病，與一種眞正罹患疾病的兩者之間，即使透過各種現代醫學儀器進行檢查，表面的結果呈現正常無病，但是人體仍感覺到不舒服。

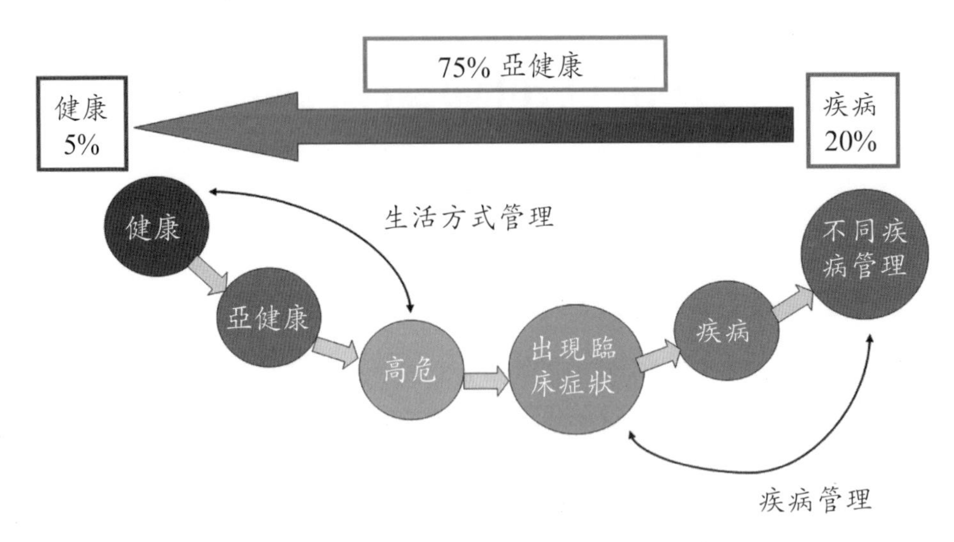

圖 4-1　健康、亞健康與疾病之間的關連

皮膚是人體最大的器官，覆於人的體表，是內外環境的分界面，是抵禦外界不良因素侵擾的第一防線。皮膚的外觀更是反映了人體的健康狀態，因此皮膚的生理狀態也可以區分成健康的皮膚狀態，疾病狀態的皮膚（即罹患皮膚疾病）及介於兩者之間的亞健康狀態的皮膚。

一、皮膚的健康標誌

皮膚的狀態是否屬於健康的狀態，可以從皮膚顏色、光潔度、紋理、彈性及濕潤度進行判斷，敘述如下：

1. **皮膚顏色**：皮膚的顏色主要由黑色素小體的種類、數量、大小及分布決定，也受皮膚血液循環狀態及皮膚表面光線反射影響，「**白裡透紅**」是亞洲人理想及健康的皮膚顏色。有肝膽疾病者的皮膚呈現黃色或橘黃色，有血液性疾病或心血管疾病者的皮膚或蒼白、或紫紅、或呈充血狀，有內分泌疾病者的皮膚可有色素瀰漫性沉著或色斑，患有慢性及消耗性疾病者的皮膚則看起來晦暗。不良的生活習慣及精神神經因素，也會影響皮膚顏色。

2. **皮膚光潔度**：皮膚質地細膩有光澤爲年輕有活力的表現，皮膚角質層的厚薄、表面的光滑程度、濕度及有無鱗屑，都會直接影響皮膚的光潔度。

3. **皮膚紋理**：皮膚表現紋理細小、表淺且柔和，是青春美麗的皮膚外觀。隨著年齡的增加和環境因素的影響，皮膚紋理逐漸增粗增大，皺紋形成並逐漸加深。

4. **皮膚彈性**：健康皮膚眞皮膠原纖維豐富，彈性纖維、網狀纖維排列整齊，基質各種成分比例恰當，皮膚含水量適中，皮下脂肪厚度也適中，指壓平復快。

5. **皮膚濕潤度**：皮膚的代謝和分泌排泄功能正常，則皮膚滋潤、舒展且有光澤。

二、化妝品與皮膚生理與皮膚病理的關係

當皮膚的狀態是屬於健康的狀態時，是不需要使用化妝品，只需做好清潔及基本保養即可維持皮膚的正常生理功能。當皮膚是屬於生病的狀態，即罹患皮膚疾病或是產生皮膚疾病前的徵兆時，則需要專業皮膚科醫師診斷及治療，術後（藥物或雷射手術等等）仍需醫療等級化妝品進行緩解皮膚疾病症狀，減少藥物用量和減少復發等輔助治療（如圖 4-2 所示）。絕大部分人的皮膚是屬於亞健康狀態，化妝品作用於皮膚上，提供清潔、保護、營養、防曬、吸收、保濕、美學、防治等作用，在正確及適當的使用下，改善皮膚的生理狀態，使皮膚的狀態由亞健康狀態朝健康狀態方向邁進（如圖 4-3 所示）。

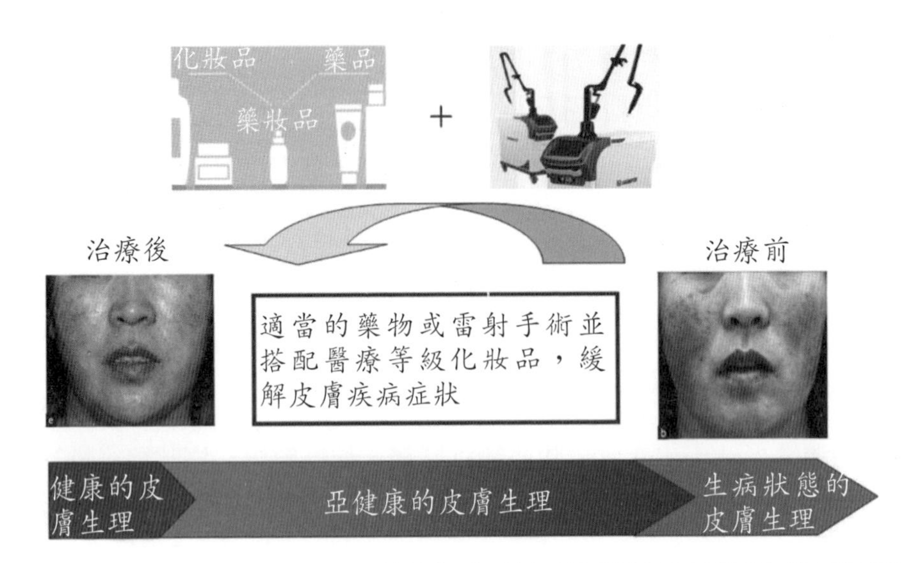

圖 4-2　生病狀態的皮膚，需適當藥物或雷射手術搭配醫療等級化妝品以緩解症狀

圖片來源：Luan et al., 2014。

圖 4-3　正確及適當使用化妝品，改善亞健康的皮膚生理狀態

三、使用化妝品在皮膚生理功能上的訴求

1. **保護功能**：正常皮膚表面 pH 為 4～6，微偏酸性。角質層細胞的致密結構與角蛋白、脂質緊密有序的排列，能築成一道天然屏障，以抵禦外界各種物理、化學和生物性有害因素對皮膚的侵襲。如果過度使用去

角質產品，過度適用清潔劑改變皮膚弱酸性的環境都會削弱皮膚的屏障功能。

2. **防曬功能**：皮膚角質層內的角質，形成細胞能吸收大量的短波紫外線（180～280 nm），而棘細胞層的角質形成細胞及基底層的黑色素細胞合成的黑色素小體，則能吸收長波紫外線，以此築成防曬的屏障。日曬會損傷角質層及干擾角質，形成細胞分解形成天然保濕因子，作用於絲蛋白酶，刺激膠原合成，增加膠原變性或斷裂及表皮細胞分裂。因此，防曬可延遲皮膚老化及降低皮膚癌發生率。
3. **吸收功能**：角質層是皮膚吸收外界物質的主要部位，占皮膚全部吸收能力的 90% 以上。由於角質層間隙以脂質爲主，角質層主要吸收脂溶性物質，因此研究開發皮膚科的外用藥物和美容化妝品多是以乳劑和霜劑爲主。
4. **保濕功能**：正常角質層中的脂質、**天然保濕因子（natural moisturizing factor, NMF）**使角質層保持一定的含水量，穩定的水合狀態是維持角質層正常生理功能的必要條件。因爲有角質層的保護，皮膚水分揮發損失量僅爲 2～5 g/(h.cm^2)，使皮膚光滑柔韌而有彈性。由於 3 種關鍵性脂質，即神經醯胺、膽固醇和脂肪酸，乃是皮膚保濕及屏障修復所必需的，因此開發以此 3 種生理性脂質按比例配方的保濕品，更能從病因上糾正相應疾病，例如異位性皮膚炎、魚鱗病的生化異常。
5. **美學功能**：光滑含水充足的皮膚經光線有規則的反射，皮膚外觀有光澤，豐滿充盈有彈性。若角質層正常的層數發生變化，或角質層的細胞出現角化異常，均會導致皮膚的顏色和光澤度改變。一些引起乾燥伴隨脫屑的皮膚病，例如魚鱗病、異位性皮膚炎，其角質層以非鏡面反射的形式反射光線，則使皮膚灰暗且無光澤。任何原因導致的角質層過厚，都會使皮膚出現粗糙、黯淡及無光澤。如果角質層太薄，例如過度「去死皮」、「換膚」或頻繁使用鹼性洗滌用品等，會使皮膚的屏障功能削弱，外界不良因素的侵害容易使皮膚產生敏感及色素異常，例如皮膚紅血絲、毛細血管擴張紅斑、色素沉著及皮膚老化，甚至引起皮膚疾病。

第二節 皮膚的結構和功能

一、皮膚的基礎結構

皮膚的組成可以分成「**皮膚的基本結構**」及「**皮膚附屬器官**」2 個部分，結構如圖 4-4 所示。皮膚的基本結構由外至內可以分成表皮、眞皮和

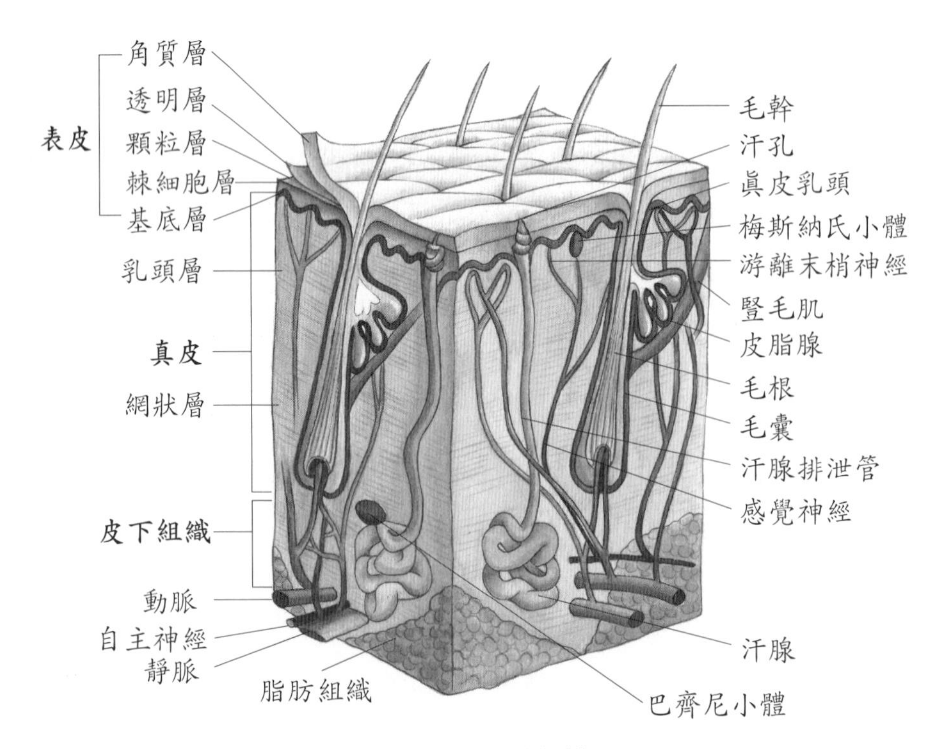

圖 4-4 皮膚的結構

皮下組織三層。皮膚的附屬器官包括毛髮、指甲和皮膚的腺體（包括皮脂腺和汗腺）等等。此外，皮膚中還分布有神經、血管、淋巴管及肌肉等。關於皮膚的基本結構及附屬器官及其功能的介紹，讀者可以參見五南圖書股份有限公司出版《**化妝品皮膚生理學**》一書，有針對皮膚的基本結構、皮膚的附屬器官（包括毛髮、指甲、皮脂腺及汗腺）及皮膚中的神經、血管、淋巴管及肌肉等結構及其生理功能做詳細的介紹。在本文僅針對皮膚的基礎結構及生理功能進行概述。

1.表皮（epidermis）

表皮位於皮膚的表層，是與化妝品直接接觸的部位，同時又可以抵禦外界對皮膚的刺激。表皮沒有血管但有許多細小的神經末梢，厚度一般不超過 0.2 mm，表皮由外至內可分五層：角質層、透明層、顆粒層、棘狀層和基底層，結構如圖 4-5 所示。一個新細胞從基底層細胞分裂後向上推移到達顆粒層的最上層大約需 14 天，再通過角質層到最後脫落又需 14 天左右，此一週期稱爲「**細胞的更換期**」，共 28 天左右。掌握皮膚的更換朝，對於化妝品確定有效期是有重要的意義。

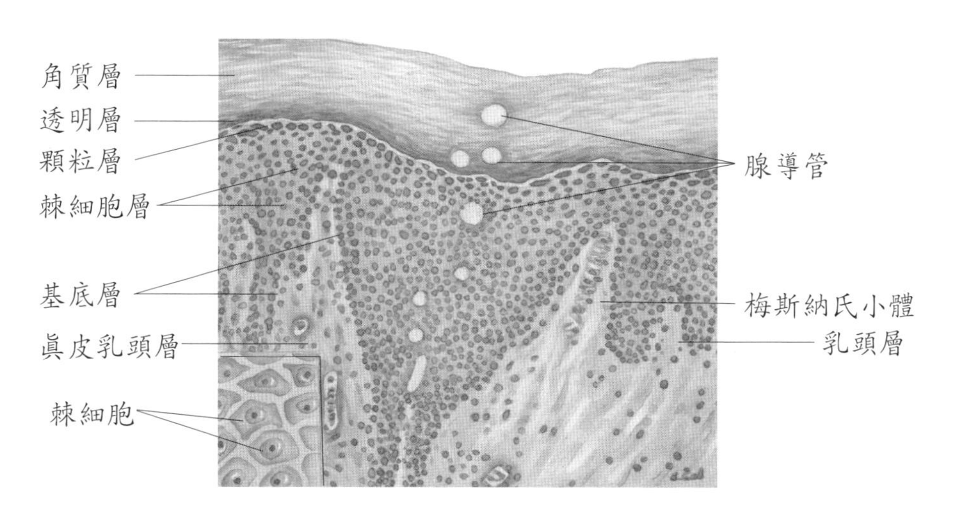

圖 4-5 表皮的結構

(1) **角質層（corneum stratum）**：是表皮的最外層，由數層完全形化、嗜酸性染色無核細胞組成，細胞內充滿角蛋白纖維。細胞經常成片脫落，形成鱗屑。角質層的厚度因部位而異，因受壓力與摩擦，掌、趾部及肘窩部的角質層較厚，角質層堅韌，對冷、熱、酸、鹼等刺激有一定的抵禦作用。角質層約含 10%～20% 水分，手足多汗或者在水中浸泡時間過長，其水分增加，皮膚就會變白起皺，此時的角質死細胞更加易於去除。

(2) **透明層（lucidum stratum）**：位於角質層之下及顆粒層之上，此層僅見於角質厚的部位，例如手掌和足跟等部位。透明層是由處於角質層與顆粒層之間的 2～3 層透明、扁平、無核、緊密相連的細胞構成，細胞中含角母蛋白，具有防止水分、化學物質和電解質等通過的屏障作用。細胞在這一層開始衰老萎縮。

(3) **顆粒層（granulosum stratum）**：在棘細胞層之上。顆粒層由 2～4 層扁平或紡錘狀細胞構成，細胞核已經退化，這些細胞中有透明質酸、角蛋白所構成的顆粒，因而叫顆粒層。此層細胞的外圍被角化，中心部分充滿了脂類、蠟質和脂肪酸等物質，這些物質部分來自細胞內容物的水解作用，部分來自皮脂腺和汗腺分泌物。角蛋白是一種抵抗性的、不活躍的纖維蛋白，構成了皮膚保護屏障的重要部分。它是一道防水屏障，使水分不易滲入，同時也阻止表皮水分向角質層滲出。在顆粒層細胞間隙中充滿了抗水的磷脂質，加強細胞間的黏結並成爲一個防護屏障，使水分不易從體表滲入，致使角質層細胞的水分顯著減少，成爲角質層細胞死亡的原因之一。此層細胞核雖已退化，但仍可以從外部吸收物質。

(4) **棘細胞層（spinosum stratum）**：棘細胞層由 4～8 層呈多邊形、有棘突的細胞構成，細胞自下而上漸趨扁平，是表皮最厚的一層。在棘細胞之間有大量的被稱為橋粒的細胞間連接結構存在，讓細胞看起來就像是荊棘一樣，該細胞由此得名為「**棘細胞**」。在細胞間隙流著淋巴液，棘細胞層連著眞皮淋巴管，可供給表皮營養。當使用化妝品發生皮膚發癢，出現丘疹，甚至局部紅腫現象時，往往與棘細胞層產生過敏反應有關。最下層的棘細胞有分裂功能，參與傷口癒合過程，和基底細胞一起負責修復皮膚的任務。

(5) **基底層（basal cell layer）**：是表皮的最下層，由一排圓柱狀細胞組成，與眞皮連接在一起。圓柱狀細胞中含有黑色素細胞，當受紫外線刺激時，黑色素細胞可分泌黑色素，構成人體皮膚的主要色澤，使皮膚變黑。黑色素能過濾紫外線，抵禦紫外線對人體的傷害，以防止紫外線透過體內。核層細胞間與其上棘狀細胞間有橋粒連接，其下則與眞皮連接。此層細胞底呈突起的微細鋸齒狀，使之能與眞皮緊密相連接。此層從眞皮上部的毛細血管得到營養以使細胞分裂，新生的細胞向上層棘細胞層增殖細胞，並漸移向上層，以補充表面角質層細胞脫落和修復表皮的缺損，所以此層又稱為「**種子層**」。

2. 真皮（dermis）

眞皮位於表皮之下，厚度約 3 mm，比表皮厚 3～4 倍，眞皮與表皮接觸部分互為凹凸相吻合。表皮向下伸入眞皮的部分稱為「**表皮突**」，眞皮向上嵌在表皮突之間的部分叫「**乳頭體**」。乳頭體中有毛細血管網，可提供表皮營養來源，調節體溫並兼排出廢物作用。眞皮分為上、下兩層，上層叫「**乳頭層**」，下層（內部）叫「**網狀層**」，兩層並無明顯分界。

(1) **乳頭層（nipple stratum）**：位於表皮的下方，是一層疏鬆結締組織，乳頭層中央有球狀的毛細血管和神經末稍，與表皮的營養供給及體溫的調節有關。大部分的皮膚炎症，均會侵犯乳頭層。

(2) **網狀層（meshed stratum）**：此層由較厚緻密結締組織組成。真皮結締組織纖維排列不規則，縱橫交錯成網狀，使皮膚富有彈性和韌性。結締組織是由**膠原纖維（collagen fibers）**、**網狀纖維（reticular fibers）**、**彈性纖維（elastic fibers）**3 種纖維組成。其中，膠原纖維約占真皮結締組織的 95%，纖維粗細不等，大多成束，呈波紋狀走向，決定著真皮的機械張力。膠原纖維由膠原蛋白分子交聯形成，能抗拉，韌性大，但缺乏彈性（如圖 4-6 所示）。

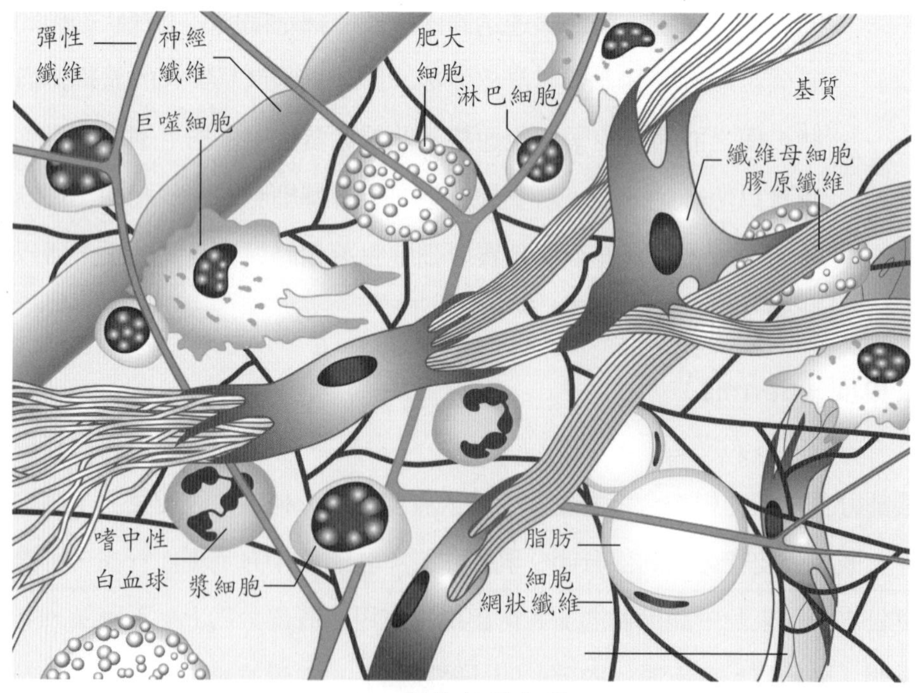

(A) 網狀結締組織

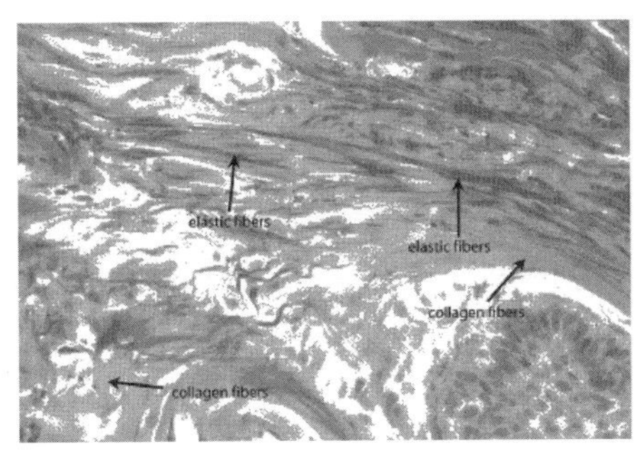

(B) 膠原纖維及彈力纖維

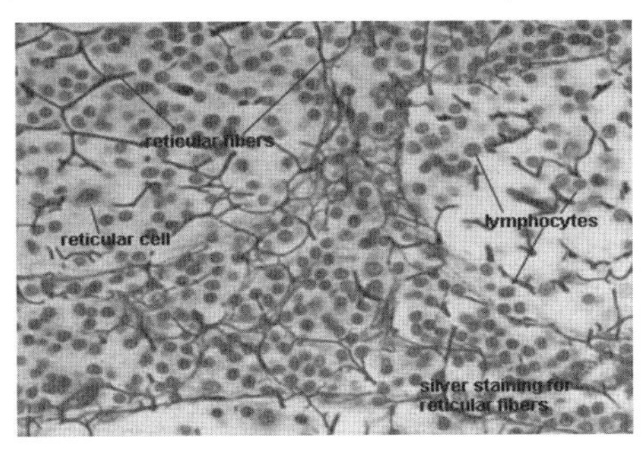

(C) 網狀纖維

圖 4-6　網狀層結締組織圖

圖片來源：www.slideshare.net、imgarcade.com、smallcollation.blogspot.com。

■ **膠原蛋白（collagen）**具有保持大量水分的能力，保持水分越多，皮膚就越細潤、光滑。當膠原蛋白保持水分的能力下降或是發生交聯，會引起長度的縮短和機械張力的下降，皮膚就會鬆弛及出現皺紋。**網狀纖維（reticular fibers）**是纖細的膠原纖維，柔軟、纖細、多分支，並互相連接成網，常見於毛囊、皮脂腺、小汗腺、神經、毛細血管及皮下脂肪細胞周圍。**彈性纖維（elastic fibers）**由彈性蛋白組成，常圍繞著膠原纖維，相互交織成網，共同構成了眞皮中的彈性網絡，分布在血管、淋巴管壁上，使眞皮具有一定的彈性。在皮膚的衰老過程中，因爲彈性蛋白含量的減少，會導致皮膚失去彈性。

■ **基質（ground substances）**爲填充於纖維、纖維束間隙和細胞間的無定形物質，由多種結構性蛋白、蛋白多醣（proteoglycan）和糖胺聚糖（glycosaminoglycan）構成，占皮膚乾重的 0.1%～0.3%。基質具有親水性，是各種水溶性物質、電解質等代謝物質的交換場所。基質不僅有支持和連接細胞的作用，還參與細胞型態變化、增殖、分化和遷移等多種作用。基質中的蛋白多醣是由核心蛋白與一條或多條共價連結的胺基聚糖所組成的糖複合物，皮膚中的**糖胺聚醣**包括透明質酸（hyaluronan, HA）、硫酸軟骨素（chondroitin sulfate）、硫酸皮膚素（dermatan sulfate）、硫酸角質素（keratin sulfate）、肝素（heparin）等，可保持皮膚水分含量，每克糖胺聚醣可結合約 500 ml 水。

- **透明質酸（hyaluronan, HA）**是唯一不含硫酸的成分，與皮膚美容保濕的關係最密切。廣泛存在於哺乳動物體內，甚至至某些細菌和雞冠中也有豐富的含量。皮膚所含的 HA 可達生物體總量的 50%。眞皮的含量爲 0.5 mg/g，表皮達 0.1 mg/g（濕組織重）。HA 是細胞外基質的主要成分，分子量約爲 7000 kDa，在細胞膜的胞質面合成，然後經過出胞作用分泌到細胞外間質中。透明質酸分子是隨機螺旋體，並互相交錯形成網絡，允許小分子物質通過，阻礙了一部分大分子。具有良好保水能力和天然的彈性，當人的衰老時，透明質酸的減少就會導致眞皮含水量降低。這是導致眞皮含水量減少的重要因素。

3. **皮下組織（subcutaneous tissue）**：是人體貯存脂肪的地方。皮下組織在眞皮之下，兩者之間沒有明顯的分界線。主要成分是結締組織和脂肪組織，以脂肪組織占絕大多數。大量的脂肪組織散布於疏鬆的結締組織中，其中含有大量的血管、淋巴、神經、毛囊、汗腺等。皮下組織存在於眞皮和肌肉以及骨骼之間，使皮膚疏鬆地與深部組織相連，使皮膚具有一定的可動性。皮下組織柔軟而疏鬆，具有緩衝外來的衝擊和壓力的作用，可以保護骨骼、肌肉和神經等免受外界力量的傷害，還能儲藏熱量，防止體溫的發散和供給人體熱能。皮下脂肪組織的厚薄因人而異，並隨個人的營養狀況、性別、年齡及部位的不同有較大差異。人體體形，大多與皮下脂肪組織的多少及分布狀況有關係。一般來說，營養狀況良好，則脂肪相對厚；而女性的脂肪層要比男性厚；腹部、臀部的脂肪層要比四肢的脂肪層厚。

二、皮膚的附屬器官

皮膚的附屬器官主要包括汗腺、皮脂腺、毛髮、毛囊和指（趾）甲等。毛髮和指（趾）甲是角質化的皮膚，是由皮膚變化而來的。

1. 汗腺（sweat gland）

汗腺分布全身，可以分爲小汗腺和大汗腺兩種。

(1) **小汗腺（eccrine sweat gland）**：除口唇紅部，幾乎遍布於全身，尤以頭部、面部、手掌、足跟等處爲多。由腺體、導管和汗孔三部分組成。汗液就是由腺體內層細胞分泌到導管，再由導管輸送至汗孔而排出在表皮外面的液體。小汗腺的汗液分泌量平時較少，以肉眼看不見的蒸氣形式發散出來，可以防止皮膚乾燥、保濕、調節體溫，新陳代謝的產物也可以透過汗液排泄出體外。排出的汗液是一種透明的弱酸性物質，幾乎無色、無臭，99% 是水，其他爲鹽分、乳酸、胺基酸和尿酸等，與尿液成分相似。汗液的成分如表 4-1 所示。

(2) **大汗腺（apocrine sweat gland）**：只存在於腋窩、乳頭、臍窩、肛門、陰部等處。大汗腺導管短而直，開口於毛囊處，在皮脂腺出口的上面。大汗腺的分泌物中含有分泌細胞本身的一部分細胞質，分泌物是弱鹼性的膿液，含有鐵成分和蛋白質成分，如果沒有及時清除，經細菌分解作用後生成脂肪酸和氨，會散發出酸及腐敗的味道。大汗腺分泌汗液受神經刺激所支配，不受暑熱的影響，故大汗腺沒有調節體溫的作用。

表 4-1 汗液的成分

物質成分	含量	物質成分	含量
鹽分（salts）	0.648～0.987	氨（ammonia）	0.010～0.018
尿素（urea）	0.086～0.173	尿酸（uric acid）	0.0006～0.0015
乳酸（lactic acid）	0.034～0.107	肌酸內醯胺（creatinelactam）	0.0005～0.002
硫化物（sulfide）	0.0006～0.025	胺基酸（amino acid）	0.013～0.020

2. 皮脂腺（sebaceous gland）

皮脂腺位於眞皮內，靠近毛囊，除手掌和足跟外，遍布全身，以頭皮、面部、胸部、肩胛間，尤其鼻、前額等處較多。皮脂腺是由腺體和排泄管構成。在腺體外層的細胞層內部充滿著皮脂細胞。皮脂細胞含有皮脂球，隨著細胞的陳舊，脂肪量越增加，細胞核漸漸萎縮。細胞更新時，細胞膜便破裂而與脂肪融合成爲皮脂充滿腺腔，再經由排泄管到達腺口而排出，同時與皮脂在一起的細胞殘屑亦被排出。皮脂是皮脂腺分泌和排泄的產物與表皮細胞產生的部分脂質組成的混合物，主要成分及含量如表 4-2 所示。皮脂腺分泌的內源性皮脂和表皮細胞崩解產生的外源性皮脂以及表皮水分、汗液經過乳化作用在皮膚表面形成一層脂質膜，稱爲**皮脂膜（sebum membrane）**，主要成分爲角鯊烯（17%）、蠟酯（16%）、不飽和脂肪酸（65%）等。很多損容性皮膚病，例如面部皮炎、痤瘡、濕疹等，都伴有皮脂膜的缺失或破壞，重建與修復皮脂膜是重新建立皮膚屏障功能的第一步。皮脂膜對皮膚的生理功能如下：

(1) **屏障作用**：能防止皮膚水分的過度蒸發，並能防止外界水分及某些物質大量滲入，使皮膚的含水量保持正常狀態。

(2) **滋潤皮膚**：是由皮脂和水分乳化而成，脂質部分可使皮膚柔韌、滑潤、富有光澤；皮脂膜中的水分使皮膚保持一定的濕度，防止乾裂。

(3) **抗感染作用**：皮脂膜中的一些游離脂肪酸能夠抑制某些疾病性微生的生長，例如化膿性菌、口癬菌的繁殖，對皮膚產生自我淨化作用。青春期皮脂分泌旺盛，故口癬患者到青春期多可自癒。

(4) **中和作用**：皮脂膜是皮脂與汗的混合物，它對皮膚的酸鹼度有一定的緩衝作用。在表皮塗上鹼性溶液，則其 pH 值升高，但由於皮脂膜的存在，經過一定時間後又逐漸得以緩衝中和，並使其 pH 值恢復到原有狀態。

表 4-2　皮質的組成

脂質	重量平均值 / %	重量範圍 / %
甘油三酸酯（triglyceride）	41.0	19.5～49.4
甘油二酸酯（diglyceride）	2.2	2.3～4.3
游離脂肪酸（free fatty acid）	16.4	7.9～39.0
角鯊烯（squalane）	12.0	10.1～13.9
膽固醇（cholesterol）	1.4	1.2～2.3
膽固醇脂（cholesterol fat）	2.1	1.5～2.6

3. 毛髮（hair）

毛髮是由角化的表皮細胞構成的彈性絲狀物。除手掌、腳底、唇、黏膜、乳頭等處外，我們全身幾乎都被毛髮覆蓋，具有保護皮膚、保持體溫之作用。毛髮可分爲硬毛和纖毛兩種：硬毛又可分爲長毛和短毛，長毛有頭髮、鬍鬚、腋毛、胸毛、陰毛等，長度約 50 mm 以上，短毛則有眉毛、睫毛、鼻毛、耳毛等，長度約 15～50 mm；纖毛是人類特有極纖細的毛，生長在面部、頸、軀體、四肢等處，長度不超過 4 mm。毛髮由毛幹、毛根、毛囊和毛乳頭等組成，其結構如圖 4-7 所示。

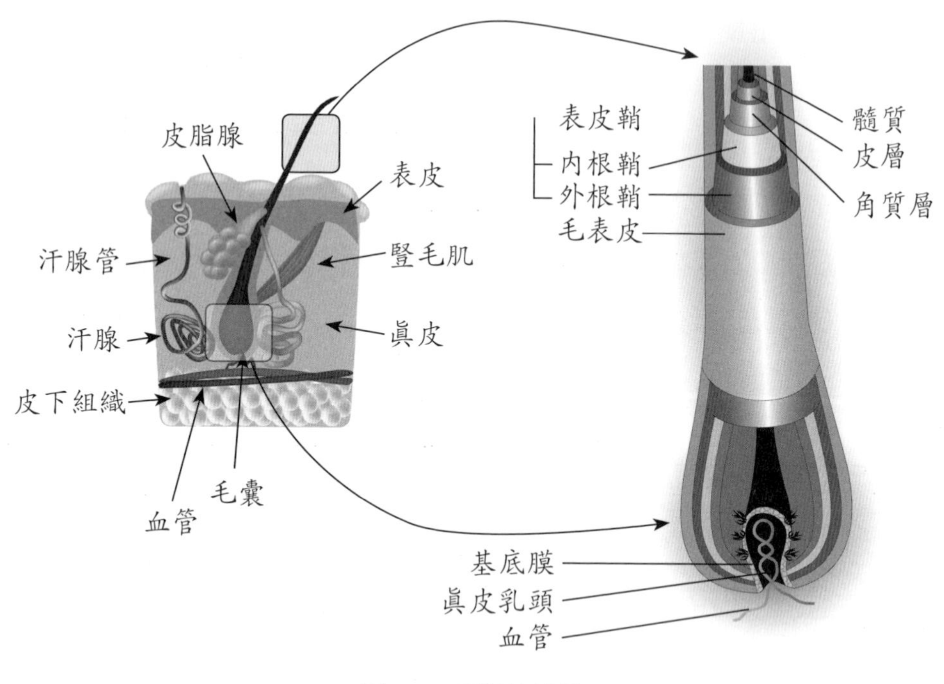

圖 4-7　毛髮的結構

(1) **毛幹（hair shaft）**：毛髮露出皮膚表面的部分稱爲毛幹，是由無生命的角蛋白纖維所組成的，在發育的過程中逐漸變硬，在離開表皮一段距離之後才會完全變硬。在顯微鏡下觀察毛幹的結構，從外到裡可分 爲毛表皮、毛皮質、毛髓質三個部分。

① **毛表皮（cuticle）**：是由扁平透明狀的無核細胞交錯重疊成魚鱗片狀，從毛根排列到毛梢，包裹著內部的皮質。這一層護膜雖然很薄，只占整個毛髮很小的比例，但卻可以保護毛髮不受

外界環境的影響，保持毛髮烏黑、光澤、柔軟。毛表皮由硬質角蛋白組成，有一定的硬度但很脆，對摩擦的抵抗力差，若過度梳理或使用質量差的洗髮精時很容易受傷脫落，使頭髮變得乾燥無光澤。

② **毛皮質（cortex）**：又稱皮質，位於毛表皮的內側，是毛髮的主要組成部分，幾乎占毛髮總重量的 90% 以上，毛髮的粗細主要由皮質決定。皮質內含角質蛋白纖維，使毛髮有一定的抗拉力，並含有決定毛髮顏色的黑色素顆粒。

③ **毛髓質（medulla）**：位於毛髮的中心，是空洞性的蜂窩狀細胞，它幾乎不增加毛髮的重量，可提高毛髮的強度和剛性。毛髓質較多的毛髮較硬，但不是所有的毛髮都有毛髓質，在毛髮末端或汗毛、新生兒的毛髮就沒有毛髓質。

(2) **毛根（hair root）**：深埋在皮膚下，處於毛囊內的部分就稱爲毛根，其尖端稱爲毛球，它下面的部分是毛乳頭。

(3) **毛囊（hair follicle）和毛乳頭（dermal papilla）**：毛根末端膨大的部分稱爲**毛球（hair bulb）**；毛乳頭位於毛球下方的向內凹入部分，包含有來自眞皮組織的神經末梢、毛細血管和結締組織，提供毛髮生長所需的營養，並使毛髮具有感覺作用。毛球由分裂活躍、代謝旺盛的上皮細胞組成，毛球下層與毛乳頭相對的部分爲毛基質，此部分細胞稱爲「**毛母細胞**」，是毛髮及毛囊的生長區，相當於基底層及棘細胞層，並有黑色素細胞。毛球和毛根由一下沉的囊所包繞，此囊稱爲「**毛囊**」。毛囊是由內毛根鞘、外毛根鞘及最外的結締組織鞘所構成，它是一個微小毛髮工廠，提供毛髮所需營養及染色物的來源。頭髮的最外層護膜是呈魚鱗狀排列的無核透明細胞，可保護頭髮不受外界侵害並賦予頭髮光澤。但是，此護膜層極易受到外界化學物質的破壞。

4.指（趾）甲（nail）

指甲是表皮的一部分，是手指及腳趾尖端上的表皮角質化變硬而成。這些細胞形成半透明狀的固體覆蓋在手指及腳趾末端的背面，附著於甲床上，其根部延伸到皮膚下面，如圖 4-8 所示。

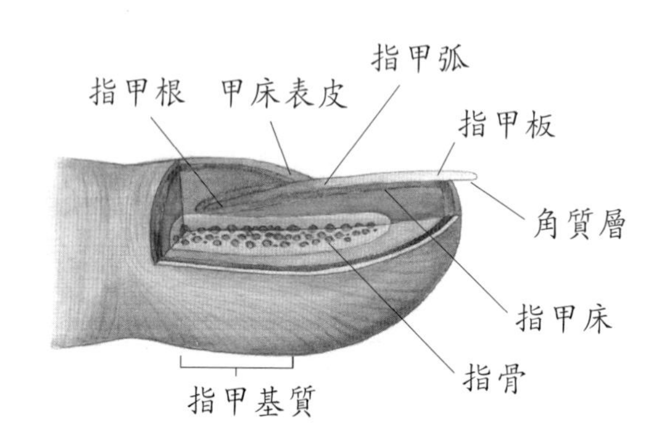

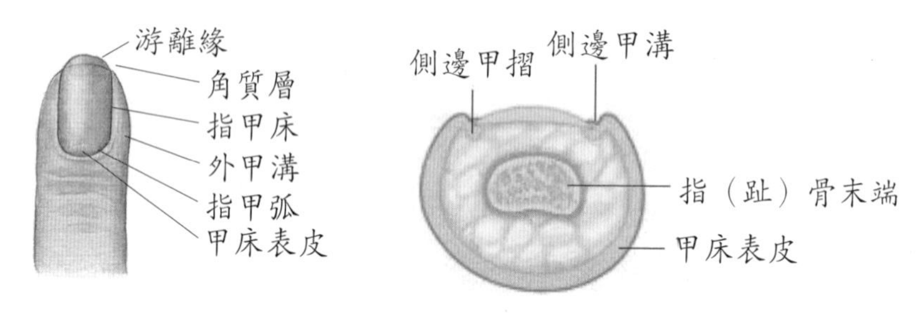

圖 4-8　指甲構造示意圖

指甲的根部有一新月形的蒼白帶稱爲「**新月區**」。指甲部細胞的生長使指甲變厚、變長。指甲主要由密實的乾性蛋白構成，大約含 5% 脂肪，含水量很低，因此指甲很堅硬。正常的指甲堅固而具彈性，但此與軟角蛋白形成之皮膚不同，而是與毛髮相同皆爲硬蛋白所形成，胱胺酸爲主要的胺基酸。每片指甲是由**指甲板（nail plate）**、游離緣、**指甲根（nail root）**所組成。健康的指甲，因指甲底下的血管中之血流而呈現美麗的桃紅色。指甲體近側端的微白色半月形區爲**指甲弧（lunula）**，因其底下的基底層較厚，沒有顯現出血管組織，因此呈現微白色之顏色。**甲床表皮（eponychium）**是從指甲外側邊緣延伸的狹窄帶狀表皮，它位於指甲近端邊緣，由角質層形成。指甲下面的表皮構成**指甲床（hyponychium）**，指甲床近側端的上皮組織稱爲**指甲基質（nail matrix）**。指甲基質的功能是負責指甲的生長，生長過程是基質的表面細胞變形爲指甲細胞而使指甲生長。指甲的功能是幫助我們握牢及操作小物品，並提供保護以預防指尖受傷。指甲生長速度約每日 0.1 mm，指甲的含水量爲 7%～12%，脂肪含量爲 0.15%～0.75%。

三、皮膚基本結構的生理與功用

皮膚基本結構的生理與功用，可以分爲保護作用、感覺作用、調節體溫作用、分泌和排泄作用、吸收和代謝作用及參與免疫反應等。

1. **保護作用**：即屛障功能，包括抵禦外界環境中物理性、化學性、生物性、機械性刺激對機體內組織器官損害，防止組織內的各種營養物質、電解質和水分流失。
2. **感覺作用**：分布在皮膚中的各種神經末梢和神經纖維網，將外界刺激引起的神經衝動傳至大腦皮層而產生感覺，包括產生觸覺、痛覺、冷覺、溫覺、壓覺、癢覺等單一感覺和乾濕、潮濕、粗糙、堅硬、柔韌等的復合感覺，使人體能夠感受外界的多種變化，以避免各種損傷。
3. **調節體溫作用**：皮膚是熱的不良導體，既可防止過多的體內熱外散，又可防止過高的體外熱傳入。皮膚可透過輻射、對流、蒸發、傳導四種方式散熱、來調節人體體溫。
4. **分泌和排泄作用**：皮膚中的汗腺可以分泌汗液，皮脂腺可以分泌皮脂。

汗液排出後與皮脂混合，形成乳狀的脂膜，可使角質層柔軟、潤澤、防止乾裂。同時汗液使皮膚帶有酸性，可抑制一些細菌的生長。另外，汗液排出少量尿素，還有輔助腎臟的作用。

5. **吸收作用**：皮膚具有防止外界異物侵人體內及一定的滲透能力和吸收作用。皮膚吸收的主要途徑是滲透通過角質層細胞膜進入角質層細胞，然後通過表皮其他各層而進入眞皮；其次是少量脂溶性及水溶性物質或不易滲透的大分子物質通過毛囊、皮脂腺和汗腺導管而被吸收；僅極少量通過角質層細胞間隙進入皮膚內。供皮膚收斂、殺菌、增白等用途的化妝品，採用水溶性藥劑爲宜，以避免皮膚過度吸收，造成傷害。從皮膚表面吸收到達體內達到營養作用的化妝品，則以脂溶性藥劑爲宜。

6. **代謝作用**：皮膚表面細胞分裂與分化形成角質層，毛髮和指（趾）甲的生長，色素細胞的形成以及汗液的皮脂和形成、分泌等，都要經過一系列的生化過程才能完成，這就是皮膚的代謝功能及對皮膚和人體發揮保護的作用。

第三節　化妝品經皮膚滲透及吸收

化妝品中有效物質透過穿透、釋放和吸收來發揮其功效。「**釋放**」是指有效物質從基質中釋放出來而擴散到皮膚上，「**穿透**」是指有效物質進入皮膚內，「**吸收**」是指有效物質透入皮膚後進入體循環的過程。

一、透皮吸收的重要性

護膚品中大量營養成分的添加無論什麼精華什麼營養只要皮膚不能吸收，都是一種負擔。皮膚表面化妝品營養成分過剩正是造成「皮膚氧化」的重要原因之一。同時，皮膚表面的細菌在生長繁殖過程中需要大量維生素、蛋白質和生物細胞營養物，這些也正是營養化妝品的主要成分。如果化妝品的營養成分不能被皮膚完全吸收那麼它就會成爲寄生細菌生長繁殖的溫床，大量的細菌還會導致皮膚感染。這些都說明我們應更重視化妝品功效成分透皮吸收的研究而不是盲目追求開發新原料、生產新產品。只有建立在透皮吸收的基礎上，美白、抗衰老等功效成分的開發與應用才有意義。

二、化妝品中透皮吸收的定義

化妝品功效成分的透皮吸收指化妝品中的有效成分通過皮膚，並到達不同作用皮膚層發揮各種作用的過程。化妝品與藥物「**透皮吸收**」的主要區別在於，化妝品功能性成分是以經皮膚滲透後積聚在作用皮膚層爲最終目的。大多數化妝品功能性成分需要進入皮膚是按產品的有效性作用於皮膚表面，或進入表皮或眞皮並在該部位積聚和發揮作用，不需要透過皮膚進入體循環。例如，防曬產品中的 UV 吸收劑應滯留在皮膚表面發揮吸收和反射紫外線的作用；美白產品中的美白劑常作用於表皮中的基底層阻斷黑色素的產生；抗衰老產品的功效成分則常作用於眞皮層的成纖維細胞使皮膚富有彈性。

三、透皮吸收的機制

除了防曬劑等少數產品需要防滲透外，大多數用於皮膚表面的藥物或化學物都要滲透到皮膚才能發揮其功效，但護膚品功效成分的透皮吸收並不需要穿透皮膚進入體循環，這是其與藥物治療的主要區別。所使用護膚品的目的不同，則需要使其吸收後滯留的皮膚部位也不同，例如一些保濕產品中的脂質僅僅參與角質層屏障，美白產品則應滲入表皮基底層作用於黑素細胞以減少黑素小體產生，抗皮膚老化產品應吸收至眞皮作用於成纖維細胞才能達到滿意效果。任何塗抹在皮膚上的物質主要透過**角質層屏障**及**皮膚附屬器毛囊皮脂腺**和**汗腺導管途徑**吸收。透皮吸收機制主要有**擴散理論**、**滲透壓理論**、**水合理論**及**相似相溶理論**。

（一）化妝品透皮吸收的途徑

化妝品透皮吸收的途徑，如圖 4-9 所示。可以區分成透過完整表皮、通過毛囊、皮脂腺吸收及通過汗腺從汗孔經汗管到汗腺的物質吸收。

1. **透過完整表皮**：這是主要的透入途徑，通過角質層細胞和細胞間隙穿透角質層，再 經過透明層、顆粒層等而達到眞皮。一般認爲透皮滲透的主要屏障來自角質層，有研究顯示將皮膚角質層剝除後，物質的滲透性可增加數十倍甚至數百倍。在角質層中的擴散途徑又有兩種：**(1) 穿越角質層滲入（transcellular pathway）；(2) 由角質細胞間隙進入（intercellular pathway）**。一般認爲，脂溶性、非極性物質易通過細胞間隙的脂質雙分子層擴散；水溶性、極性物質易通過角質細胞擴散。其中，細胞間隙雖然僅占角質層總容積的 30% 左右但因其脂質的阻力較角質細胞小。所以在經皮滲透過程中是主要的透皮吸收途徑。

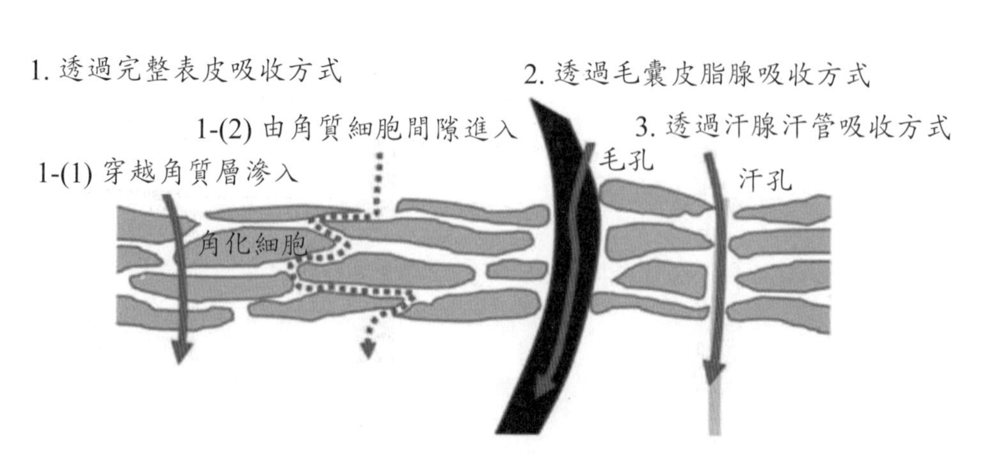

圖 4-9　化妝品透皮吸收的途徑

2. **透過毛囊、皮脂腺吸收**：透過皮膚附屬器透皮吸收常稱之爲「**旁路**」，僅占 10%，吸收方式主要是以細胞擴散形式，即一些很難通過角質層屏障的大分子物質或離子型物質。皮脂腺分泌物是油性的，也有利於化妝品中脂溶性物質的穿透。重金屬、皮質激素類、脂溶性維生素等均可經此途徑而被吸收。通過毛囊皮脂腺吸收的物質主要由基質決定，吸收強弱爲：羊毛脂 > 凡士林 > 植物油 > 液狀石蠟。
3. **透過汗腺從汗孔經汗管到汗腺的物質吸收**：皮膚還能透過汗腺導管吸收一些重金屬（如汞、鉛、砷等）及其鹽類。由於動物模型研究困難，透過皮膚附屬器吸收的特殊作用還不十分清楚。

（二）影響化妝品透皮吸收的因素

影響保養品透皮滲透的因素主要有以下三方面。

1. 皮膚狀況

(1) **年齡、性別、生物節律、皮膚狀況、角質層狀況及皮膚的溫濕度等因素均會影響化妝品的透皮滲透**。隨年齡的增大，皮膚的滲透能力降低；女性皮膚的透皮滲透強於男性；夜間皮膚滲透比白晝強；角質層越薄的部位，皮膚滲透性越強。

(2) **病態下的角質層變後或變薄分別會導致皮膚滲透性降低或增**；角質層中胞間脂質及含有的「天然保濕因子」的組成發生變化也會直接影響皮膚的滲透性；皮膚的溫度、濕度升高均可提高皮膚的滲透性。

2. 化妝品理化性質

(1) **主要與基質、劑型、活性物濃度及 pH 值等因素有關**：油性原料中，透皮吸收率的順序爲：動物油 > 植物油 > 礦物油。不同劑型的透皮吸收率的順序爲：乳液 > 膏霜 > 溶液或凝膠 > 懸浮液。

(2) 活性物濃度高，有利於透皮吸收；酸性活性物和鹼性活性物分別在酸性基質和鹼性基質中，透皮吸收增強。

3.環境因素

環境溫度、濕度提高，均有利於透皮吸收。

（三）透皮吸收機制

1.第一擴散定律

$$Js = Ps \cdot \Delta Cs$$

式中 Js：擴散通量，單位：$kg/(m^2s)$；ΔCs：皮膚兩側的濃度梯度，單位：kg/m^2；Ps：滲透係數，單位：s^{-1}。$Ps = Km \cdot Dm/Hm$，其中：Hm：角質層厚度，單位：m；Km：角質層與載體之間的分散係數；Dm：擴散係數，單位 m/s。

增加局部使用護膚品的用量濃度，可增大 ΔCs，增大 ΔCs 可以增加有效成分的透皮吸收量，所以使用護膚品，用量一定要保證，有效成分盡可能多的滲透到作用部位。

2.滲透壓理論

$$\pi V = nRT \text{ 或 } \pi = cRT$$

稱范特霍夫公式，也叫滲透壓公式。式中：π：稀溶液的滲透壓，單位：kPa；V：溶液的體積，單位：L；c：溶液的濃度，單位：mol/L；R：氣體常數，$8.31\ kPa \cdot L \cdot K^{-1} \cdot mol^{-1}$；n：溶質的物質的量，單位：mol；T：

絕對溫度，單位：K。

當增加功效成分的濃度或溫度時，都可使 π 值增大，促進功效成分的吸收。並且當塗抹力度加大、塗抹時間加長時，也相當於施加了一個外界力，使壓力大於 π 值，增強了物質的透皮能力。這就可以用來解釋爲什麼用化妝水時應輕拍臉部，用膏霜乳液時應打圈按摩式塗抹能更容易吸收。

3. 水合理論

皮膚的水合作用通常有利於經皮吸收。因爲當提高角質層細胞的角蛋白中含氮物質的水合力後，細胞自身發生膨脹，結構的緻密程度降低，物質的滲透性增加。這時水溶性和極性物質更容易從角質層細胞透過。所以，在化妝品中經常加入保濕劑（例如丙二醇、甘油），來提高有效成分的吸收，此法對水溶性物質的促滲作用較脂溶性物質顯著。

水合理論解釋了皮膚補水與透皮吸收的關係，所以你使用功效性產品，首先要做好保濕，保濕做好，有效成分更容易滲透吸收。

4. 相似相溶理論

「相似相溶」是一個眾所周知的溶解規律，主要指極性溶質易溶於極性溶劑，非極性溶質易溶於非極性溶劑。所謂的「相似」主要指分子的極性。在透皮吸收中，非極性物質易通過富含脂質的部位（細胞間通道）跨越細胞屏障，極性物質則依靠細胞轉運（細胞內通道）。

一般而言，脂溶性成分，即油／水分配係數大的成分較水溶性或親水性的藥物易通過角質層，這是因爲細胞通道間的脂質雙分子層較角質層細胞相比阻力要小得多。但是脂溶性太強的成分也難以透過脂質雙分子層中的親水區及角質層下方親水性的活性表皮。所以物質的透皮速率與油／水分配係數不成正比關係，往往呈拋物線關係。用於透皮吸收的功效成分最好在水相及油相中均有較大的溶解度（>1 mg/ml）。

當外界物質具有和皮膚相似的成分、結構和特性時，就易透過皮膚。基本上所有護膚品中乳和霜結構最接近皮膚結構，吸收順序也是最靠前的。

5. 輔助其他成分滲透作用

例如柔膚純露裡面有添加甘油、丁二醇、PCA. Na（吡咯烷酮羧酸鈉）等保濕成分。這些成分首先是保濕成分，同時是很好的助吸收成分，可以輔助其他成分滲透吸收。甘油和丁二醇通過水合作用輔助吸收。PCA. Na是皮膚自身存在的天然保濕因子，除了其強大的保濕作用，有廣泛的促滲透吸收作用，在低濃度時選擇性分配進入角質蛋白，高濃度時則影響角質層流動性並同時促進有效成分在角質層的分配。建議先使用柔膚純露之後，打開細胞滲透通道，後續使用的產品才能更好的滲透和吸收。

四、如何加強保養品吸收

前面提到，角質層就像一道牆，阻擋外界的大分子物質進入皮膚深處。但有些保養品成分，無法像膠原蛋白纖維及玻尿酸一樣先切割成較小的分子，一旦被破壞掉就失去其活性。所以如何將保養品成分順利運送到欲作用的位置，成爲保養品界研究的主要課題之一。以下簡單介紹目前常用的以下簡單介紹目前常用的幾種方法。

1. **密封法**：將一層薄膜覆蓋在皮膚上會增加局部的含水量及使細胞間的空間增大，讓分子更容易透過細胞間的通道進入皮膚深處，加速保養品成分的吸收。面膜即透過密封皮膚來加強保養品的吸收。
2. **化學法**：利用一些溶劑，例如表面活性劑、酒精等，改變細胞間脂質的通透，以利保養品分子的通過。但這些溶劑含量太高時，有可能造成對角質層的破壞。

3. **乳液技術**：微乳液是指粒徑在 10 nm~100 nm 的兩種不混溶液的透明分散體系是熱力學穩定的透明溶液。由於微乳液的粒子細小。容易滲入皮膚與普通乳狀液相比，具有非常強的乳化和增溶能力，可以通過微乳液的增溶性提高功效成分的穩定性和效力。微乳液在化妝品中的應用上是香精和精油的加溶。
4. **滲透促進劑**：添加滲透促進劑是至今應用最普遍的促滲方法。透皮吸收促滲劑有助於功效成分克服皮膚角質層的障礙，可逆地改變皮膚角質層的屏障作用，且不損傷任何活性細胞達到增加藥物在皮膚的溶解度，使藥物透皮吸收率增加的目的。可以分爲化學滲透促進劑、中藥滲透促進劑和複合滲透促進劑，其中化學滲透促進劑（例如氮酮、有機酸、表面活性劑類等）應用範圍較廣但是當用量較大或長時間使用會引起皮膚刺激。中藥透皮促滲劑，例如杜香菇烯、桉葉油、薄荷、丁香等，雖然促透效果較弱，但是中藥本身具有特定功效且副作用低，是適合的滲透促進劑選擇。
5. **水合技術**：皮膚的水合作用通常有利於經皮膚吸收。這是因爲當提高角質層細胞的角蛋白中含氮物質的水合力後，細胞自身發生膨張，結構的緻密程度降低，導致物質的滲透性增加，這時水溶性和極性物質更容易從角質層細胞透過。所以在化妝品中經常加入保濕劑（例如丙二醇、甘油）來提高有效成分的吸收或常採用貼式的面膜使局部皮膚封閉起來，成爲隔絕濕氣的屏障（汗水不能通過）使皮膚水合化程度增加。
6. **微脂粒載體法**：微脂粒是由單層或雙層的磷脂質（phospholipid）所形成的小球，因爲磷脂質同時具有親水性的頭端及親油性的尾端，可選擇性的包覆攜帶水溶性或脂溶性成分。由於微脂粒具有類似細胞脂質的成分及構造，因此能透過和細胞膜的融合，直接將保養品的成分帶進皮膚內。

7. **導入法**：目前常用的有離子導入法及超音波導入法兩種。**離子導入法（iontophoresis）**是透過低電壓的電流，在皮膚表面造成電位差，透過同性電相斥的原理，將離子性的保養品成分「推」過角質層而到達皮膚深層。最近有一項新技術稱為「**電洞法（electroporation）**」，是利用製造極短時間但大幅的細胞膜電位差，在細胞膜上產生暫時性的孔洞，類似在牆上「打洞」，讓保養品成分快速通過。**超音波導入法（sonophoresis）**則是利用高頻超音波產生的機械震動作用，增加角質細胞間距，使保養品成分更容易通過吸收。

第四節　微脂粒在化妝品物質傳送吸收上的應用

化妝品想要真正發揮功效，最重要的是美容化妝品中的功效成分和生物活性物質或天然藥物是否能透過皮膚角質層屏障達到相應的作用部位，並在這些部位維持一定的效應時間。由於有效成分的不穩定性，在具體配製產品過程中又容易使這些成分失去活性，為了促進化妝品的功效，化妝品經皮吸收載體應運而生。其中，**微脂粒（liposomes）**是一種很適合應用在化妝品的傳遞系統。含有微脂粒的化妝品中，微脂粒作為一種載體，它具有可同時攜帶水溶性和脂溶性的活性成分與營養物質的特性，而它與一般載體更為不同的是，微脂粒的雙層分子結構和膜材料（磷脂等）本身就有著特殊作用，使得微脂粒化妝品更具有功能性。微脂粒本身具有調節皮膚中水分損失的作用，即為具有良好的保濕性，微脂粒可增加皮膚細胞的代謝作用；透過微脂粒包覆的有效成分（油溶性和水溶性的各種活性成分和營養物質，例如透明質酸、PCA.Na、EGF、SOD、維生素 C、維生素 E 等），經穿過皮膚而滲透至皮膚深處，在細胞內外直接、持久地發揮各種作用，實現對皮膚的潤濕、抗皺、抗老化、去斑、防粉刺、防曬及多種對皮膚的保健美容作用。

一、微脂粒構造介紹

微脂粒是由脂質分子組成的脂質膜封閉微泡（vesicle），當脂質分子分散在水中時，會形成中空的雙或多層球體，中間爲親水層，脂質雙層膜中間爲疏水層（如圖 4-10 所示）。典型的微脂粒脂質分子來自天然的磷脂質，以丙三醇爲骨架，一端爲在 C-3 的位置親水性的極性頭基（hydrophilic headgroup），另一端爲在 C-1、C-2 的位置上兩條碳氫脂肪酸鏈所構成的非極性尾端（hydrophobic acyl hydrocarbon chains）。微脂粒根據其尺寸及結構可分爲三種：

1. **多層微脂粒（multilamellar vesicle, MLV）**：每個囊泡由數個同心脂質雙層所組成，其粒徑的涵蓋範圍爲 0.2～5 μm。多層囊泡具有持續釋放的功能，包覆在外層的物質會先被釋放出來，而被包覆在內層的物質則較慢被釋放出來。然而，這類囊泡的主要缺點在於包覆水相藥物比同體積之單層大微泡小。

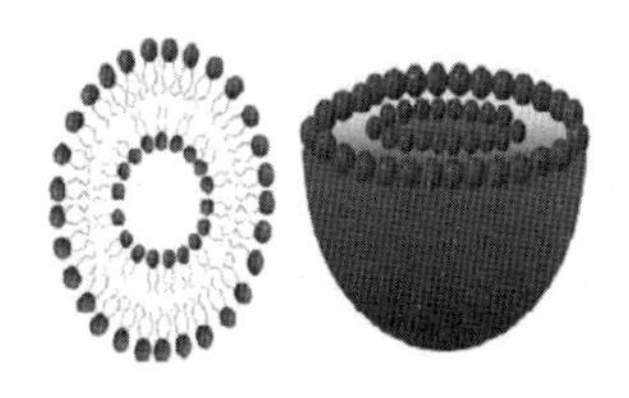

微脂粒 (liposome)

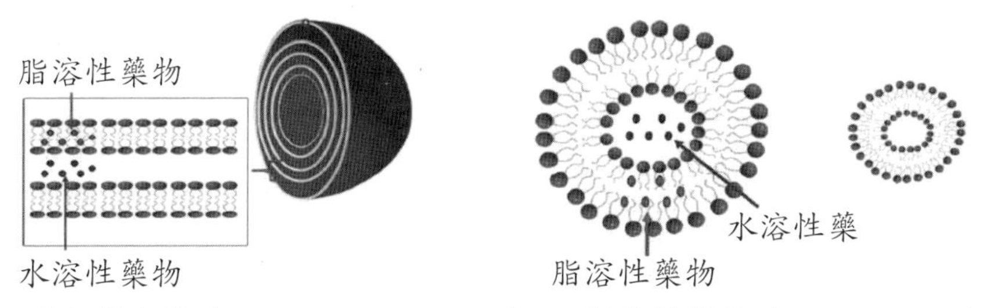

多層微脂粒（multi-layer liposome）　單層微脂粒（LUV or SUV）

圖 4-10　微脂粒型態

2. **單層大微脂粒（large unilamellar vesicle, LUV）**：每個囊泡都只由一個脂質雙層所圍繞而成的，粒徑範圍大多為 0.2～2 μm 的，內部可包覆之水相空間較大，因此包覆親水性物質時，可以有較好的包覆效率。
3. **單層小微脂粒（small unilamellar vesicle, SUV）**：每個囊泡都只由一個脂質雙層所圍繞而成的，而粒徑大多為 0.02～0.2 μm 相較於 MLV、LUV 的粒徑小，對於親水性物質的包覆效率也很小。

二、微脂粒的特性

磷脂在水溶液中就可以形成這種脂質雙分子層的封閉囊泡（微脂粒）。微脂粒具有以下特性：

1. **滲透性**：由於微脂粒與生物細胞膜的結構相似，構成微脂粒的主要成分磷脂類等類脂也是生物細胞膜的主要成分，因此微脂粒很容易穿透皮膚角質進入表皮和真皮，能有效地促進成分的滲透。
2. **緩釋性**：微脂粒攜帶有效成分進入皮膚後，在皮膚細胞內處和外處，由於微脂粒膜所具有的包封結構，使其有效成分緩慢地釋放出來，延長有效成分的作用時間。
3. **穩定性（保護性）**：許多活性成分例如酶、生長因子、維生素和藥物等很不穩定，易受到外界及體內的破壞，將它們經微脂粒包覆後，隔離破壞因素，提高了它們的活性和穩定性。
4. **導入性**：微脂粒進入人體內具有一定的靶向性。

二、微脂粒製備方法

如圖 4-11 所示，一般說來可概分為下列幾種（Wang *et al.,* 1986; Lasic, 1998）。

1. **薄膜水合法（thin-film hydration）**：爲最基本和最廣泛使用的微脂粒製備方法。脂質溶解於有機溶劑中，再以旋轉減壓濃縮機將有機溶劑揮發，使脂質貼附在瓶壁上形成薄膜。利用加入水溶液進行水合，使脂質搖下即可形成微脂粒。將脂質分子自瓶壁剝離的方式有手搖法及旋轉震動等方法，當對微脂粒的粒徑要求不高時，可以使用薄膜水合法得到包覆率較高的微脂粒。
2. **超音波震盪法（ultrasound）**：將脂質分散於水溶液中再以水浴式或探針式超音波震盪形成微脂粒。但這個方法會形成的單層微脂粒數量多於多層微脂粒。不過在震盪的過程會產生熱、易使脂質降解。
3. **溶劑注入法（solvent-injection method）**：溶劑注入法是先將脂質及脂溶性藥物溶解在有機溶劑（乙醚或乙醇）中，再以注射器緩緩注入加熱的磷酸水溶液內，以形成水包油乳狀液（oil-in-water emulsions），最後再以磁石攪拌使有機溶劑揮發形成微脂粒。但是值得注意的是乙醚注入法對於水溶性藥物的包覆率有較低的現象。
4. **表面活性劑分解法（detergent depletion）**：表面活性劑分解法是先將表面活性劑與磷脂質均勻混合後，再加入所要包覆的藥物，藉由表面活性劑的作用，使脂質形成微泡（micelle），再利用透析管將表面活性劑去除，使微脂粒合併成封閉式單一脂雙層的微脂粒的懸浮液。
5. **逆相蒸發法（reverse-phase evaporation vesicles, REV）**：逆相蒸發法是將過量含脂質之有機溶劑與含有藥物之水溶液混合成油包水乳劑，再將有機溶劑揮發移除進而形成微脂粒。此法之包覆率可達到60% 以上。

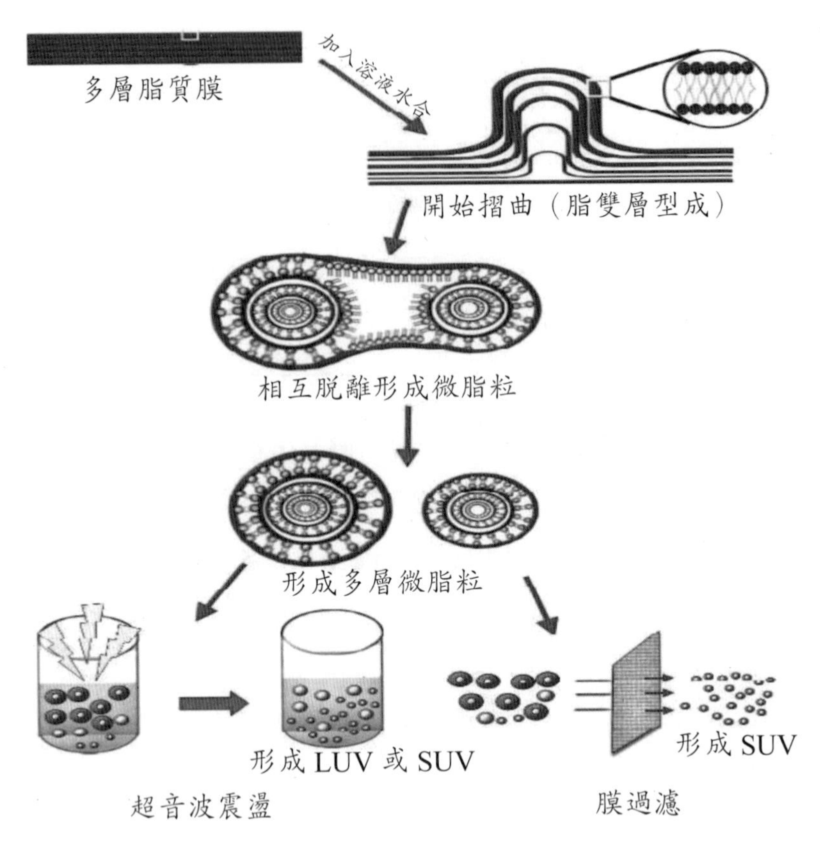

圖 4-11　脂質經由超音波獲膜過濾形成微脂粒過程

三、微脂粒與細胞的作用

目前發現微脂粒與細胞的作用，大多以細胞融合或細胞吞噬的機制進行其作用方式有以下 5 種（New, 1990），如圖 4-12 所示：

1. **膜與膜間的交換（intermembrane transfer）**：當游離的微脂粒與細胞靠近時，微脂粒與細胞做成分之交換（lipid-exchange），但是這樣的交換是不破壞微脂粒脂質雙層膜的完整性的情況下進行。
2. **細胞膜接觸釋放（contact release）**：當游離的微脂粒與細胞接觸時，會使微脂粒滲透性增加而讓包覆的藥物被釋放出來，這會造成細胞周圍的藥物濃度增加。這兩種機制可以讓微脂粒經由吞噬作用就可以將藥物傳送到細胞內。

3. **吸附作用（adsorption）**：當微脂粒表面經由修飾後與細胞表面的接受器結合或是具有物理吸引力時，造成鍵結或停留在細胞上，微脂粒會因爲週遭環境的因素影響而讓包覆的藥物被釋放出來，造成細胞周圍的藥物濃度增加，增加藥物傳送到細胞內的機率。
4. **融合作用（fusion）**：當微脂粒與細胞接近時，微脂粒的雙層膜與細胞膜（plasma membrane）融合，使包覆藥物進入細胞質（cytoplasma）內。
5. **細胞吞噬與胞飲作用（phagocytosis and endocytosis）**：具有吞噬作用的細胞將微脂粒吞入後，接著再與溶小體（lysosome）融合形成次級溶小體（secondary lysosome），然後進行細胞內噬作用。

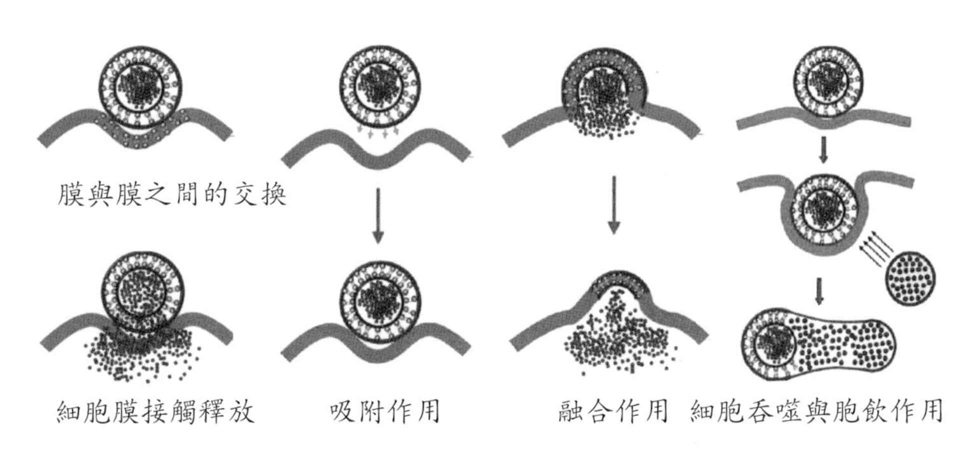

圖 4-12　微脂粒與細胞的作用型態

四、應用微脂體包覆增加經皮傳輸效率實例

在此引用賴等人研究（2014），該研究是利用高壓均質技術包覆維生素 C 之微脂粒並利用 Franz-type 擴散槽 in vitro 評估經皮傳輸效率。

（一）維生素C微脂粒之製備

製備方法先將油相磷脂醯膽鹼（PC）及辛酸／揆酸三甘油酯（CCTG）以轉速 2000 rpm 預先混合攪拌。將複方防腐劑（Germaben-2）加入去離子水中，使其溶解，再加入活性成分維生素 C 使其分散均勻。再慢慢倒入其溶解好的水相進油相，並以相同轉速攪拌葉攪拌 20 分鐘，再入高壓均質機（high pressure homogenizer, APV-2000），壓力值 500 bar，共 6 個循環，即可得包覆維生素 C 微脂粒（ascorbic acid liposome, AL），AL 配方比例爲卵磷脂（lecithin）2%、辛癸酸甘油脂（caprtlic/capric triglyceride）10%、抗壞血酸（ascorbic acid）10%、水（water）77.4%、防腐劑 Germabern II 0.6%。

（二）體外經皮穿透分析（in vitro transdermal delivery system）

1.豬皮前處理

未處理前的豬皮，因爲厚度過厚同時具有許多細毛，無法用於藥物擴散實驗，因此需要進行前處理取下豬皮表皮部分，並控制在 2 mm 以下，如圖 4-13 所示。

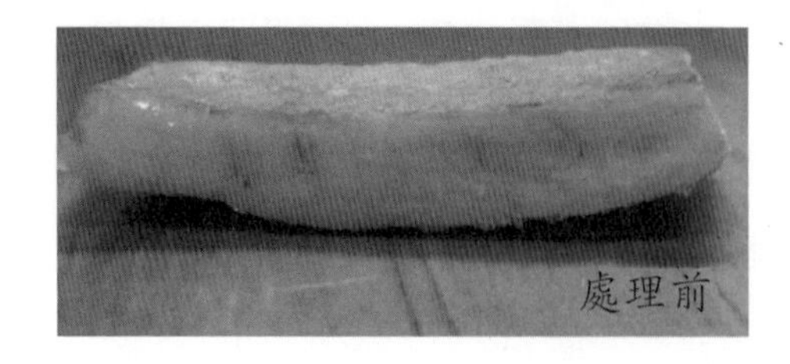

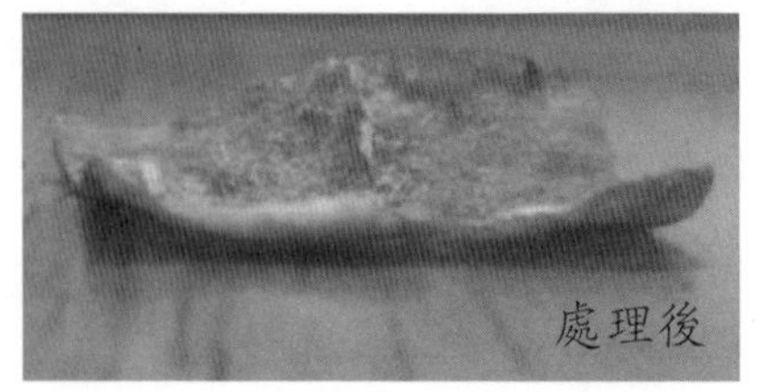

圖 4-13　豬皮前處理

處理步驟如下：先將從市場取得的豬皮以 −20℃保存。實驗之前將豬皮從冰箱中取出，將表皮多餘的細毛拔除，接著利用術刀先將大部分的皮下組織（脂肪）切除。接著利用手術刀作細部的修飾，把剩下的組織切除，過程中使用 PBS buffer 沖洗，洗去殘餘碎屑之後浸泡 1 分鐘取出，接著繼續處理步驟，同樣的步驟反覆進行數次，直到豬皮厚度控制在 2 mm 以下。處理完之豬皮不能有破洞，用不完的豬皮應該保存在 –20℃下。

2. Franz-type cell 擴散分析裝置及體外經皮穿透分析

利用垂直式藥物釋放瓶（Franz diffusion cell ,vertical type）來進行藥物穿皮輸送實驗，Franz-type cell 裝置圖，如圖 4-14 所示。Franz-type cell 裝置圖說明，給藥端（donor）為圓柱狀玻璃管（上方開口注入藥物，下方開口為接觸面），受藥端（receptor）為一圓柱狀上部為接觸面之雙層玻璃擴散槽（外層玻璃有兩個開口可串聯循環水控溫 37℃，另一開口為取樣口），兩接觸面之外截面積為 5.725 cm^2，內截面積 0.992 cm^2，接觸面放置豬皮為擴散屏障，接觸面積 0.9924 cm^2，受藥端底部放置攪拌磁石，並以長尾夾固定兩端。

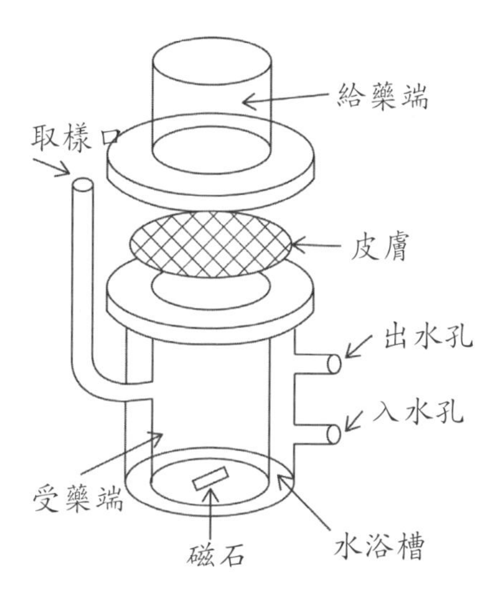

圖 4-14　Franz-type cell 裝置圖

實驗方法如下：將藥物擴散試驗瓶受藥端中加入 5 ml PBS buffer 並放入攪拌磁石置於磁石攪拌器上，轉速設定在 600 rpm，接著將水浴夾層內接上循環水進行水浴，水溫設定在37℃。將受藥端開口放置上1.3 cm x 1.3 cm 處理後之豬皮，夾上給藥端上蓋，置入 1 ml 製備好之維生素 C 微脂粒，取樣口與受藥端開口都以石蠟膜封好，每 2 小時取樣一次，每次 0.5 ml；取樣完之後回填入同體積之新鮮 PBS buffer。取樣完之後的樣品，以 HPLC 分析組分析。

（三）評估結果

利用 Franz 擴散槽系統評估微脂粒經皮輸送特性，觀察 150 分鐘之經皮吸收動力曲線，結果如圖 4-15。研究結果經計算，AL-2 微脂粒之總穿透（steady-state flux）爲 52.90 μg/cm^2.hr，相較單使用維生素 C 之對照組 25.91 μg/cm^2.hr 快，比例約爲 2：1，遲滯時間（lag-time）分別爲 3.18 分鐘與 15.36 分鐘，1 小時候的穿透比率分別爲施藥原始量之 0.37% 與 0.18%。

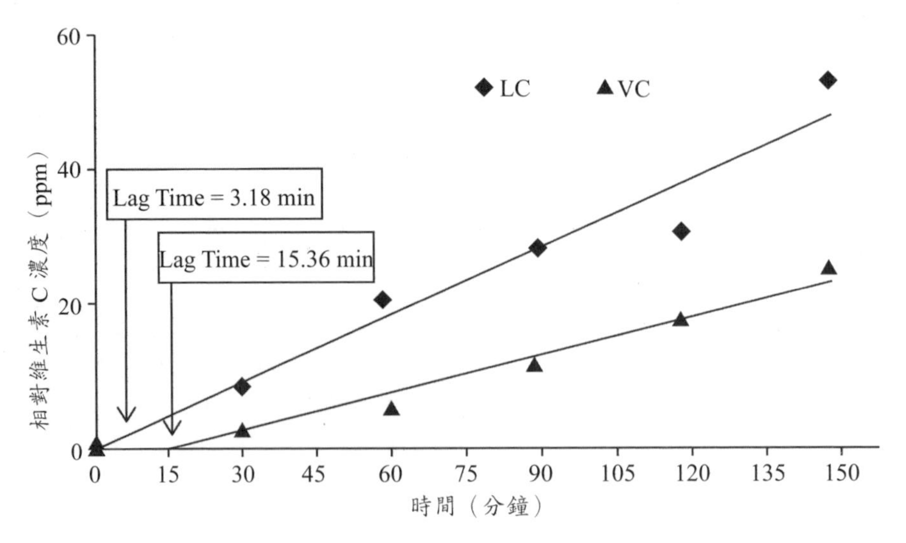

圖 4-15　穿透動力曲線與穿透係數

圖片來源：賴等人，2014。

結果顯示，有包覆的維生素 C 之微脂粒確實能促進經皮吸收的穿透率。這表示透過微脂粒包覆的有效成分，經穿過皮膚而滲透至皮膚深處，在細胞內外直接、持久地發揮各種作用，可以實現皮膚的保健美容作用。

習題

1. 請說明化妝品與皮膚生理的關係。
2. 請敘述皮膚的基本結構與組成。
3. 請敘述皮膚的生理與功用爲何。
4. 請描述化妝品經皮吸收的方式。
5. 請說明一種增加化妝品經皮吸收的方式。

第三篇 天然化妝品生產技術與調製實作

化妝品是一種由各類原料經過合理配方加工而成的複合物。欲使化妝品具有優良的品質、特殊的功效或發展更新穎的產品，除了瞭解調製的原理及知識外，調配策略、加工技術及設備條件也會影響品質與功效。此外，對原料的開發和選擇是最關鍵的重點。只有掌握原料了化學結構、物質特性、來源、用途，才能正確和靈活運用，製造出各種新穎的產品。在本篇著重「調製原料」、「生產技術」及「操作實例」的搭配。先針對「化妝品調製的原料」，引導讀者瞭解出現在化妝品中的基質原料、輔助原料及天然有效原料及其如何萃取分離。接著介紹「常見的化妝品生產技術」，引導讀者瞭解乳液類、洗滌類、水劑類、粉劑類及美容類化妝品的生產流程，最後編排對應的「操作實例」及化妝品感官評價、使用後皮膚狀態評估，提供讀者對天然化妝品調製與實作有完整概念。

第五章 天然化妝品調製的原料

化妝品是一種由各類原料經過合理配方加工而成的複合物。化妝品的各種性能及質量好壞除了與配製技術及生產設備等有關之外，主要決定於所採用原料的好壞。化妝品原料來源廣泛，品種繁多。若從其來源分類，可分爲人工合成和天然原料兩大類，但 20 世紀 70 年代後，化妝品工業出現了「回歸自然」的潮流，天然原料的開發和應用逐漸增加，並普遍受到消費者的喜愛。

若根據其用途與特性來劃分，化妝品原料可分爲基質原料、輔助原料和機能性原料。「**基質原料**」是化妝品的主體，體現了化妝品的特性和功用；「**輔助原料**」又稱添加劑，則是對化妝品的成型、色澤、香型和某些特性產生作用。化妝品原料中常用的基質原料主要是油質原料、粉質原料、膠質原料和溶劑原料。化妝品添加劑主要有表面活性劑、香料與香精、色素、防腐劑和抗氧劑、保濕劑等添加劑。當然，基質原料和輔助原料之間沒有絕對的界限，例如月桂醇硫酸鈉在香皂中是作爲洗滌作用的基質原料，但在膏霜類化妝品中僅作爲乳化劑的輔助原料。「**機能性原料**」爲可賦予化妝品特殊功能的一類原料，例如防曬劑、除臭劑、脫毛劑、染髮劑、燙髮劑等，或是強化化妝品對皮膚生理作用一類的原料例如保濕、抗皺、去斑、美白、育髮作用的添加劑。

第一節 化妝品成分組成

根據化妝品的用途與特性，可以分爲基質原料以及輔助原料，如圖

5-1。基質原料是構成化妝品基體的物質原料，在化妝品配方中占有較大的比重，表現化妝品的主要特性和功用；輔助原料則是指基質原料外的所有原料，可使化妝品成型、穩定或賦予化妝品以芬芳及其他特定作用、功效的配合原料，包括提供化妝品特殊效用的機能性成分（活性成分）、香料、表面活性劑、色素、防腐劑、抗氧化劑、防曬劑、保濕劑等，一般輔助原料的用量較少，但在化妝品中是不可缺少的主要成分。

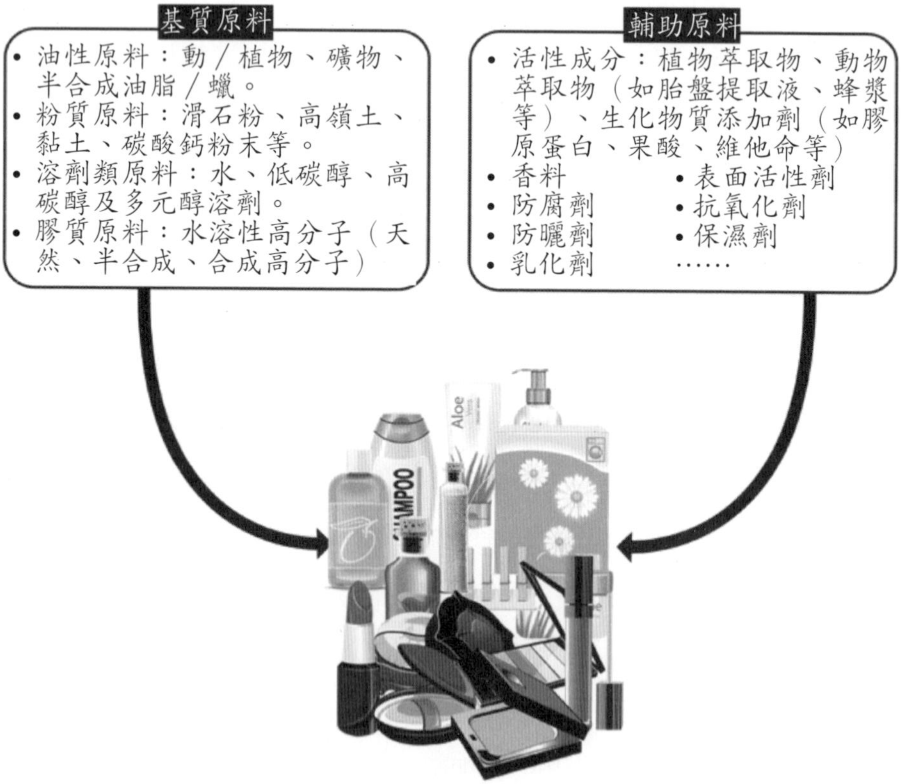

基質原料

- 油性原料：動／植物、礦物、半合成油脂／蠟。
- 粉質原料：滑石粉、高嶺土、黏土、碳酸鈣粉末等。
- 溶劑類原料：水、低碳醇、高碳醇及多元醇溶劑。
- 膠質原料：水溶性高分子（天然、半合成、合成高分子）

輔助原料

- 活性成分：植物萃取物、動物萃取物（如胎盤提取液、蜂漿等）、生化物質添加劑（如膠原蛋白、果酸、維他命等）
- 香料
- 表面活性劑
- 防腐劑
- 抗氧化劑
- 防曬劑
- 保濕劑
- 乳化劑
- ……

圖 5-1　化妝品的組成

各類化妝品之應用原料，依功能性又可區分爲六大類，各項功能所包含之原料成分詳列於表 5-1。

表 5-1　化妝品之應用原料

原料功能類別	主要原料成分類別
清潔劑／泡沫 （cleansing agents/foamers）	表面活性劑（surfactants）
保濕／潤膚（moisturizer）	發泡劑（foamers） 保濕劑（humectants） 密封劑（occusives） 滑潤劑（emollients）
製劑特性輔助 （processing aids）	高分子聚合物（polymers） 乳化劑（emulsifiers） 推進劑（propellants） 黏度控制劑（viscosity control agents） 溶劑及安定劑（solvents and stabilizers）
機能性／活性成分 （functional or active ingredients）	植物萃取物及油脂（plant extracts and oils） 光線防護膜（light protection films） 維生素（vitamins） 蛋白質（proteins） 果酸（fruit acid）
特殊添加劑 （specially additives）	調節劑（conditioning agents） 防腐劑（preservatives） 染色劑（colorants） 酒精（alcohols） 抗氧化劑（antioxidants）
香料（fragrances）	天然香料（natural fragrance） 合成香料（synthetic fragrance）

化妝品的配方製程中雖然以基質原料爲主體，但在製造中主要提供防皺、美白、恢復皮膚彈性、修復、去頭皮屑等特殊作用或功效之應用原料爲**機能性／活性成分（functional or active ingredients）**，隨著功能性化妝品逐漸成爲現在化妝品的主要發展方向，各類機能性成分可說是現今

化妝品產業中至為重要的關鍵性原料。

第二節　化妝品的基質與輔助原料

在化妝品的配方中，化妝品原料可區分成「化妝品的基質原料」、「化妝品的輔助原料」、「化妝品的機能性原料」。「**化妝品的基質原料**」是組成化妝品的主體，可在該在化妝品內發揮主要功能。「**化妝品的輔助原料**」是對化妝品成型、穩定產生作用的物質，賦予化妝品色、香等作用。「**化妝品的機能性原料**」是提供防皺、美白、恢復皮膚彈性、修復、去頭皮屑等特殊作用或功效之應用。關於不同類型原料的化學結構、物質特性、來源、用途等特性，讀者可參考五南圖書出版公司之《**化妝品概論**》及滄海圖書出版公司之《**化妝品原料學三版**》一書有完整的分門別類，並擇其代表性原料做深入的介紹。在此僅簡述化妝品調製中的常見基質和輔助原料。

一、基質原料

基質原料是構成化妝品劑型的主體原料，主導化妝品的特性與功用。也是化妝品調製中，添加比例含量較多的成分。例如，油質原料、溶劑原料、粉質原料。

1.油質原料（油、脂、蠟）

油、脂、蠟及其衍生物是化妝品主要的基質原料，它在幾種化妝品原料中占的比例較高，使用面最廣。油脂、蠟原料除了直接採用天然油脂精製獲得外，還採用加水分解、加氫、高壓氧化還原、醇解等化學反應，再經分餾、萃取、冷榨等精製工藝得到其各種衍生物。油脂（oil）和蠟類（wax）應用於化妝品中的主要目的和作用如下：

油脂類：

(1) 在皮膚表面形成疏水性薄膜，賦予皮膚柔軟、潤滑和光澤，同時防止外部有害物質的侵入和防禦來自自然界各種因素的侵襲。

(2) 透過其油溶性溶劑的作用使皮膚表面清潔。

(3) 寒冷時，抑制皮膚表面水分的蒸發，防止皮膚乾裂。

(4) 作爲特殊成分的溶劑，促進皮膚吸收藥物或有效活性成分。

(5) 作爲富脂劑補充皮膚必要的脂肪，從而產生護皮膚的作用，而按摩皮膚時具有潤滑作用，減少摩擦。

(6) 賦予毛髮以柔軟和光澤感。

蠟類：

(1) 作爲固化劑提高製品的特性和穩定性。

(2) 賦予產品搖變性，改善使用感覺。

(3) 提高液態油的熔點，賦予產品觸變性，改善皮膚，使其柔軟。

(4) 由於分子中具有疏水性較強的長鏈烴，可在皮膚表面形成疏水薄膜。

(5) 賦予產品光澤。

(6) 利於產品成形，便於加工操作。

油脂或蠟類衍生物：

(1) 高級脂肪酸：乳化輔助劑、抑制油膩感和增加潤滑。

(2) 脂肪酸：具有乳化作用（與鹼或有機胺反應生成表面活性劑）和溶劑作用。

(3) 酯類：是舒展性改良劑、混合劑、溶劑、增塑劑、定香劑、潤滑劑和通氣性的賦型劑。

(4) 磷脂：具有表面活性劑作用（乳化、分散和濕潤），傳輸藥物的有效成分，促進皮膚對營養成分的吸收。

油脂、蠟是組成膏霜、乳液、髮乳等乳化體與髮蠟、唇膏等油蠟等基型化妝品的主要原料，也是製備各類表面活性劑的原料。油脂、蠟根據其來源可分爲動物、植物、礦物、人工合成幾類。其中，以植物的油脂、蠟提取物更接近自然物質，而且具有性質穩定，利於吸收的特質。化妝品中常用橄欖油、澳洲堅果油、荷荷芭油、羊毛脂等。蠟常見的有地蠟、微晶臘等。還有石油烴類，例如白油等都是我們常見的。

(1) **橄欖油（olive oil）**：是由油橄欖樹的果實經壓榨製取的脂肪油，主要產地是西班牙和義大利等地中海沿岸地區。外觀爲淡黃色或黃綠色透明液體，有特殊的香味和滋味。主要成分爲油酸甘油酯（約占 80%）和棕櫚酸甘油酯（約占 10%）及少量的角鯊烯。它不同於其他植物油，具有較低的熔點，當溫度低於 0℃時還能保持液體狀態。由於橄欖油中含亞油酸較少（約 70%），較其他液體油脂不易氧化。橄欖油用於化妝品中，具有優良的潤膚養膚作用，能夠抑制皮膚表面的水分蒸發，同時具有一定的防曬作用。對於皮膚的滲透性與一般植物油相同，但比羊毛脂、鱈魚油和油醇差，比礦物油好。對皮膚無害，是很有用的潤膚劑，不易引起急性皮膚刺激和過敏。在化妝品中，橄欖油是製造按摩油、髮油、防曬油、健膚油、潤膚霜、抗皺霜及口紅和 W/O 型香脂的重要原料。

(2) **羊毛脂（lanolin）**：是一種複雜的混合物，主要由高分子脂肪酸和脂肪醇化合而生成的酯類，還含有少量游離脂肪酸和醇。羊毛脂是毛紡行業從洗滌羊毛的廢水中萃取出來的一種帶有強烈臭味的黑褐色膏狀黏稠物，經過脫色、脫臭精製後，可製成色澤較淺的黃色半透明軟膏狀半固體。精製羊毛脂有特殊氣味，可溶於苯、乙醚中，但不溶於水。羊毛脂可使皮膚柔軟、潤滑，並能防止皮膚脫脂，可廣泛應用於化妝品中，是膏霜類化妝品的主要成分。

(3) **液體石蠟（liquid petrolatum）**：又稱白油或石蠟油，是從石油分餾並經脫蠟、碳化等處理後得到的一種無色、無味、透明的黏稠狀液體，主要成分爲16到21個碳原子的正異構烷烴的混合物。對於皮膚無不良作用，在化妝品中主要用於髮油、髮乳、髮蠟等各種膏霜類、乳液製品。

(4) **角鯊烷（squalane）**：是由深海的角鯊魚肝油中取得的角鯊烯加氫反應製得的，爲無色透明、無味、無臭和無毒的油狀液體。主要成分爲肉豆蔻酸、肉豆蔻脂、角鯊烯和角鯊烷。人體皮膚分泌的皮脂中約含有 10% 的角鯊烯、2.4% 的角鯊烷。角鯊烷對皮膚的刺激性相當低，不會引起刺激和過敏，能使皮膚柔軟，加速其他活性物質向皮膚中滲透。與礦物油相比，滲透性、潤滑性和透氣性較其他油脂好，能與大多數化妝品原料伍配，可當作高級化妝品的油性原料，例如各類膏霜、乳液、化妝水、口紅、眼線膏、眼影膏和護髮素等。

2. 溶劑（水和乙醇）

溶劑是膏狀、漿狀及液體化妝品（如雪花膏、牙膏、冷霜、洗面乳、唇膏、指甲油、香水、花露水等）配方中不可缺少的一類重要組成部分。它在製品中主要是當作溶解作用，與配方中的其他成分互相配合，使製品保持一定的物理特性和劑型。許多固體型化妝品的成分中雖不含有溶劑，但在生產過程中，有時也常需要一些溶劑的配合，例如製品中的香料、顏料需藉助溶劑進行均勻分散，粉餅類產品需用些溶劑以幫助膠黏。溶劑除了主要的溶解特性外，在化妝品中，這類原料還有揮發、潤濕、潤滑、增塑、保香、收斂等作用。在此介紹水和乙醇。

(1) **水（water）**：水是化妝品的重要原料，是一種優良的溶劑，水的品質對化妝品產品的質量有重要影響。化妝品所用的水，要求水質純淨、無色、無味，且不含鈣、鎂等金屬離子，無雜質。在製作去離子水時，必須將水中的陽離子、陰離子都去除，因此要同時使用陰、陽離子交換樹脂。

(2) **乙醇（alcohol）**：又稱酒精，分子式爲 C_2H_5OH，是無色、易揮發、易燃的透明液體，有酒的香味，沸點 78.3℃。是一種優良的溶劑，還具有滅菌、收斂等作用，70% 酒精溶液可作消毒劑。在化妝品生產中，利用其溶解、揮發、滅菌和收斂等特性，廣泛用於製造香水、花露水等的主要原料。

3. 粉質原料

粉類是組成香粉、爽身粉、胭脂和牙膏、牙粉等化妝品的基質原料。一般是不溶於水的固體，經研磨成細粉狀，主要進行遮蓋、滑爽、吸收、吸附及增加摩擦等作用。化妝品中常用的粉質原料主要有無機粉質原料和有機粉質原料，包括天然產的滑石粉、高嶺土等粉類原料；鈦白粉、氧化鋅等氧化物；碳酸鈣、碳酸鎂等不溶性鹽，以及硬脂酸的鎂、鋅鹽等。

(1) **滑石粉（talc, talcum powder, $3MgO \cdot 4SiO_2 \cdot H_2O$）**：是粉類製品的主要原料，是白色結晶狀細粉末。優質的滑石粉具有薄層結構，並有和雲母相似的定向分裂的特性，這種結構使滑石粉具有光澤和滑爽的特性。滑石粉的色澤有從潔白到灰色。不溶於水、酸或鹼。滑石粉是天然的矽酸鎂化合物，有時含有少量矽酸鋁。優質滑石粉具有滑爽和略有黏附於皮膚的特性，幫助遮蓋皮膚上的小疤。

(2) **氧化鋅（znic oxide, ZnO）和鈦白粉（titanium dioxide, TiO_2）**：在化妝品香粉中的作用主要是遮蓋力。氧化鋅對皮膚有緩和的乾燥和殺菌作用。15%～25% 的用量能具有足夠的遮蓋力而皮膚又不致太乾燥；鈦白粉的遮蓋力極強，不易與其他粉料混合均勻，最好與氧化鋅混合使用，可免此問題，使用量約在 10% 以內。鈦白粉對某些香料的氧化變質有催化作用，選用時必須注意。

(3) **硬脂酸鋅（znic stearate, $C_{36}H_{70}O_4Zn$）和硬脂酸鎂（magnesium stearate, $C_{36}H_{70}O_4Mg$）**：這類物質對於皮膚有良好的黏附特性，用於化妝品香粉中可增強黏附性。這兩種硬脂酸鹽色澤潔白、質地細膩，具有油脂般感覺，均勻塗敷於皮膚上可形成薄膜。用量一般為 5%～15%。對皮膚具有潤滑、柔軟及附著性，在化妝品中主要用作香粉、粉餅、爽身粉等粉類製品的黏附劑，以增加產品在皮膚上的附著力和潤滑性，也可作 W/O 型乳狀液的穩定劑。選用硬脂酸鹽時必須注意不能帶有油脂的酸敗臭味，否則會嚴重破壞產品的香氣。

(4) **纖維素微珠（cellulose powder）**：組成為三醋酸纖維素或纖維素，是高度微孔化的球狀粉末，類似於海綿球。質地很軟，手感平滑，吸油性和吸水性很好，化學穩定性極好，可與其他化妝品原料配伍，賦予產品很平滑的感覺。可作為香粉、粉餅、濕粉等粉類化妝品的填充劑，也可作為磨砂洗面乳的摩擦劑，其清潔作用優良，質軟平滑。

二、輔助原料

輔助原料又稱爲添加劑，是化妝品調製中，添加比例含量較少的成分。但是對化妝品的成形、色澤、香型和某些特性產生重要的作用。例如，表面活性劑、香料與香精、色素、防腐劑、抗氧化劑、紫外線吸收劑、除臭劑、水溶性高分子化合物等。

1.表面活性劑

表面活性劑是配製香皂、沐浴乳、洗面乳等皮膚用化妝品的基本原料。表面活性劑具有潤濕、發泡、去污、調理、抗靜電、乳化、增溶、殺菌等功能，可在多種化妝品中當作發泡劑、調理劑、乳化劑、增溶劑等，是化妝品中的重要原料之一。表 5-2 爲化妝品中表面活性劑的作用。

表 5-2　化妝品中表面活性劑的作用

化妝品	乳化	增溶	分散	洗滌	起泡	潤滑	柔軟	抗靜電
膏霜（cream）	○	○	○			○	○	
乳液（emulsion）	○	○	○					
香皂（soap）	○	○		○	○		○	○
護髮劑（haircare agent）	○	○				○	○	○
化妝水（lotion）	○	○						
香水（perfume）	○	○						
香粉、粉底（face powder and foundation cream）	○		○					
牙膏（toothpaste）	○		○	○	○			
慕絲（mousse）	○	○			○	○	○	

表面活性劑（surfactant）是一種具有特殊結構的化學分子，它的一端具有相對的**親水性基（hydroplilic group）**，另一端則具有相對的**疏水性基（親油性基，hydrophobic group）**，而且其親水性的極性基和親油性的非極性基的強度必須有一適當的平衡，如圖 5-2 所示。由於這樣子的結構，它在水中或油中的溶解度都不會很大。因此容易在溶液的表面或水相油相的界面做較大密度的吸附，造成表面張力的顯著減少，使溶液的表面或界面活性化，而擁有濕潤性、滲透性、乳化性、起泡性、消泡性、洗滌性等等不同特性。

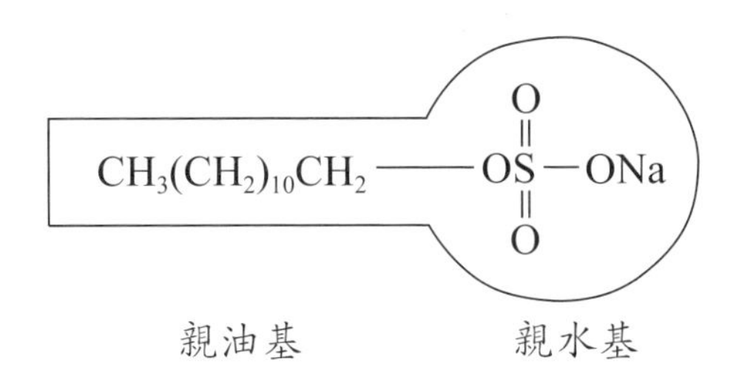

圖 5-2　表面活性劑分子結構示意圖

表面活性劑按其是否在水中離解以及離解的親油基團所帶的電荷可分爲陽離子型表面活性劑、陰離子型表面活性劑、兩性型表面活性劑及非離子型表面活性劑等類型。

(1) **陽離子型表面活性劑（cationic surfactant）**：例如高碳烷基的一級、二級、三級和四級銨鹽等，陽離子表面活性劑在水中離解後，它的親水性部分（hydroplilic group）帶有陽電荷。特點是具有較好的殺菌性與抗靜電性，在化妝品中的應用是柔軟去靜電。

(2) **陰離子型表面活性劑（anionic surfactant）**：例如脂肪酸皀、十二烷基硫酸鈉等，陰離子表面活性劑在水中離解後，它的親水性部分（hydroplilic group）帶有陰電荷。特點是洗淨去污能力強，在化妝品中的應用主要是清潔洗滌作用。

(3) **兩性型表面活性劑（amphoteric surfactant）**：例如椰油醯胺丙基甜菜鹼、咪唑啉等，特點是具有良好的洗滌作用且比較溫和，常與陰離子型或陽離子型表面活性劑搭配使用。大多用於嬰兒清潔用品、洗髮劑。

(4) **非離子型表面活性劑（nonionic surfactant）**：包括失水山梨醇脂肪酸酯（Span）及環氧乙烷加成物（Tween）。例如失水山梨醇單硬脂酸酯（sorbitan monostearate, Span 60）和聚氧乙烯失水山梨醇單硬脂酸酯（polyoxyethylene sorbitan monostearate, Tween 60），特點是安全溫和，無刺激性，具有良好的乳化、增溶等作用，在化妝品中應用最廣。

2. 香料與香精

一些物質具有一定的揮發性並能散發出芳香氣味，這些芳香物質分子刺激嗅覺神經而感覺到有香氣，這些能夠使人感覺到愉快舒適的氣味稱爲**「香味」**。具有香味的物質總稱**「有香物質」**或**「香物質」**。因此，能夠散發出香氣、並有實用性的香物質稱爲**香料（perfume）**。隨著人類發展的需要，往往把幾種或幾十種的香原料按一定的比例、香型和用途有目的地結合在一起，爲**香精（fragrance essence）**。

天然香料又可分爲動物香料和植物香料。而香精是由數種、數 10 種香料按一定比例調配混合而成的，因此香料是香精的主要原料。

(1) **植物類香料**：植物類香料是由花、根、樹皮、樹脂、果皮、種子以及苔衣或草等製成。主要有：玫瑰、茉莉、橙花、水仙、合歡、蠟菊、丁香、檀香木、柏木、香樟木、安息香樹脂等。

(2) **動物類香料**：有 4 種—麝香、靈貓香、龍涎香和海狸香。它們是配製高級香精不可缺少的原料，貨源極少，價格十分昂貴。

化妝品中的用量很少，卻是關鍵的原料之一，1 種香料產生的香型能決定一個化妝產品的品牌；1 種香料也會導致一個化妝產品的變色變味以致破壞；香料的品種很多，僅僅從天然原料中萃取的精油就有幾千種，合成香料也已發展到 6000 種以上。常用精油有 200 種，分成的精油有 6000 餘種。不同品種的化妝品所添加的香精的量不同，例如香水中香精的含量占 5%～25%，香皂的香精的含量占 0.2%～1%，化妝水中香精的含量只占 0.05%～0.5%。針對不同化妝品用添加的香精香型、香精的要求、添加量及注意事項等，如表 5-3 所示。

表 5-3　不同化妝品加香要求

化妝品	香精要求	香型	添加量
雪花膏（vanishing cream）	香氣文靜、高雅、留香持久、不宜強烈、遮蓋基質的臭味	茉莉、玫瑰、三花、鈴蘭、桂花、白蘭等	0.5～1.0
冷霜（cold cream）	能夠遮蓋油脂的臭味、不宜變色	玫瑰、紫羅蘭等	1.0～1.5
奶（蜜）液（milk lotion）	淡雅、易溶於水、輕型花香、果香	杏仁、玫瑰、檸檬等	0.5 左右
清潔霜（cleaning cream）	與冷霜相同，並有清新爽快的感覺	樟油、迷迭香油、薰衣草油等	0.5～1.0
香粉（face powder）	香氣沉厚、甜潤、高雅而花香持久，含見光不易變色和不易氧化的成分	花香、百花型	2.0～5.0
胭脂（rouge）	與香粉相同	與香粉相同	1.0～3.0

化妝品	香精要求	香型	添加量
爽身粉（baby powder）	不易與酸反應或皂化的香精	薰衣草及與薄荷、龍腦相協調	1.0 左右
唇膏（lipstick）	芳香甜美適口、無毒、無刺激性	玫瑰、茉莉、紫羅蘭、橙花等	1.0～3.0
髮油、髮蠟（pomade, hair wax）	香氣濃重、遮蓋油脂氣息，油溶性好	玫瑰、薰衣草、茉莉	0.5 左右
香水（perfume）	含蠟少、質量高，香氣幽雅、細緻而協調，擴散性好	花香、幻想、東方等	15～25
古龍水（cologene water）	香氣清淡、用量較少	香檸檬、薰衣草、橙花、迷迭香等	2～8
花露水（toilet water）	易揮發、溶解性好，有殺菌、止癢等作用	薰衣草、麝香、玫瑰等	2～5
洗髮精（shampoo）	對鹼性穩定、色白、水溶性好，對眼睛、皮膚刺激性小	果香、草香、清香、清花香等	0.2～0.5
香皂（soap）	對鹼性穩定、顏色適宜、香氣濃厚、和諧、留香持久	檀香、茉莉、馥奇、桂花、白蘭、力士、香石竹、薰衣草等	1.0～2.0
牙膏（toothpaste）	無毒、無刺激性，香氣清涼感好	留香、薄荷、果香、茴香、豆蔻	1.0～2.0
化妝水（lotion）	掩蓋原料不愉快氣味、芳香適宜	玫瑰	1.0 以下

3. 色素

化妝品與顏色有密切的關係，化妝品不僅具有清潔、保護等作用，而且美化、修飾作用也占有十分重要的地位，爲了達到美化、修飾作用，通常在化妝品中添加各種色素。使其色彩鮮艷奪目。同時，添加色素的作用也是爲了掩蓋化妝品中某些有色組成分的不悅色感，以增加化妝品的視覺效果。所以，色素是化妝品不可缺少的組分。通常化妝品用色素根據其作用、特性和著色方式可分爲**染料**和**顏料**兩大部分。

(1) **染料（dye）**：染料是色素的一種，它是指那些溶解於水或醇及礦物油，並能以溶解狀態使物質著色的色素。染料可分爲水溶性染料和油溶性（溶於油和醇）染料。兩者在化學結構上的差別是前者分子中含有水溶性基團，如羧酸基、磺酸基等，而後者分子中則不含有水溶性基團。

(2) **顏料（pigment）**：顏料也是色素的一種，是指那些白色或有色的化合物，一般是不溶於水、醇或油等溶劑的著色粉末（沉澱）性色素。通常，顏料具有較好的著色力、遮蓋力、抗溶劑性等特點。

化妝品用色素按其來源分類可分爲合成色素、無機色素和動植物天然色素。

(1) **合成色素**：也稱有機合成色素或焦油色素。這是由於這類色素是以石油化工、煤化工得到的苯、甲苯、二甲苯、奈等芳香烴爲基本原料，再經一系列有機合成反應而製得。合成色素按其化學結構可分爲偶氮系、三苯甲烷系、咕吨系、喹啉系、蒽醌系、硝基系、靛藍系等色素（有機染料和顏料）。

(2) **無機色素**：也稱礦物性色素，它是以天然礦物爲原料製得的。因對色素的純度的要求，現多以合成無機化合物爲主。用於化妝品的主要有白色顏料，如滑石粉、鋅白（氧化鋅）、鈦白粉（二氧化鐵）、高嶺土、碳酸鈣、碳酸鎂、磷酸氫鈣等；有色顏料，如氧化鐵、碳黑、氧化鉻氯、氫氧化鉻氯、群青等。

(3) **天然色素**：主要來自於自然界存在的動、植物，使用在化妝品的天然色素有葉紅素、胭脂紅、葉綠酸鉀鈉銅、類胡蘿蔔色素、蔥醌色素、黃酮類色素及二酮類色素。廣泛用於化妝品的珠光顏料，如天然魚鱗片、氯化亞鉍、二氧化鈦、雲母及合成珠光顏料等，也歸類爲天然色素。

4. 防腐劑

爲了保證化妝品在保質期內的安全有效性，常在化妝品中添加防腐劑和抗氧化劑，它們在化妝品中的作用是防止和抑制化妝品在使用、儲存過程中的敗壞和變質。**防腐劑（preservative）**是能夠防止和抑制微生物生長和繁殖的物質。

(1) **布羅波爾（bronopol）**：2- 溴 -2- 硝基 -1, 3- 丙二醇（2-bromo-2-nitro-l, 3- propanediol），是白色結晶或結晶狀粉末，易溶於水，它的最佳使用 pH 值範圍爲 5～7。在 pH 值爲 4 時最穩定，隨介質 pH 值升高穩定性下降。在鹼性條件下，溶液顏色容易變深，對抗菌活性影響不大。與尼泊金酯配製使用要比單獨使用抗菌效果更好。對皮膚一般無刺激性和過敏性。在低濃度下，是一種廣泛使用的抗菌劑，最大允許濃度爲 0.1%。常使用於膏霜、乳液、香皂、牙膏等化妝品中。

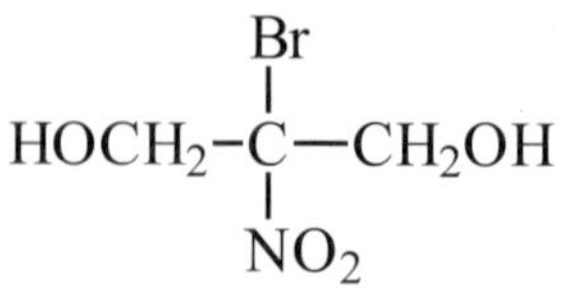

$$HOCH_2-\underset{NO_2}{\overset{Br}{\overset{|}{\underset{|}{C}}}}-CH_2OH$$

2- 溴 -2- 硝基 -1, 3- 丙二醇（2-bromo-2-nitro-l, 3- propanediol）

(2) **六氯酚（hexachlorophenol）**：化學名稱爲 2, 2'- 亞甲基雙（3, 4, 6- 三氯苯酚）[2, 2'-methylene bis(3, 4, 6-trichlorophenol)]，是白色可流動性粉末，無臭、無味，溶於乙醇、乙醚、丙酮和氯仿中，不溶於水。對革蘭氏陽性菌有很好的殺菌作用，可當作皮膚的殺菌劑，一般用於皂類、油膏類化妝品。在較高濃度（1%～3%）時才對黴菌有作用，在化妝品內的使用受到限制，最大允許濃度爲 0.1%。與其具有相似作用還有雙氯酚，化學名稱爲 2, 2'- 亞甲基雙（4- 氯苯酚），也有較好的抗黴菌作用。

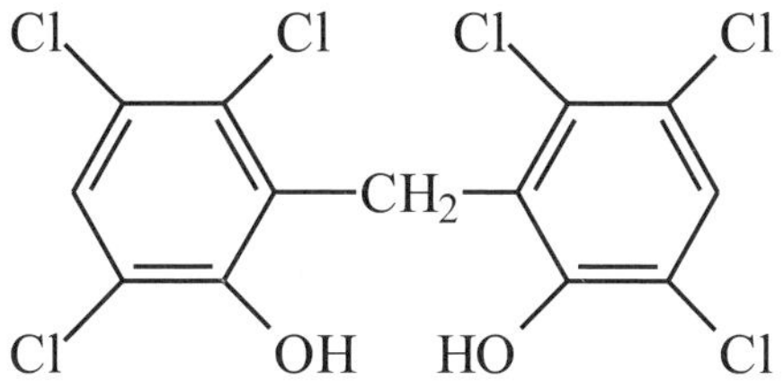

六氯酚（hexachlorophenol）

(2) **脫氫醋酸及其鈉鹽（dehydroacetic acid and its sodium, DHA）**：DHA 由四分子醋酸透過分子間脫水而製得。易溶於乙醇、稍溶於水，其鈉鹽易溶於水。都是無臭、無味、白色結晶性粉末。無毒，在酸性介質（pH<5）時抗菌效果好，最大允許濃度爲 0.6%。

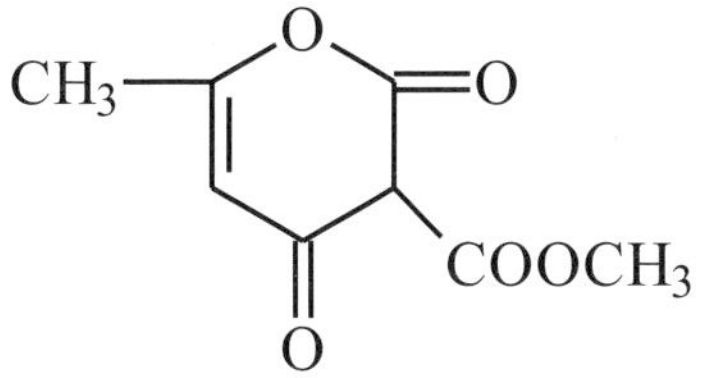

脫氫醋酸（dehydroacetic acid） 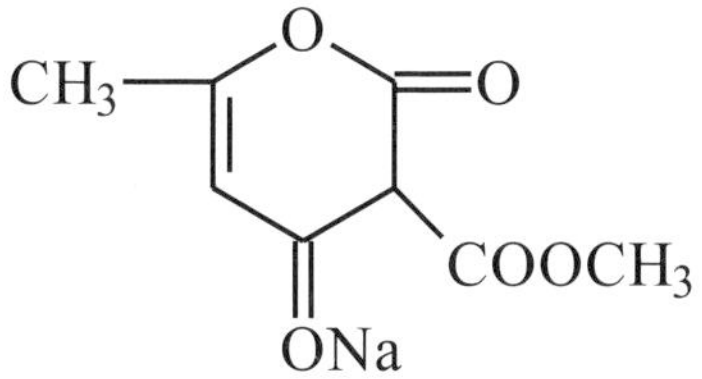　　脫氫醋酸鈉（sodium dehydroacetic acid）

(3) **對羥基苯甲酸酯類（esters of *p*-hydroxybenzioc acid）**：商品名爲尼泊金酯（paraben ester），其酯類包括甲酯、乙酯、丙酯、異丙酯和丁酯等，這一系列酯均爲無臭、無味、白色晶體或結晶性粉末，具有不易揮發、無毒、穩定性好等特點，在酸性或鹼性介質中都有良好的抗菌活性。活性隨酯基碳鏈的數目增加而增強，但在水中溶解度降低。其酯類混合使用比單獨使用效果更佳，例如甲酯：乙酯：丙酯：丁酯 ＝ 7：1：1：1，也可依化妝品不同而改變配比。常用於油脂類化妝品中，最大允許濃度單酯爲 0.4%，而混合酯爲 0.8%。

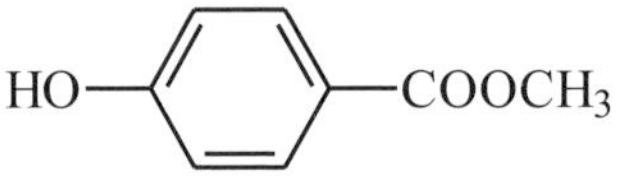

HO—⟨benzene⟩—$COOCH_3$

尼泊金甲酯（methyl paraben）

HO—⟨benzene⟩—$COOCH_2CH_3$

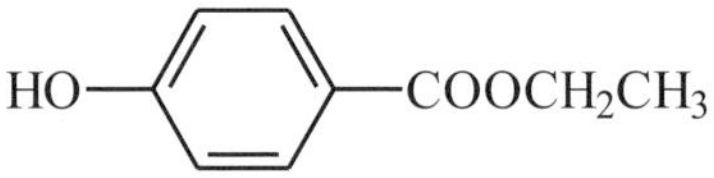

尼泊金乙酯（ethyl paraben）

HO—⟨benzene⟩—$COOCH_2CH_2CH_3$

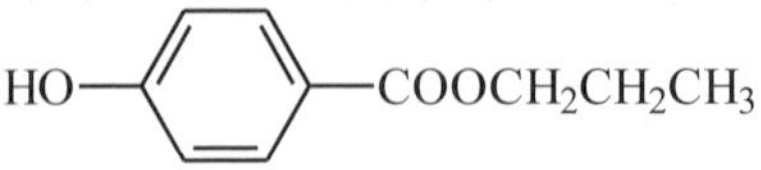

尼泊金丙酯（propyl paraben）

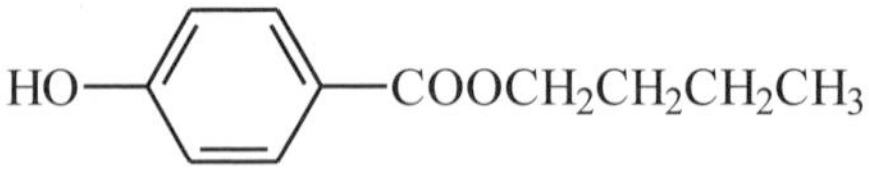

HO—⟨benzene⟩—$COOCH_2CH_2CH_2CH_3$

尼泊金丁酯（buthyl paraben）

5. 抗氧劑

抗氧化劑（anti-oxidant）是能夠防止和減緩油脂的氧化酸敗作用的物質，含油原料的化妝品中，存在有大量的不飽和鍵，這些不飽和鍵很容易被氧化而導致產品變質，這種氧化變質稱爲「**酸敗**」。爲了避免酸敗現象的發生，必須在化妝品中加入抗氧劑。抗氧劑的作用有兩個方面：一是阻止易氧化的物質吸收氧：二是自身被氧氧化而相應延緩或阻止油的氧化，其用量一般在 0.1%～0.3% 之間。

(1) **丁基羥基茴香醚（butyl hydroxyl anisol, BHA）**：是 3- 第三丁基 -4- 羥基苯甲醚和 2- 第三丁基 -4- 羥基苯甲醚兩種異構體的混合物。BHA 為穩定的白色蠟狀固體，易溶於油脂，不溶於水。在有效濃度內無毒性，允許用於食品中，是一種較好的抗氧化劑，與沒食子酸丙酯、檸檬酸、丙二醇等配合使用抗氧效果更佳，限用量為 0.15%。

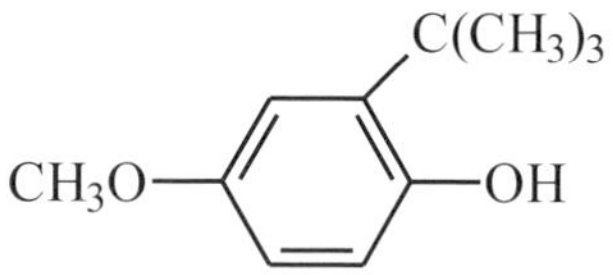

3- 第三丁基 -4- 羥基苯甲醚 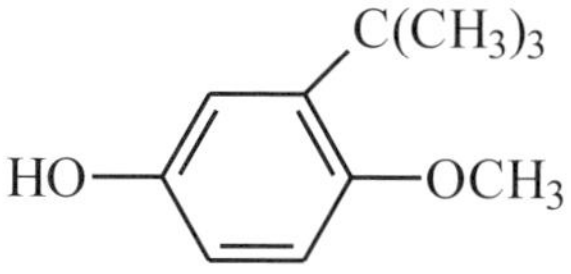　　2- 第三丁基 -4- 羥基苯甲醚

(2) **二丁基羥基甲苯（dibutyl hydroxyl toluene, BHT）**：化學名稱為 2, 6- 二 - 第三丁基 -4- 甲基苯酚。它是白色或淡黃色的晶體，易溶於油脂，不溶於鹼，也沒有很多酚類的反應，抗氧化效果與 BHA 相近，在高溫或高濃度時，不像 BHA 那樣帶有苯酚的氣味，也允許用於食品中。與檸檬酸、維生素 C 等共同使用，可提高抗氧化效果，一般使用量為 0.02%，最高使用量為 0.5%。也可以與其他氧化劑合用。

2, 6- 二 - 第三丁基 -4- 甲基苯酚

6.紫外線吸收劑

這一類防止紫外線照射的物質，種類眾多，可以分為兩類：物理性的**紫外線屏蔽劑**和化學性的**紫外線吸收劑**。

(1) **紫外線屏蔽劑**：當日光照射到含有這類物質的製劑時，可使紫外線散射，從而阻止紫外線的射入。這類物質包括有白色無機粉末如鈦白粉、滑石粉、陶土粉氧化鋅。粉狀散射物質的折射率越高，散射能力越強；粉狀顆粒越細，散射能力越強。現代化妝品作為防曬劑使用的紫外線屏蔽劑有奈米級鈦白粉和氧化鋅，它們極強的散射能力使其具有良好的防曬作用。

(2) **紫外線吸收劑**：這是一類對紫外線具有吸收作用的物質。目前，防曬劑仍以化學合成的紫外線吸收劑為主，因為種類眾多、易製備、價格較低及具有較強的紫外線吸收能力。化妝品常用的紫外線吸收劑如下：

- **對甲氧基肉桂酸酯類**：這是一類具有強吸收率的 UVB 區防曬劑，其為油溶性，能與各類油性原料伍配性好且安全。4- 甲氧基肉桂酸 -2- 乙基己基酯最為常用，在化妝品中最大允許濃度為 10%。
- **二苯（甲）酮類**：這類紫外線吸收劑能對 UVA 及 UVB 區兼能吸收，但其吸收率稍差。此類產品對光、熱穩定，耐氧化稍差，需要添加抗氧化劑，但其滲透性強，無光敏性且毒性低。3- 二苯酮（羥苯甲酮）為油溶性，是目前公認最有效的 UVA 區防曬劑，兼具有 UVB 區的吸收作用，在化妝品中最大允許濃度為 10%；4- 苯（甲）酮為水溶性的，在化妝品中最大允許濃度為 5%（以酸計算）。
- **水楊酸酯類**：這是較早開發的一類 UVB 區紫外線吸收劑，為油溶性，對光、熱穩定，因其吸收率不高，價格較低，因此常作爲輔助防曬劑使用。它對其他防曬劑有良好的增效作用和偶合作用。例如水揚酸 2- 乙基己基酯（水揚酸鋅酯），在化妝品中最大允許濃度爲 5%。

- **對胺基苯甲酸及其酯類（PABA）**：這是最早使用的一類紫外線吸收劑，它的作用是 UVB 區的吸收劑，不足之處是它對皮膚有刺激性，例如 4- 胺基苯甲酸，在化妝品中最大允許濃度爲 5%。改良的同係物 - 二甲基胺基苯甲酸酯類，刺激性較低。例如，4- 二甲基胺基苯甲酸 2- 乙基己基酯（二甲基胺基本甲酸鋅酯），在化妝品中最大允許濃度爲 8%，乙氧基化 4- 胺基苯甲酸乙酯（聚乙二醇 -2, 5 對胺基苯甲酸），在化妝品最大允許濃度爲 10%。
- **丙烷衍生物**：它是一類高效 UVA 去紫外線吸收劑，例如 1-（4- 第二丁基苯基）-3-（4- 甲氧基苯基）丙烷 -1, 3- 二酮、INCI（butyl methoxydi-benziylmethane）商品名爲 Parsal® 1789，主要功能爲防曬黑，紫外線吸收波長爲 332～385 nm，在化妝品中最大允許濃度爲 5%。
- **樟腦系列物**：該類防曬劑能有效吸收 UVB 區紫外線，防曬傷效果好，但對 UVA 區紫外線則通透力強，歐美常用於曬黑化妝品中。該品貯藏穩定性好，對皮膚吸收弱，無刺激性，無光敏性，使用安全。產品如 3-（4'- 甲基苯並甲基）-*d*-1- 樟腦（4- 甲基苯並甲基樟腦），在化妝品中最大允許濃度爲 4%；3- 苯並甲基樟腦，在化妝品中最大允許濃度爲 2%。

7. 除臭劑

是指能防止散發和掩蓋或除去體臭的一類物質，一般含有三種組成。

(1) **收斂抑汗劑**：可收斂汗腺口，減少排汗量。該類物質如有機酸類和鋁、鋅、鉍鹽類，例如檸檬酸、硫酸鋁鉀、4- 羥基苯磺酸鋅（最大允許濃度為 6%，以無水物計算）。

(2) **殺菌劑**：可以抑制細菌繁殖，防止因大汗腺分泌的汗液有機成分氧化酸敗反應的代謝物引起體臭。常選用氧化鋅及四級銨鹽類陽離子化合物等。

(3) **芳香劑**：選擇添加適宜香精，用以掩蓋體臭。

8. 水溶性高分子化合物

膠質原料大都是水溶性的高分子化合物，它在水中能膨脹成凝膠，應用在化妝品中會產生多種功能作用：例如使固體粉質原料黏結成形而用作黏合劑；可對乳狀液或懸浮液起穩定作用而作為乳化劑、分散劑或懸浮劑；此外，還具有增稠或凝膠化作用及成膜性、保濕性和穩泡性等，因而成為化妝品的重要原料之一。化妝品中所用的水溶性高分子化合物主要分為以下幾類：

(1) **天然**：澱粉、漢生膠、瓊脂等。

(2) **半合成**：羧甲基纖維素鈉 CMC、羥乙基纖維素 HEC、羥丙基纖維素 HPC、陽離子纖維素聚合物、陽離子瓜爾膠。

(3) **合成**：聚乙烯醇、聚乙烯吡咯烷酮、丙烯酸聚合物（卡波系列）。

- **黃原膠（xanthan gum）**：又名漢生膠，是從一種稱為黃單胞桿菌屬的微生物經人工培養發酵而製得的。是一種相對分子質量較高（超過 100 萬道耳吞）的天然碳水化合物，為乳白色粉末。黃原膠具有良好的假塑性（水溶液很像塑膠）、流變性及配伍特性，在化妝品中多用作發乳的特性，也適合於作為酸性或鹼性製品的膠合劑或增稠劑。

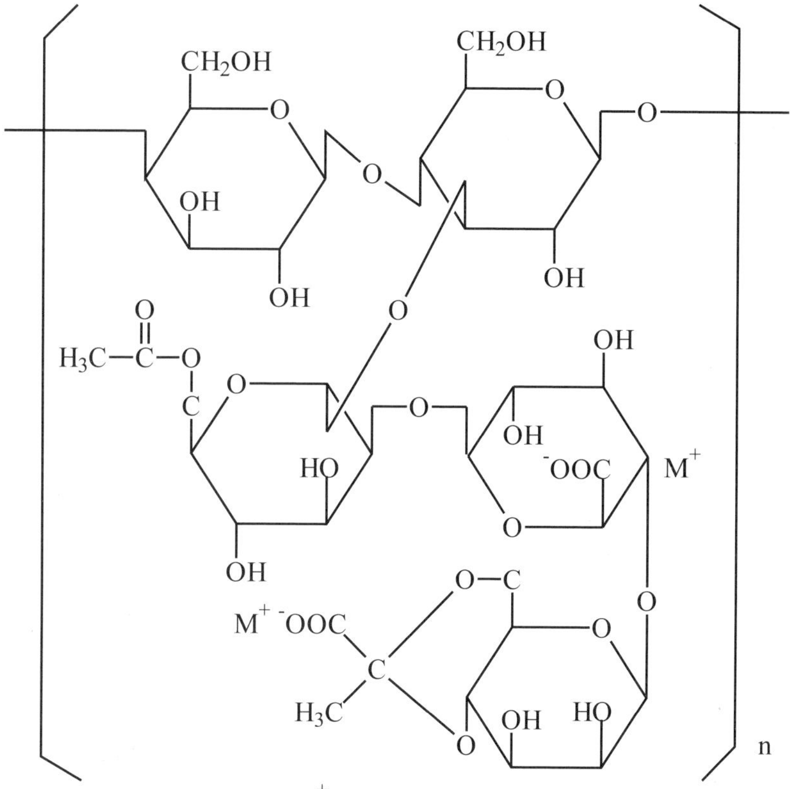

M^+ =Na, K, or 1/2 Ca

- **甲基纖維素（methyl cellulose, MC）**：是一種纖維素醚，主要成分是纖維素的甲醚，是由纖維素的羥基衍生得到的，結構式為：

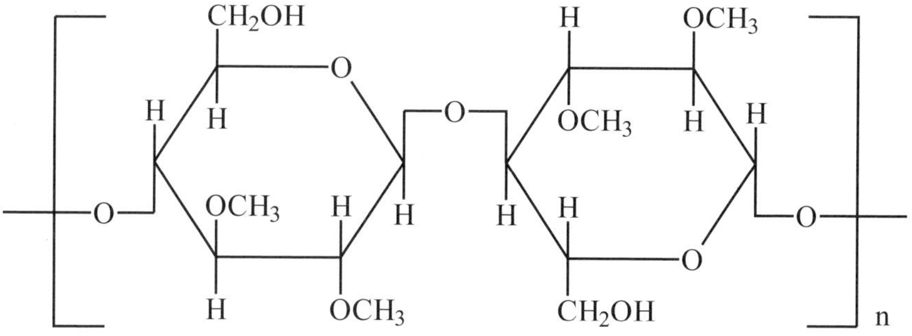

甲基纖維素爲白色、無味、無臭纖維狀固體（粉末），它可溶於冷水，但不溶於熱水，在溫水中僅呈膨脹，水溶液黏度及其溶解度則隨甲基化聚合度大小而不同。MC 能在水中膨脹成透明、黏稠的膠性溶液，石蕊試紙反應呈中性。水溶液若加熱至 60～70℃，則黏度增加而凝膠，凝膠化溫度（稱爲凝膠溫度）常隨 MC 濃度及其平均相對分子質量增大而降低。在化妝品中主要作爲黏膠劑、增稠劑、成膜劑等。

- **聚乙烯吡咯烷酮（polyvinyl pyrrolidone, PVP）**：結構式爲：

```
 ┌                          ┐
 │      H         H         │
 │      |         |         │
 │   H—C———————C—H          │
 │      |         |         │
 │   H—C         C=O        │
 │      | \     /           │
 │      H   N    H          │
 │          ‖    |          │
—│——————————C—C—————————————│——
 │          |    |          │
 │               H       H  │
 └                          ┘n
```

產品爲白色或淡黃色無臭、無味粉末或透明溶液，具有良好的成膜性，薄膜是無色透明的，硬且光亮。PVP 有多種黏度級別，以粉末或水溶液形式供應市場。在化妝品中的應用，例如在固定髮型產品（摩絲、噴髮膠、噴髮水等）中作成膜劑，在膏霜及乳液製品中作穩定劑。還可作爲分散劑、泡沫穩定劑等。

第三節　化妝品的天然成分

現今全球在環保意識、自然訴求、生活品質及疾病預防等強身理論概念下，又興起研究熱潮，也反映在天然產品需求的日益增多。且由於化妝品裡往往含有人工合成的添加劑或化學成分，較易引起使用者皮膚過敏的現象及安全上的疑慮。因此，在消費者希求有更佳的生活品質及預防皮膚疾病的需求下，化妝品中添加天然萃取物或強調天然訴求的「**天然化妝品**」，成為當今極具發展潛力的商品。

就考慮化妝品原料的用途及天然化妝品的定義而言，出現化妝品中的天然成分在此區分成「**當作基質原料或輔助原料的天然成分**」及「**提供特定功效的天然活性成分**」兩種型態進行介紹。

一、當作基質原料或輔助原料的天然成分

1. 當作基質原料使用的天然成分

- **當作油質原料使用**：例如從植物來源萃取的植物油——椰子油、蓖麻油、橄欖油、花生油、棉籽油、杏仁油、棕櫚油、棕櫚仁油、豆油、小麥胚芽油、玉米胚芽油等。
- **當作膠質原料使用**：例如天然水溶性高分子——黃原膠粉、澱粉、果膠、阿拉伯膠、海藻酸鈉、鹿藻菜膠、黃耆膠、刺梧桐膠等。

2. 當作輔助原料使用的天然成分

- **當作表面活性劑使用**：例如卵磷酯、胺基酸衍生物、植物胜肽、烷基苷、皂角苷等。
- **當作香精使用**：從植物香料是由花、葉、枝幹、根、樹皮、樹脂、果皮、種子以及苔衣或草類等製成的香精油、香花油及香樹脂均是天然香料。
- **當作色素使用**：例如 β- 胡蘿蔔素、胭脂紅、葉綠酸鉀鈉銅、辣椒黃素、菌脂色素、番紅花、紫蘇紅、紅南瓜色素、薑黃素等。
- **當作防腐劑使用**：例如許多芳香油都有防腐特性，如含有酚結構的

香料，包括丁香酚和香蘭素，或是含有不飽和香葉烯結構的香料，包括檸檬醛、橙葉醇、香葉醇和玫瑰醇等。

二、提供特定功效的天然活性成分

提供特定功效的天然活性成分即爲可對於皮膚可產生特定療效的藥妝品，類似「**當作機能性原料使用的天然成分**」。

1. **當作保濕成分使用**：例如神經醯胺及吡咯烷酮酸鈉。
2. **當作美白成分使用**：例如麴酸、熊果素、甘草萃取物、壬二酸、綠茶萃取物、果酸、洋甘菊萃取物、薏仁酯、根皮素等。
3. **當作防曬成分使用**：例如植物萃取防曬劑-蘆丁、蘆薈素、異阿魏酸等。
4. **當作抗皺及抗老化成分使用**：例如果酸、β-葡聚糖、Q10輔酶等。

若就天然成分的萃取來源，包括**微生物（microbial）**、**植物（botanical）**、**酵素（enzymes）**及**蛋白質**。在此僅針對市場上經常使用的天然活性成分進行介紹。

1. **微生物萃取物**：肉毒桿菌毒素、神經醯胺、麴酸、玻尿酸、輔酶Q10。
2. **植物萃取物**：蘆薈、銀杏、綠茶、薄荷。
3. **蛋白質**：膠原蛋白、彈力蛋白、胎盤萃取物。

（一）微生物來源

1. 肉毒桿菌毒素（botulinum toxin）

是由肉毒桿菌（*Clostridium botulinus*）在厭氧條件下生長過程中，所產生的一種嗜神經外毒素。肉毒桿菌是由150 kDa的多胜肽，它由100 kDa的重（H）鏈和50 kDa的輕（L）鏈透過雙硫鍵連接而成。肉毒桿菌共有A、B、C_{α}、C_{β}、D、E、F、G七種類型，引起中毒主要是A型、

B 型，以 A 型毒性最強。純的 A 型肉毒桿菌毒素對人的吸入半致死量爲 0.004 μg/kg。A 型肉毒桿菌毒素爲質地疏鬆的無色或白色針狀晶體，無特殊氣味，易溶於水。結晶狀態於室溫下不穩定，數日即分解失活。該毒素耐酸，在 0.5%～1% 鹽酸中仍保有活性而不被滅活，故可被腸胃道吸收。但不耐鹼，在 pH > 11 的條件下經 3 分鐘即滅活。毒素對熱敏感，在 60℃下 2 分鐘即破壞殆盡。其水溶液在常溫下可在 7 天內保持毒性不變。

在一般的神經肌肉接點（neuromuscular junction），乙醯膽鹼的釋放是神經衝動（nerve impulse）的觸發器，會導致肌肉收縮。當乙醯膽鹼釋放過多時，肌肉過度活動會產生顫抖、痙攣及其他非自主性的行動。肉毒桿菌毒素可以降低乙醯膽鹼的過度釋放，使肌肉的活動回復正常範圍。因此，肉毒桿菌毒素治療皺紋的機轉，主要是經由抑制神經 - 肌肉接合處之乙醯膽鹼的釋放，來達到控制肌肉收縮的效果。目前商品化肉桿菌毒素產品有 Botox、Dysport 及 Myobloc，其分別式 A 型、A 型及 B 型肉毒桿菌毒素。肉毒桿菌毒素產品在美容用途上，最常被使用的部位是除眉間紋、眼角魚尾紋、前額橫紋及中間與側面的額頭抬升。肉毒桿菌施打劑量極其少量，僅爲推定致死量的約 1%，但肉毒桿菌注射手術仍有一定風險，需要由專業皮膚科醫師或顏面整形醫師判斷人體狀態，才能施打。

2. 神經醯胺（ceramide）

神經醯胺是皮膚角質形成細胞間隙存在的細胞間脂質的主要成分，占表皮脂質的 51.9%，與膽甾醇、膽甾醇酯、脂肪酸等兩親水性分子構成細胞間脂質。表皮脂質組成中的神經醯胺有六種類型，以神經醯胺 2 最具代表性，約占細胞間脂質的 19.3%。具有極佳的保濕功能。還具有抗發炎、抗細胞分裂及止癢的作用。

3.麴酸及其衍生物麴酸（kojic acid）

化學名稱爲 5- 羥基 -2- 羥甲基 -4- 吡喃酮（5-hydroxy-2-hydroxymethyl-4-pyrone）。目前利用麴黴念珠菌將葡萄糖發酵後，萃取製得。其衍生物爲酯化或烷基化的產物。目前商品化的麴酸雙酯中的異棕櫚酸酯、麴酸雙棕櫚酸酯（KAD-15）、麴酸亞麻油酸酯及醯氨基脂肪酸麴酸酯等，均具有不錯的美白效果及穩定性。在化妝品的用量一般爲 1%～2.5%。

4.玻尿酸（hyaluronic acid）

是由 β-D- 葡萄糖醛酸和 β-D- 乙醯胺基葡萄糖以 β-1, 3 苷鍵連接成雙糖衍生物，以此做爲重複結構單位，透過 β-1, 4 苷鍵再結合成大分子的黏多糖，相對分子質量約爲 2×10^5～2.5×10^5 道耳呑。目前已有微生物發酵生產。用於護膚及乳液化妝品中，對皮膚具有滋潤作用，使皮膚富有彈性、光澤，延緩皮膚老化。在化妝品的添加量爲 0.1%。

5.輔酶 Q10（coenzyme Q_{10}）

亦稱泛醌（**ubiqinone**），化學名稱爲 2, 3- 二甲氧基 -5- 甲基 -6-(+) 聚 -[2- 甲基丁烯 (2) 基]- 苯醌，分子式 $C_{59}H_{90}O_4$，分子量 863.36。目前利用微生物發酵法製得，能提高皮膚的生物利用率，調理皮膚，抑制皮膚老化。

（二）植物來源

請參見第四節植物萃取物 / 中草藥萃取物中的成分敘述。

（三）蛋白來源

1.胎盤萃取物（placental extract）

是從胎盤中萃取的活性胚胎細胞精華，內含有 EGF、DNA、SOD、黏多糖、脂蛋白、酵素、維生素、荷爾蒙、卵磷脂、胸腺素胜肽及礦物質等多種營養物質，具有幫助細胞新生、增強肌膚免疫機能、吸收紫外線及防止黑色素沉澱等功能。

2. 膠原蛋白（collagen）

是構成動物和肌肉的基本蛋白質，由纖維細胞合成的。可溶性膠原蛋白中含有豐富的脯胺酸、甘胺酸、谷胺酸、丙胺酸、蘇胺酸、蛋胺酸等 15 種胺基酸營養物。使用於化妝品中易被皮膚吸收，能促進表皮細胞的活力，增加營養，有效消除皮膚細小皺紋。小豬或小牛皮中萃取的膠原蛋白可使皮膚產生良好的相容性，容易滲透、吸收並形成一層保護膜。

3. 卡巴彈性蛋白（kappaelastin）

與人體的彈性蛋白具有相同的胺基酸數目，結構如同皮膚內的彈性蛋白。卡巴彈性蛋白能滲透進入表皮經絡，使皮膚恢復彈性和水合狀態。具有緩和滋潤作用、保持皮膚彈性、改善皮膚活力、減少外界刺激（日照、寒冷等）、避免過早老化，達到抗老化的目的。

第四節　植物萃取物／中草藥萃取物的成分

近年來，藥妝品中含草藥植物或酵素的有效成分是最主要的發展方向。藥妝業者爲保持植物和草藥植物的完整活性物質則需更嚴謹的管控，故植物和草藥植物的有效活性成分萃取需以稍微更複雜的製造要求。在化妝品中添加植物萃取物，是因消費者要更好的生活品質及預防皮膚疾病的認知，故以天然爲基礎的產品需求日漸增多。藥妝品又較個人保養產品更會添加這類有功效的萃取物質，例如抗皺、抗氧化、皮膚調節、止痛、防曬及刺激頭髮生長等。

植物萃取物之應用於全球市場中具有極大之開發潛力，藥妝品常見的植物萃取物中，蘆薈是較早普遍使用在皮膚保養藥妝品的成分，但

1997 年後，其他植物萃取物如洋甘菊（chamomile）、綠茶、荷荷芭、薰衣草等開始廣泛被應用。現今則以草藥植物成分如人參（ginseng）、銀杏（gingko biloba），因其抗氧化及水合特性，普遍被使用在化妝品中。全球植物萃取物市場最暢銷的植物萃取物產品包括：銀杏、紫錐花（echinacea）、人參、綠茶（green tea）、Kava kava、鋸棕櫚（saw plametto）、聖約翰草（*St. John's wort*）等等。中草藥已有數千年的使用經驗，除了應用在疾病的治療外，在化妝保養品上亦有相當多的應用性。中草藥的化妝品，多要求具有防曬、增強皮膚營養、防止紫外線輻射等功能，對乾燥、色斑、粉刺、皺紋等皮膚缺陷有修飾作用。這些天然植物或中草藥之有效二次代謝成分主要有**三萜皂苷（triterpenoid saponins）**、**甾體皂苷（steroidal saponins）**、**香豆素（coumarin）**、**黃酮類化合物（flavonids）**、**醌類化合物（quinones）**、**木脂素（lignans）**、**鞣質（tannins）**、**萜類化合物（terpenoids）**及**生物鹼（alkaloids）**等。目前應用在中草藥還是以植物類爲主，常用的有人參、當歸、甘草、薏苡、白芍、白芷、蘆薈、玉竹、白及、桑白皮、山藥、黃連、黃柏、黃芩、薄荷、地黃、益母草、茯苓、何首烏、枸杞子、牡丹皮、防風、枳實、菊花、杏仁、麻黃、山楂、黨參、槐花、升麻、丁香、紫草、荊芥、生薑、大棗、冬蟲夏草等。

無論是植物萃取物或是中草藥萃取物應用在化妝品的種類眾多，族繁不及備載。天然植物或中草藥之有效二次代謝成分介紹，讀者可以參見五南圖書出版公司之《**天然物概論**》一書，有針對三萜皂苷、甾體皂苷、香豆素、黃酮類化合物、類萜化合物、木脂素、鞣質、萜類化合物及生物鹼等的結構及分類、物質特性、分離及萃取及具有代表性的有效成分，做詳細介紹。在此挑選數種暢銷或經常被添加至化妝品的植物萃取物或中草藥萃取物進行介紹。

1.蘆薈（aloe）

蘆薈（*Aloe vera L. var. chinensis*（*Haw.*）*Berger.*）為一種多年生白合科（*Liliaceac*）肉質草本植物。蘆薈萃取物主要成分有**蘆薈液**、**蘆薈油**、**蘆薈凝膠**、**蘆薈素（aloin）**等。

- **蘆薈液**：為半透明、灰白色至淡黃色液體，有特殊氣味能與甘油、丙二醇和低分子量的聚乙醇相容。
- **蘆薈凝膠**：是蘆薈葉內中心區的薄壁管狀細胞生成的透明黏膠，內含聚己糖、微量半乳糖、阿拉伯糖、鼠李糖和木糖、6 種酶和多種胺基酸等。
- **蘆薈素**：是蘆薈的成分之一，是由三環蒽和薈大黃素 - 蒽酮衍生而成，化學名稱為 10-β-D- 葡萄吡喃糖 -1, 8- 二羥基 -3- 羥甲基 -9(10H)- 蒽醌 [10-β-D-glucopyranosyl-1, 8-dihydroxy-3-(hydroxymethyl)-9(10H)-anthracenone]。

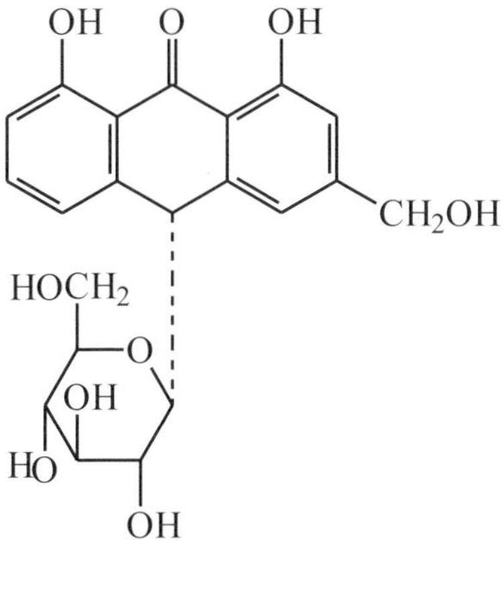

蘆薈素（aloin）

蘆薈液凝膠、凝膠和蘆薈素用作化妝品添加劑用於護膚護髮製品，有防曬、保濕、調理皮膚的功效。蘆薈油作化妝品護膚、護髮添加劑外，也可作液體載體，可容納多量顏料。也可用蠟和樹脂摻合劑及增溶劑。

2.銀杏葉萃取物（ginkgobiloba extract）

銀杏（*Ginkgo viloba L.*）爲銀杏科（*Ginkgoaceae*）植物，銀杏萃取物所含的有效成分包括**銀杏黃酮（ginkgetin）**和**銀杏內酯（bilobalide）**。銀杏黃酮是強而有力的氧自由基清除劑，對於不同類的氧自由基不同結構的化合物可以達到不同清除效果，存在銀杏科銀杏的葉中，秋天的未黃的葉中含量最高，雙黃酮含量爲 1.7%～1.9%。此外，銀杏內酯屬於雙環二萜類化合物，分子式爲 $C_{15}H_{18}O_8$，分子量爲 326。銀杏黃素爲黃色針狀結晶，不溶於水，可以溶於乙醇和甲醇。萃取自銀杏的葉和枝皮，可保護谷氨酸鹽引起的神經元損傷、促進星形膠質細胞的神經細胞系神經營養因子和血管內皮生長因子的表達、促進腦內 GABA 濃度及緩解藥物誘發的痙攣，是銀杏抗衰老主要的成分。

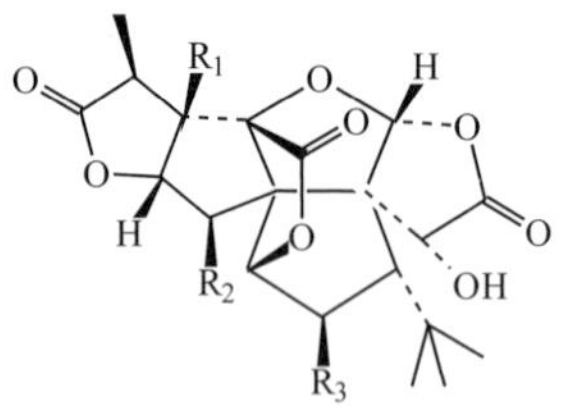

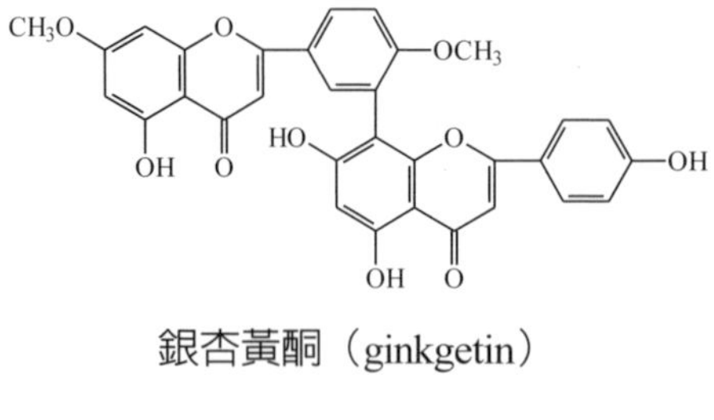

	R1	R2	R3
銀杏內酯 A	-OH	H	H
銀杏內酯 B	H	-OH	H
銀杏內酯 C	-OH	-OH	-OH
銀杏內酯 M	H	-OH	-OH
銀杏內酯 J	-OH	H	-OH

銀杏黃酮（ginkgetin）

銀杏黃酮能保護皮膚細胞不受氧自由基過度氧化的影響，而達到延長皮膚細胞的壽命，增強抗衰老的能力。也能增進血液循環，在髮蠟或洗髮精中含量爲 0.2%～1.0%，能刺激毛髮生長。

3.綠茶萃取物（green tea extract）

綠茶萃取物含有多酚，是有效的抗氧化生物類黃酮。微溶於冷水、乙醚，可溶於熱水、乙醇、冰醋酸和丙酮，不溶於苯、氯仿和石油醚。化學名稱爲多羥基黃烷 -3- 酚之總稱，分子式爲 $C_{15}H_{14}O_6.H_2O$，分子量爲 308.28。有效成分包括**表兒茶素 3-O- 沒食子酸鹽（epicatechin 3-O-gallate, ECG）**、**倍兒茶素 3-O- 沒食子酸鹽（gallocatechin 3-O-gallate, GCG）**及**表倍兒茶素 3-O- 沒食子酸鹽（epigallocatechin 3-O-gallate, EGCG）**。結構如下：

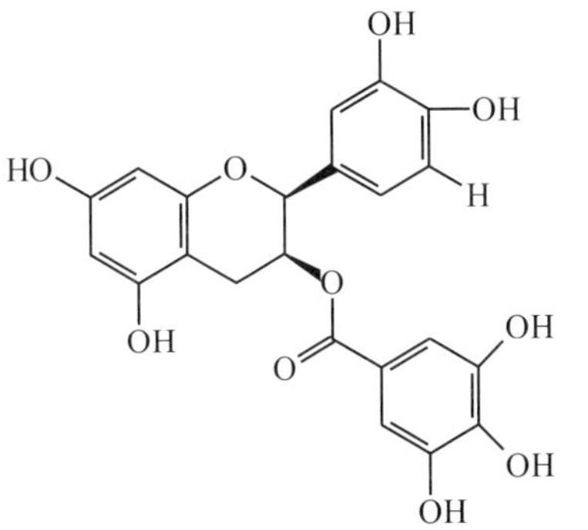

表兒茶素 3-O- 沒食子酸鹽（ECG）

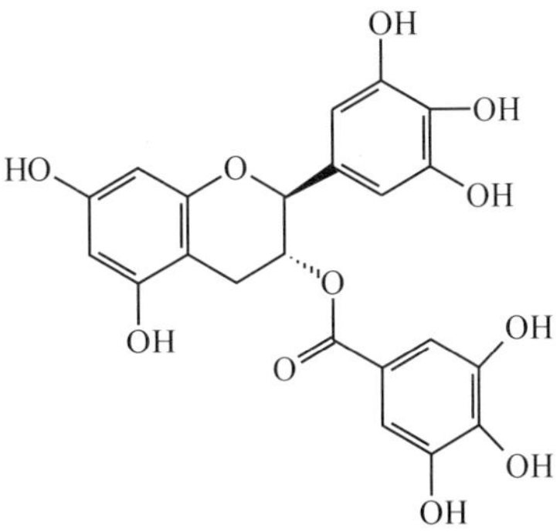

倍兒茶素 3-O- 沒食子酸鹽（GCG）

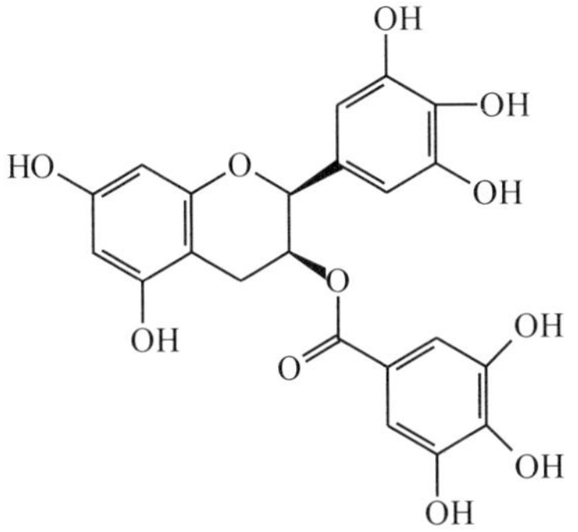

表倍兒茶素 3-O- 沒食子酸鹽（EGCG）

廣泛應用於食品、化妝品、醫藥、保健食品等。具有清除自由基、抗氧化、抗菌消炎、抗病毒、改善心血管疾病和調節免疫系統等作用。

4.薄荷萃取物（mentha extract）

薄荷（*Mint*）是一種泛指唇形花科（*Labiatae*）薄荷屬（*Mentha haplocclyx*）的植物。由薄荷葉萃取製得薄荷精油，主要成分包括**薄荷醇（menthol）、薄荷酮（menthone）、醋酸薄荷酯（methyl acetate）、桉油精（eucalyptol）、檸檬烯（lemonene）**及**類萜或含類萜基的化合物**等。其中，薄荷醇是主要的藥理成分，分子式 $C_{10}H_{20}O$，分子量爲 156.16，結構如下：

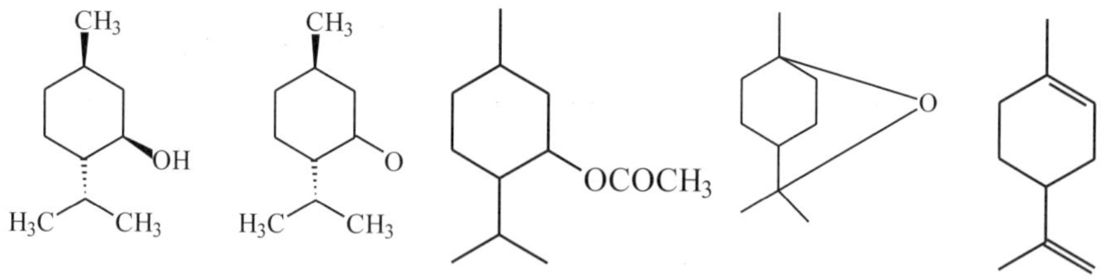

薄荷醇（menthol）　薄荷酮（menthone）　醋酸薄荷酯（methyl acetate）　桉油精（eucalyptol）　檸檬烯（lemonene）

用於牙膏、香水、化妝品、口香糖、飲料和藥物等。醫藥上作爲刺激藥，作用於皮膚或黏膜，有清涼止癢作用，內服可用於頭痛及鼻、咽、喉炎症等。

5.人參萃取物（ginseng extract）

人參（*Panax ginseng C. A. Mey.*）爲植物五加科（*Avaliaceae*）人參屬，人參的根，其葉也入藥叫做參藥。人參根中含有人參皀苷 0.4%，少量揮發油，油中主要成分爲人參烯（$C_{15}H_{24}$）0.072%。從根中分離皀苷類有人參皀苷 A、B、C、D、E 和 F 等。人參皀苷 A（$C_{42}H_{72}O_{14}$）、人參皀苷 B 和 C 水解後會產生人參三醇皀苷元。還有單醣類（葡萄糖、果糖、蔗糖）、人參酸（為軟脂酸、硬脂酸及亞油酸的混合物）、多種維生素（B_1、B_2、菸鹼酸、菸醯胺、泛酸）、多種胺基酸、膽鹼、酶（麥芽糖酶、轉化酶、酯酶）、精胺及膽胺。人參地上部分含黃酮類化合物稱為人參黃苷、三葉苷、山奈醇、人參皂苷、β- 谷甾醇及醣類。

(1) **人參皂苷（ginsenosides）**：是一種類化合物 - 三萜皂苷，是人參中的活性成分。人參皂苷都具有相似的基本結構，都含有由 17 個碳原子排列成四個環的 gonane 類固醇核。依醣苷基架構的不同，在眾多人參皂苷中約 3/4 為**達瑪烷型（dammarane）**和 1/4 為**齊墩果烷型（oleanane）**。

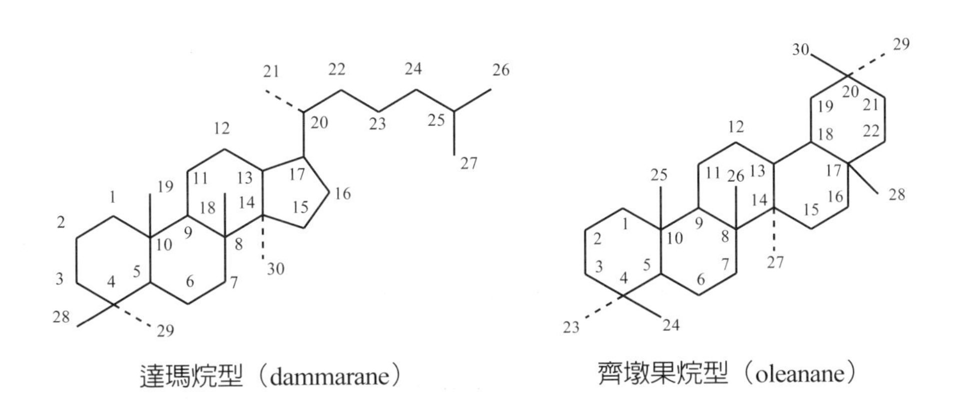

達瑪烷型（dammarane）　　齊墩果烷型（oleanane）

達瑪烷類型包括兩類：人參二醇類和人參三醇類。

20(S)- 原人參二醇
（20(S)-protopanaxadiol）

20(S)- 原人參三醇
（20(S)-protopanaxatriol）

a. **人參二醇類**：包含了最多的人參皂苷，例如人參皂苷 Rb1、Rb2、Rb3、Rc、Rd、Rg3、Rh2 及醣苷基 PD，二醇類皂苷 Rh2、CK 及 Rg3 與癌細胞的增生和轉移的抑制有關。

■ **Rb1**：具影響動物睪丸的潛力，亦會影響小鼠的胚胎發育。抑制血管生成。

■ **Rb2**：有 DNA、RNA 的合成促進作用、腦中樞調節

■ **Rc**：人參皂苷 -Rc 是一種人蔘中的固醇類分子，具有抑制癌細胞的功能。也可以可增加精蟲的活動力。

b. **人參三醇類**：包含了人參皂苷 Re、Rg1、Rg2、Rh1 及醣苷基 PT，其中 Re 及 Rg1 可促進 DNA 和 RNA 的合成，包括癌細胞的遺傳物質。人參皂苷亦被用於癌症、免疫反應、壓力、動脈硬化、高血壓、糖尿病以及中樞神經系統反應的研究。

■ **Re**：具有腦中樞調節、DNA、RNA 的合成促進作用、加強血管新生作用、抗高血脂。

■ **Rg1**：可增進小鼠的空間學習和海馬突觸素的濃度，類似雌激素的作用。

■ **Rg2**：在有血管型失智症的小鼠上實驗發現，Rg2 可由抗凋亡的機制，保護記憶損傷。Rg2 作用在肝臟，可降低 GOT、GPT，降低肝臟負擔、恢復肝臟機能。

(2) **人參多醣（ginseng polysaccharides）**：目前已分離出幾十種多醣類物質，主要含有酸性雜多糖和葡聚糖。雜多糖主要由半乳糖醛、半乳糖、鼠李糖和阿拉伯糖構成，它們的結構十分複雜，而且含有部分的多醣體，分子量為 10,000～100,000 道耳吞。該類化合物具有調整免疫、抗腫瘤、抗潰瘍及降血糖等藥理作用。

(3) **其它**：紅參中含有麥芽醇（maltol），該化合物具有強抗氧化作用。

用於對人體神經系統、內分泌和循環系統具有調節作用，可作爲滋補性藥品，可廣泛用於膏霜、乳液等護膚性化妝品中作爲營養性添加劑，可增加細胞的活力並促進新陳代謝和末梢血管流通的效果。用於護膚產品中，可使皮膚光滑、柔軟有彈性，可延緩衰老。也可抑制黑色素生成。用在護髮產品中可提高頭髮強度、防止頭髮脫落和白髮再生的功能，長期使用頭髮烏黑有光澤。

6. 紫錐花萃取物（echinacea extract）

又稱紫松毬菊（purple coneflower），外用可以治理損傷、燒傷、潰瘍、蚊蟲咬傷等，內服有助於減輕感染、牙患及蛇咬等作用。德國草藥專論中，紫錐花被建議使用於傷風感冒、呼吸道和尿道等長期感染的輔助藥物，是國際公認的免疫系統強化劑。紫錐花萃取物主要成分有多醣類——**阿拉伯半聚乳糖（arabinoglactan）**、**黃酮素（flavonids）**、**咖啡酸（caffeic acid）**、**精油**、**聚乙炔（polyacetylenes）**、**烷醯胺（alkylamide）**等。

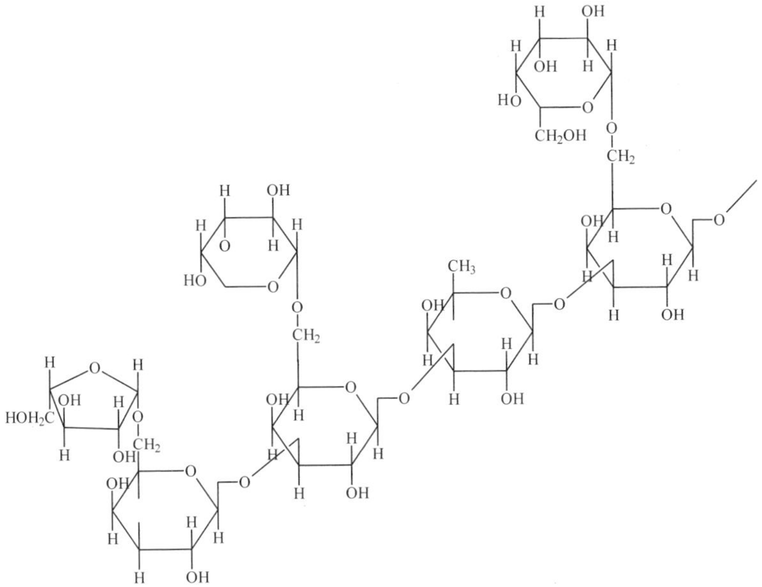

阿拉伯半聚乳糖（arabinoglactan）

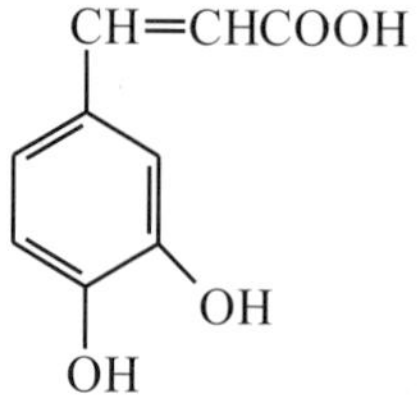

咖啡酸（caffeic acid）

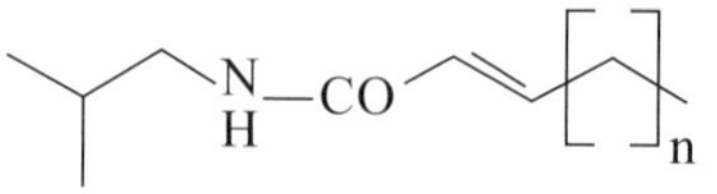

烷醯胺（alkylamide）

- 阿拉伯半聚乳糖爲 L- 阿拉伯糖與 D- 半乳糖以 1:5--6 組成的中性多糖，在 β-1, 3 或 β-1, 6 鍵的半乳糖鍵中接有 β-1, 3 鍵的阿拉伯糖側鏈。可刺激人體的免疫能力。
- 咖啡酸爲常見酚類化合物，爲黃色結晶，微溶於水，易溶於熱水和冷乙醇。可在化妝品中安全使用，具有廣泛的抑菌和抗病毒活性。低濃度即具抑制皮膚黑色素生成效果。
- 烷醯胺可誘導生物體內重要具有細胞保護作用的第一型血紅素氧化酶（HO-1）蛋白質表現並有降低肝損傷指標 GOT 和 GPT 的數值。

7. 聖約翰草（St. John's wort）

屬於藤黃科（*Guttiferae*）植物，即中草藥——貫夜連翹（*Hypericium perforatum L.*）又稱貫葉金絲桃。味苦、辛、性平，可清熱解毒、調經止血。中醫用來治創傷出血、痛癤腫毒和燒燙傷等，德國用來作抗抑鬱症藥。有效成分爲**金絲桃素（hypericin）**和**僞金絲桃素（pseudohypericin）**爲萘並二蒽酮類衍生物，具有抑制中樞神經的作用，近年研究發現具有抗 HIV 病毒活性的作用。**金絲桃苷（hyperoside）**具有鎭痛、抗氧化及抗發炎作用。

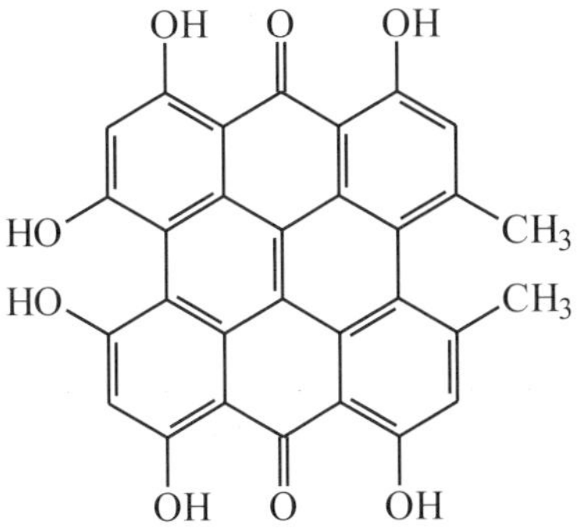

金絲桃素（hypericin）

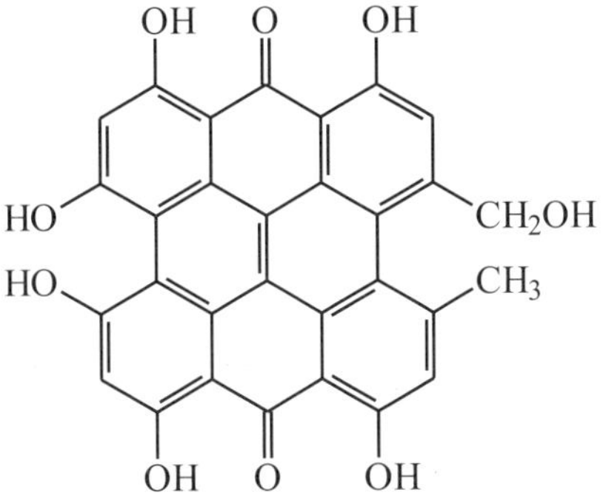

偽金絲桃素（pseudohypericin）

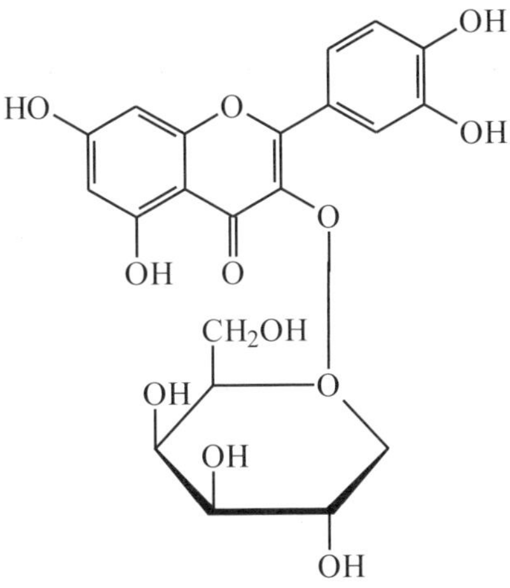

金絲桃苷（hyperoside）

8. 洋甘菊萃取物（chamomile extract）

洋甘菊即爲母菊（*Matricaria chamomilla L.*）爲菊科（*Compositae*）植物。母菊的花序含有 0.2～0.8% 揮發油，呈暗藍色，主要成分爲**母菊薁（chamazulene）**和**母菊苷（matricin）**。母菊含有黃酮苷、芹菜苷（白花）、**槲皮苷（quercimeritrin）**（黃花）、蕓香苷、金絲桃苷、**萬壽菊苷（patulituin）**、大波斯菊苷等。

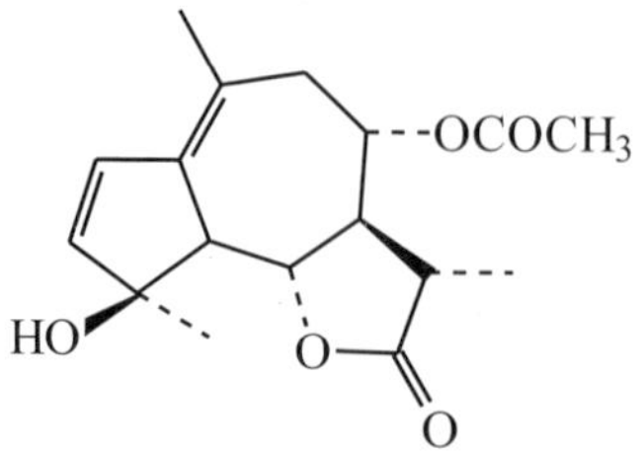

母菊苷（matricin）

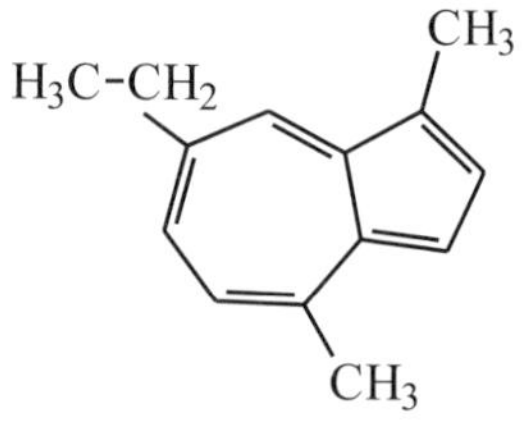

母菊薁（chamazulene）

母菊揮發油可以製成油膏和乳脂香皀，具有抗皮膚發炎作用。母菊中各種黃酮苷對紫外線有吸收作用，可以製成防曬化妝品。母菊苷具有保護皮膚作用，母菊增白霜具有良好增白效果。

9. 葡萄籽萃取物（grape seed extract）

葡萄（*Vitis vinifera*）爲葡萄科（*Viraceae*）植物，種子主要含有**原花青素（proanthocyanidins）**、多酚成分、**雙黃酮（bifalavone）**、有機酸等。

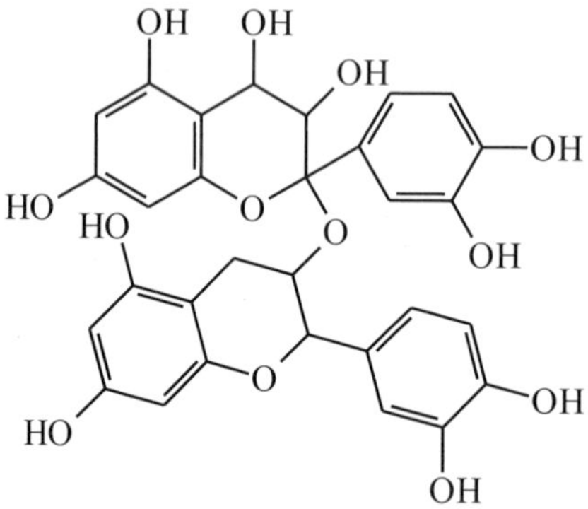

原花青素（proanthocyanidins）

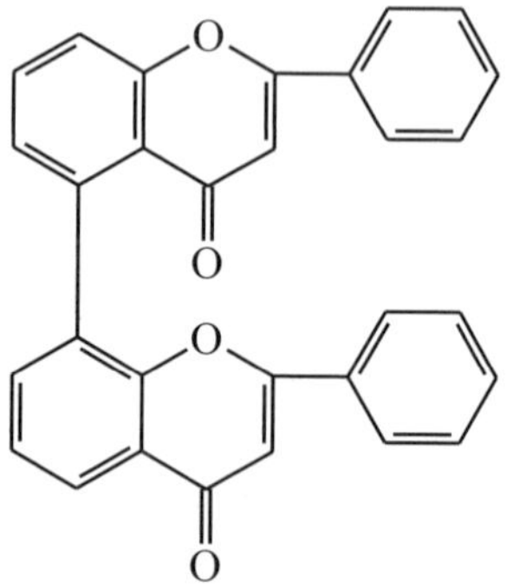

雙黃酮（bifalavone）

種子萃取物爲酪胺酸抑制劑、能清除活性氧的抗氧化劑和細胞賦活劑，能增白皮膚、去斑、預防皮膚衰老和粗糙。能治療皮膚開裂和傷疤，對皮膚發炎也有療效。

10. 茄紅素（lycopene）

茄紅素是一種明亮紅色的類葫蘿蔔素顏料，在番茄何其他紅色果子如西瓜和西柚中也有，分子式是 $C_{40}H_{56}$，是人體最有力的類葫蘿蔔素抗氧化劑之一。在植物體內比較穩定，為一不飽和高聚物，經萃取後易於發生氧化反應，是油溶性也可溶於水。茄紅素對於光十分敏感，日光、紫外光照射下損失極快。對耐熱穩定較好。

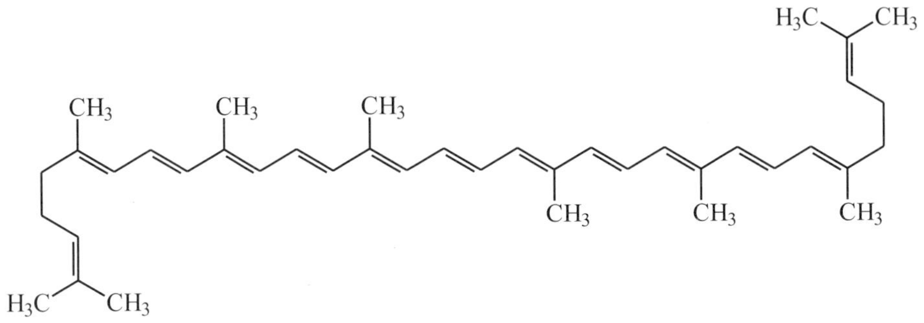

可用於化妝品和藥物等，是天然類胡蘿蔔素中有效的抗氧化劑，能消除活性氧自由基（O_2^-），保護生物膜免受自由基的傷害，延緩細胞和人體衰老。防止或減輕紫外線對皮膚的損傷，達到保護皮膚。

11. 茴香萃取物（fannel extract）

為傘形科植物茴香（*Foeniculum vulgare Mill.*）的乾燥成熟果實，是一種常用調味香料，也是傳統常用中草藥。味辛、溫，具溫腎散寒和胃理氣功效，用於治寒病、小腹冷痛、腎虛腰痛、胃痛、嘔吐、乾、濕腳氣等。由茴香萃取的揮發油可以促進皮膚吸收，主要成分為茴香醚、茴香醇、苧烯、芳樟醇等。對甲基茴香醚分子式為 $C_8H_{10}O$，分子量為 122.16。特性為無色液體，類似依蘭的香氣。茴香醇分子量為 138.16，在室溫下為固體具有略帶甜味的茴香香氣。

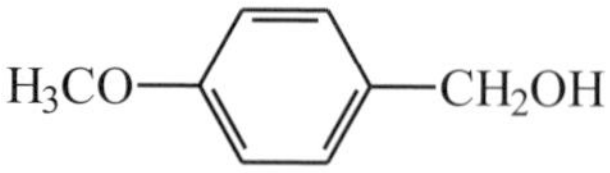

H_3CO—(苯環)—CH_2OH

茴香醇（anisyl alcohol）

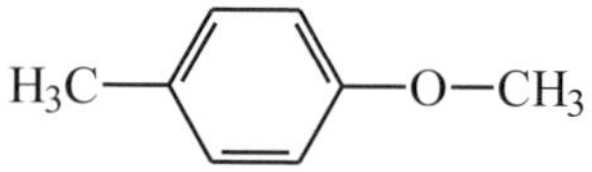

H_3C—(苯環)—$O-CH_3$

對甲基茴香醚（*p*-methylanisole）

可添加於依蘭、紫羅蘭、茉莉、紫丁香等香精及精油。具有增強大腦的記憶力、具有抗氧化活性及活膚、改善肌膚質地等作用。小茴香萃取的茴香醇具有抗凝血活性。

12. 燕麥萃取物（oat extract）

燕麥（*Avena sativa L.*）爲禾本科（*Gramineae*）植物。全草含有**甾體皂苷（steroidal saponins）**，種子含有多種維生素（阿魏酸酯、維生素複合體 A、C、E）、胺基酸、多種脂肪酸、*β*- 葡聚醣等。**阿魏酸酯（ferulic acid ester）**（即谷維素）是燕麥萃取物主要的抗氧化成分，能穩定飽和及不飽和脂肪酸。對皮膚也具有安撫、抗皺效果。*β*- 葡聚糖能增加膽酸及膽固醇代謝，可降低地密度脂蛋白（LDL）與高密度脂蛋白（HDL）比例。燕麥萃取物所含脂肪酸有亞麻油酸（C18:2）、油酸（C18:1）及棕櫚酸（C16），亞麻油酸及油酸占所有脂肪酸含量的38%～42%，棕櫚酸則占 14%～17%，游離脂肪酸占 8%，這種飽和／不飽和脂肪酸是一些肌膚皮脂質的主要成分，能加強皮脂膜的完整功能兼具滋潤保濕肌膚並改善過敏肌膚或異位性皮膚發炎症狀。

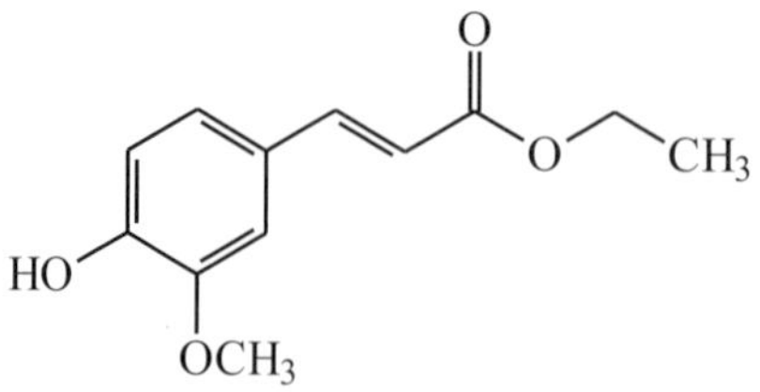

O, O, CH_3, HO, OCH_3

阿魏酸酯

阿魏酸酯（即谷維素）是燕麥萃取物主要的抗氧化成分，能穩定飽和及不飽和脂肪酸。具有抗氧化性、抑制自由基，可做爲護膚、護髮、保濕柔軟劑。並有降低過敏性皮膚、緩解頭皮發癢、調理頭髮等功能。

13. 海藻萃取物（sea weed extract）

海藻是生長在海底和海面的無根、無花、無果的一類植物。從海洋中吸收營養，通過孢子進行無性繁殖，例如紅藻、綠藻、褐藻等。含有多種維生素 A、B、C、D、E、K 與葉酸，及豐富的無機物如碘、鈣、磷、鐵、鈉、鉀、氮、硫、鎂、氯、銅、鋅和錳，和微量的酸、天冬胺酸、纈胺酸、亮胺酸、異亮胺酸和色胺酸、岩藻糖、甘露糖、木糖、半乳糖、葡萄糖等。具有良好的潤膚護膚效果，使皮膚柔軟細膩。具有好保濕效果，可在皮膚表面形成保護膜防止水分散發。具有消炎抗菌作用，也可做爲好的增稠劑。

習題

1. 化妝品原料可分爲哪幾類？
2. 什麼是基質原料？
3. 表面活性劑有哪些重要性質？
4. 添加防腐劑及抗氧化劑於化妝品的目的爲何？
5. 什麼是香料？什麼是香精？香料與香精的關係爲何？
6. 請簡述肉毒桿菌毒素在醫學美容的應用及其作用機制。
7. 人參是傳統用來增強身體抵抗力的聖品，請問人參中的有效成分爲何？這些有效成分的生理活性及作用原理爲何？

第六章 天然有效物萃取與分離

隨著科技的發展，天然植物有效成分萃取技術越發先進，目前已有廠商採用大容量超臨界二氧化碳流體萃取天然植物中的有效成分。採用奈米技術也能萃取天然植物中的有效成分。透過應用天然植物萃取純化技術的原料配製化妝品能獲得良好的效果，是防止不良反應的最理想的途徑，目前在天然植物原料化妝品的開發上已經有許多產品上市。無論是植物萃取物應用在化妝品的種類眾多，在化妝品中的應用如表 1-1 所示。

近年中草藥植物活性成分的萃取與應用亦已成爲市場上的焦點，由於中草藥傳統的水煎、乙醇萃取技術，存在著顏色與氣味問題，藉由現在萃取分離技術，例如超臨界萃取技術、動態逆流萃取技術、磁化分離技術、離子交換樹脂技術、大孔吸附樹脂技術、分子蒸餾技術等，已可確實改善中草藥顏色與氣味問題，甚至某些中草藥萃取物可以做到透明無色的狀態。因此，如何從天然資源中萃取及分離出天然物的有效成分是一個相當重要的任務。

完整的天然物萃取與分離策略、技術及方法介紹，讀者可以參考五南圖書出版公司之**《天然物概論》**一書，有針對「**天然物有效成分的萃取方法**」、「**天然物有效成分的分離方法**」及「**天然物有效成分的乾燥方法**」等主題式介紹並將部分常見及重要之天然物有效成分的萃取與分離技術，以單元方式整理，做爲引導讓讀者了解如何由生物體萃取和分離得到天然物之說明。在本章節針對天然物有效成分常見的萃取與分離方法，進行重點式介紹及說明。

第一節 常見天然物有效成分的萃取方法

天然物萃取與分離方法的選擇，主要依據該天然物有效成分及有效群體的存在狀態、極性、溶解性及含量等特性，設計一條經濟、科學、安全、合理的技術方案來完成。近年來，隨著現在工業技術的發展迅速，一些生物技術不斷被應用到天然物綜合利用行業生產中，大大豐富天然物有效成分的萃取與分離。除了經典的溶劑萃取法、水蒸氣蒸餾法、昇華法、壓縮法，微波、超聲波技術、高壓與眞空技術等也逐漸應用及發展。在本節介紹溶劑萃取的原理、回流萃取技術、超音波萃取技術。

一、溶劑萃取的原理

是根據藥用植物中各種成分在溶劑中的溶解特性，選用對活性成分溶解度大、對不需要溶出成分溶解度小的溶劑，而將有效成分從藥材組織內溶解出來的方法。當溶劑加到植物原料（需要適當粉碎）中時，溶劑由於擴散、滲透作用逐漸通過細胞壁滲入細胞內，溶解可溶解物質，造成細胞內外的濃度差。由於細胞內的濃溶液不斷向外擴散，溶劑又不斷進入藥材組織細胞內，如此反覆進行，直到細胞內外溶液濃度達到平衡狀態時，將此飽和溶液濾出，如此反覆進行，加入新鮮溶劑，就可以把所需要的成分幾乎完全溶出或大部分溶出。

藥用植物有效成分在溶劑中的溶解度與溶劑特性有關。溶劑可以分爲水、親水性有機溶劑及親脂性有機溶劑，被溶物質也有親水性及親脂性的不同。有機化合物分子結構中親水性基團多，極性大而疏於油。有的親水性基團少，極性小而疏於水。這種親水性、親油性及程度的大小和化合物分子結構直接有關。一般來說，兩種基本母核相同的成分，分子中功能基的極性越大或極性功能基數量越多，則整個分子的極性大，親水性強，親脂性就越弱。分子非極性部分越大或碳鏈越長則極性小，親脂性強，親水性就越弱。

各類溶劑的特性，同樣與分子結構有關。例如，甲醇、乙醇是親水性較強的溶劑，分子比較小、有羥基存在，與水的結構相近，能夠和水任意混合。丁醇和戊醇分子雖有羥基，保持和水有相似處，但分子逐漸加大，與水性質就逐漸疏遠。所以它們能彼此部分互溶，在它們互溶達到飽和狀態之後，丁醇或戊醇都能與水分層。氯仿、苯和石油醚是烴類或氯烴衍生物，分子中沒有氧，屬於親脂性較強的溶劑。

我們可以透過對藥用植物的有效成分結構分析，估計此類型特性和選用的溶劑。例如，葡萄糖、蔗糖等分子比較小的多羥基化合物，具有強親水性，極易溶於水，就是在親水性比較強的乙醇中也難以溶解。澱粉雖然羥基數目多，但分子大所以難溶解於水。蛋白質和胺基酸都是酸鹼兩性化合物，有一定程度的極性，所以能夠溶於水，不溶或難溶於有機溶劑。苷類都比苷元的親水性強，特別是皂苷，由於它們的分子中往往結合有多數糖分子，羥基數目多，能夠表現出較強的親水性，而皂苷元則屬於親脂性強的化合物。多數游離的生物鹼是親脂性化合物，與酸結合形成鹽後，能夠離子化，加強了極性就變成親水特性。多數游離的生物鹼不溶或難溶於水，易溶於親脂性溶劑，一般以氯仿中溶解度最大。鞣質是多羥基的化合物，爲親水性的物質。油脂、揮發油、蠟、脂溶性色素都是強親脂性的成分。

二、溶劑的選擇

運用溶劑萃取法的關鍵，是選擇適當的溶劑。溶劑選擇適當，就可以比較順利地將需要的成分萃取出來。選擇溶劑要注意下列三點：(1) 溶劑對有效成分溶解度大，對雜質溶解度小；(2) 溶劑不能與中藥的成分產生化學變化；(3) 溶劑要經濟、易取得、使用安全等。

常見萃取溶劑可以分成下列三類：

1.水

是一種強的極性溶劑。藥用植物中親水性的成分，例如無機鹽、糖類、分子不太大的多糖類、鞣質、胺基酸、蛋白質、有機酸鹽、生物鹼鹽及苷類等都被水溶出。爲了增加某些成分的溶解度，也常採用酸水或鹼水作爲萃取劑。酸水萃取，可以使生物鹼與酸生成鹽類而溶出；鹼水萃取，可使有機酸、黃酮、蒽醌、內酯、香豆素以及酚類成分溶出。但用水萃取容易酵素水解苷類成分，且易發黴變質。某些含果膠、黏液質成分的中草藥，水萃取液常常很難過濾。沸水萃取時，植物中的澱粉可以被糊化，增加過濾的困難。含澱粉量多的植物，不宜磨成細粉後加水煎煮。中藥傳統用的湯劑，多用中藥砍片直火煎煮，加溫除可以增大中藥的溶解度外，還可以與其他成分產生助溶現象，增加一些水中溶解度小的、親脂性強的成分的溶解度。但多數親脂性成分在沸水中的溶解度是不大的，即使有助溶現象存在，也不容易萃取完成。如果應用大量水煎煮，就會增加蒸發濃縮時的困難，且會溶出大量雜質，造成進一步分離純化的困擾。植物水萃取中含有皀苷及黏液質類成分，在減壓濃縮時，還會產生大量泡沫，造成濃縮的困難。通常可在蒸餾器上裝置薄膜濃縮裝置。

2.親水性的有機溶劑

是與水能夠混溶的有機溶劑。例如乙醇、甲醇、丙酮等，以乙醇最爲常用。乙醇的溶解性比較好，對植物細胞的穿透能力較強。親水性的成分除蛋白質、黏液質、果膠、澱粉和部分多糖等外，大多能夠在乙醇中溶解。難溶於水的親脂成分，在乙醇中的溶解度也較大。根據被萃取物質的特性，採用不同濃度的乙醇進行萃取。用乙醇萃取比用水量較少，萃取時間短，溶解出的水溶性雜質也少。乙醇為有機溶劑，雖易燃，但毒性小、價格便宜、來源方便，有一定設備即可回收反覆使用，乙醇的萃取液不易發黴變質。由於這些原因，用乙醇萃取的方法是最常用的方法之一。甲醇的特性和乙醇相似，沸點較低（64℃），但有毒性，使用時要注意。

3. 親脂性的有機溶劑

與水不能混溶的有機溶劑。例如，石油醚、苯、氯仿、乙醚、乙酸乙酯、二氯乙烷等。這些溶劑的選擇性強，不能或不容易萃取出親水性雜質。這類溶劑揮發性大，多易燃（氯仿除外），通常具有毒性，價格較貴，設備要求較高，透入植物組織的能力較弱，往往需要長時間反覆萃取才能完全萃取。如果藥材中含有較多水分，用這類溶劑就很難浸出其有效成分。因此，大量萃取植物原料時，直接應用這類溶劑有一定的侷限性。

三、回流萃取法及連續回流萃取法技術

1. 回流萃取法

應用有機溶劑加熱萃取，需採用回流加熱裝置，以免溶劑揮發損失。小量操作時，可在圓底燒瓶中連接回流冷凝器。瓶內裝藥材約為容量的30%～50%，溶劑浸過藥材表面約 1～2 公分，在水浴中加熱回流，一般保持沸騰約 1 小時放冷過濾，再在藥渣中加溶劑，做第二、三次加熱回流分別半小時。此法萃取液較冷浸法高，大量生產中多採用連續萃取法。

2. 連續萃取法

應用揮發性有機溶劑萃取天然藥用成分，不論小型實驗還是大型生產，均以連續萃取法為好，且需要溶劑量較少，萃取成分也較完全。連續萃取法，一般需要數小時才能萃取完全，萃取成分受熱時間較長，遇熱不

穩定易變化的成分不宜採用此法。

回流萃取技術是利用乙醇等易揮發的有機溶劑對原料成分進行萃取，當浸出液在萃取罐中受熱後蒸發，其蒸汽被引入到冷凝管中再次冷凝成液體回流到萃取罐中繼續進行浸取原料，這樣周而複始，直到有效成分回流萃取完全的方法。由於浸出液在萃取罐中受熱時間較長，受熱易破壞原料成分的浸出則不適合此方法。

3.回流萃取技術操作

一般小量操作時，可將藥材粗粉裝入適宜的燒瓶中（藥材的量爲燒瓶容量的 1/3～1/2），加溶劑使其浸過藥材面 1～2 公分高，燒瓶上接一冷凝器，實驗室多採水浴加熱，沸騰後溶劑蒸汽經過冷凝器冷凝又流回燒瓶中，如此回流 1 小時，濾出萃取液後，加入新溶劑重新回流 1～2 小時。如此再反覆兩次，合並萃取液，蒸餾回收溶劑可得濃縮萃取物。此方法效率較冷滲漉法高，但溶劑消耗量大，操作麻煩，大量生成產中較少被採用（大量生產中多採用連續萃取法）。

爲了彌補回流萃取法中需要溶劑量大操作較繁的不足，可採用循環萃取法。實驗室常用蒸發脂肪萃取器或稱索氏萃取器。應用揮發性有機溶劑萃取中草藥有效成分，不論小型實驗或大量生產，均以連續萃取法較好，且需要溶劑量較少，萃取成分也較完全。連續萃取法，一般需要數小時（6～8 小時）才能萃取完全，遇熱不穩定易變化的成分也不宜採用此法。圖 6-1 是實驗室熱回流萃取與循環萃取裝置圖。

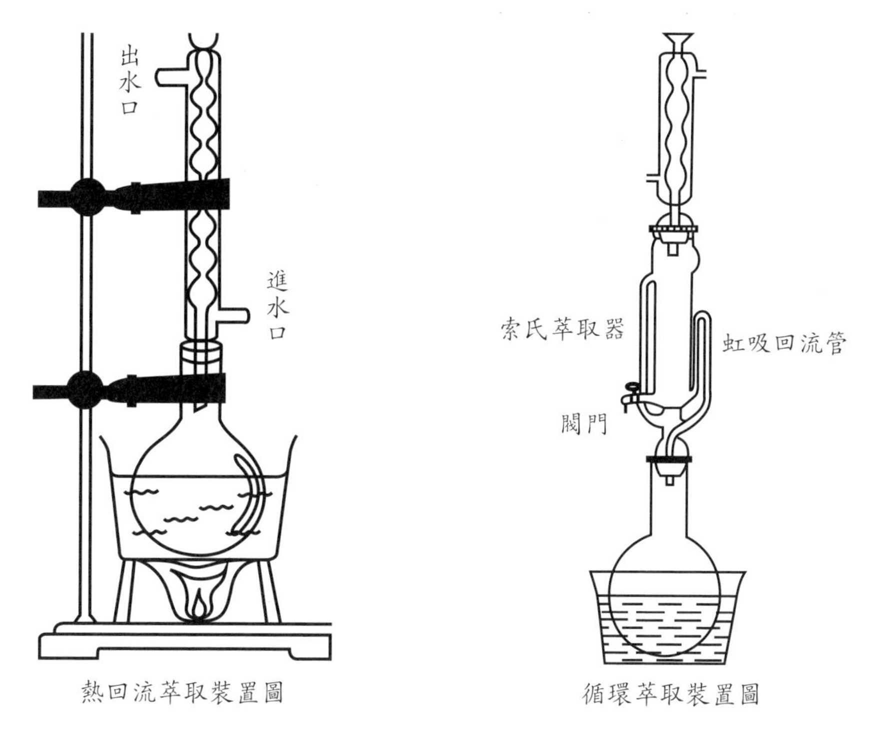

圖 6-1　熱回流萃取及循環萃取裝置圖

回流萃取法基本上是浸漬法，可以分爲熱回流萃取和循環萃取，特點是溶劑循環使用，浸取更加完全。缺點是由於加熱時間長，故不適用於熱敏感性物料和揮發性藥材的萃取。生產中進行回流萃取的裝置是多功能萃取罐，圖 6-2 是多功能中藥萃取罐和回流萃取示意圖。

目前，中藥萃取生產技術及裝備多採用傳統的萃取技術，主要有以下幾種：煎煮萃取、循環回流萃取、滲漉萃取、逆流罐組萃取等。都是在封閉環境中完全浸出，隨著浸出過程的進行，浸出液濃度加大、藥材濃度降低（指藥材中可溶性物質濃度），浸出速率的速度減慢，並逐減達到一定平衡狀態。因此要保持一定的浸出速率，必須更新溶劑以替換已近飽和的浸液。這些技術還存在著難以避免的缺點：(1) 萃取效率低，藥材浪費大；(2) 萃取時間長；(3) 出液係數大，加重後續處理負擔，耗能大；(4) 批次之間差異大；(5) 屬於間歇操作、操作條件較差。

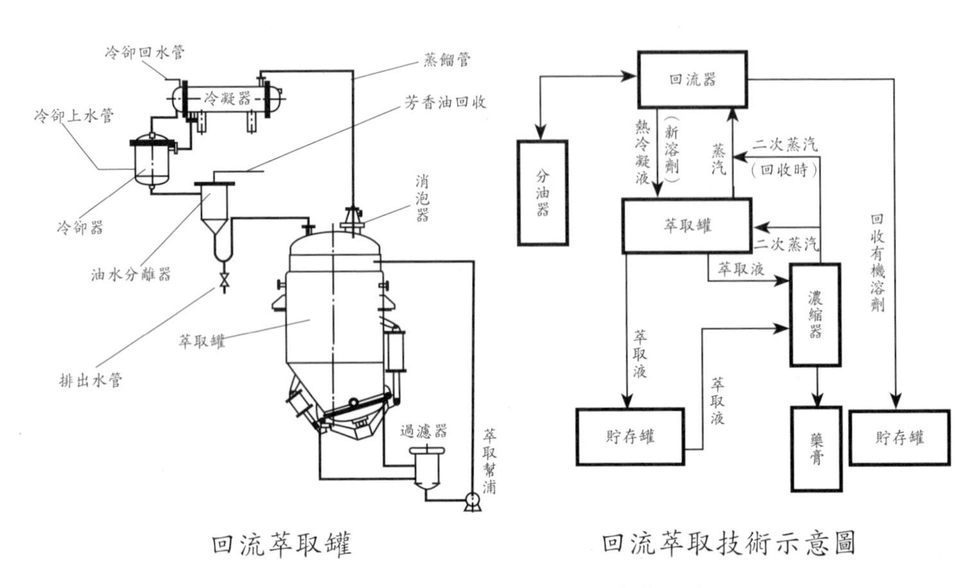

圖 6-2 回流萃取罐及回流萃取技術示意圖

該設備的設計基於高效率的連續逆流浸出原理，主要設備由螺旋送料器，螺旋推進式連續逆流浸出槽（外設蒸汽加熱夾套），獨特設計的連續固 - 液分離結構，可連續排渣構造及傳動馬達等構造，並可以選擇電腦主機控制。連續逆流萃取過程如圖 6-3。

待萃取固體物料（中藥材或天然植物）從送料器上部料斗加入，由螺旋送料器不斷地送至浸出槽低端，浸出槽中螺旋推進器將固體物料平穩地推向高端過程中，有效成分被連續地浸出，殘渣由高端排渣構造排出，同時溶劑從浸出槽上方進入，滲透固體物料走向底端過程中濃度不斷加大，萃取液經槽底端固 - 液分離構造導出。

整個萃取過程中，由電腦主機自動控制，固體物料和溶媒始終保持相

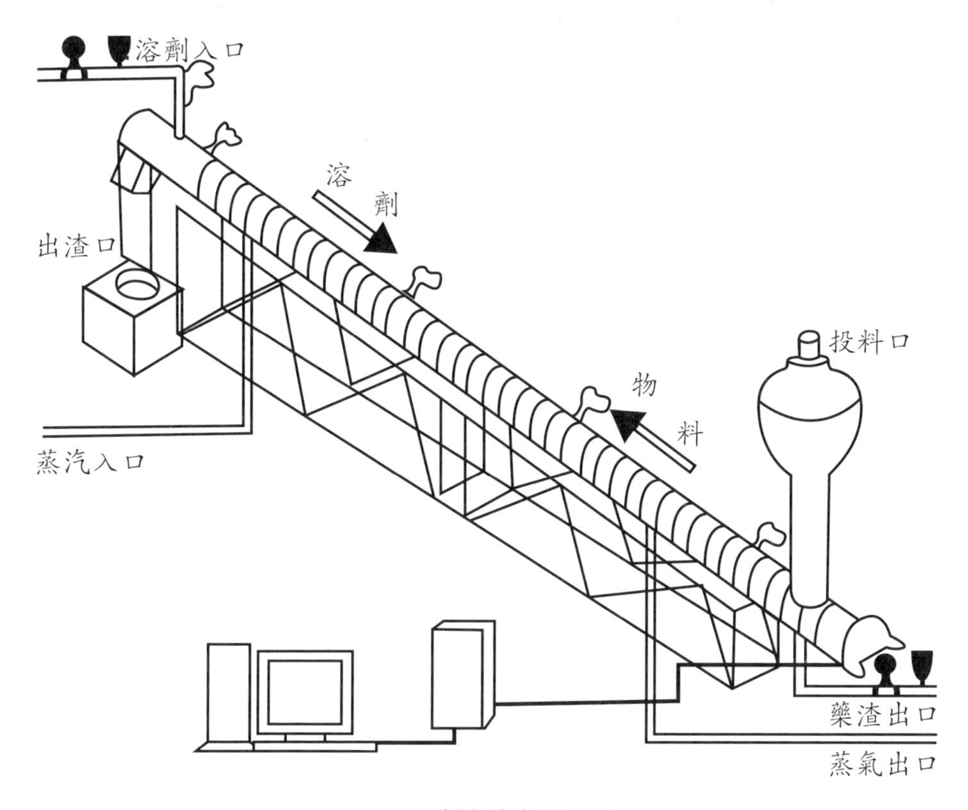

圖 6-3 連續逆流萃取過程

對運動並均勻受熱，連續更新不斷擴散的界面。始終保持理想的物料 - 濃度差（梯度），有效成分萃取效率大，萃取速度快。出液係數小（一般控制在 6～12 倍之間），而多功能萃取罐出液係數大（一般控制在 18～30 倍之間），節省多餘部數溶劑加熱所需的蒸氣消耗，同時可大幅減少濃縮時間和蒸氣消耗，提高蒸氣設備的利用率。萃取相同數量和品種的中藥材時，使用該設備所需要萃取時間明顯少於多功能萃取罐萃取時間（一般減少 50% 以上），並節省多餘時間溶劑加熱所需的蒸氣消耗。加熱溫度自動控制，節省蒸氣消耗。透過實際生產數據分析，使用該設備總體上可節省相當多功能萃取罐能耗的 50%。

由於採用高效連續逆流萃取技術，萃取速度快。開機後可連續化生產，因而處理能力大，效率高。免除多功能萃取罐間歇生產過程中加料、預熱、換溶劑、出渣等工序所花費的額外時間。

四、超音波萃取

超音波萃取技術（ultrasound extraction, UE）是利用空洞效應其所產生強大的衝激，來增強萃取效果的技術。超音波是指任何聲波或振動，其頻率超過人類耳朵可以聽到的最高閥值 20 千赫。某些動物，例如狗、海豚及蝙蝠可以聽到超音波。亦有人利用這個特性製成能產生超音波來呼喚狗隻的犬笛。

超音波可以用於殺菌、清洗、萃取等加工程序。音波的傳遞依照正弦曲線縱向傳播，即一層強一層弱，依次傳遞。當弱的音波信號作用於液體中時，會對液體產生一定的負壓，則液體體積增加，液體中分子空隙加大，形成許許多多微小的氣泡，當強的音波信號作用於液體時，會對液體產生一定的正壓，則液體體積被壓縮減小，液體中形成微小氣泡被壓碎。液體中每個氣泡的破裂會產生能量極大的衝擊波，相當於瞬間產生數百度的高溫和高達上千個大氣壓，這種現象被稱爲「**空洞現象**」。利用氣泡崩壞瞬間發生的衝擊力，破壞細菌細胞膜，而達到殺菌的效果，以此物理方法比紫外線殺菌更爲有效，但超音波只適合於液體食品或藥材萃取液的殺菌（如圖 6-4 所示）。除物理作用外，超音波也會產生化學效應，其對高分子化合物具有分解作用，主要是超音波可引起有機體中產生高速振動，使分子間產生摩擦力，而使聚集的高分子遭到破壞。也可使澱粉變成糊精、蛋白質凝固等，也爲超音波可殺菌原因之一。

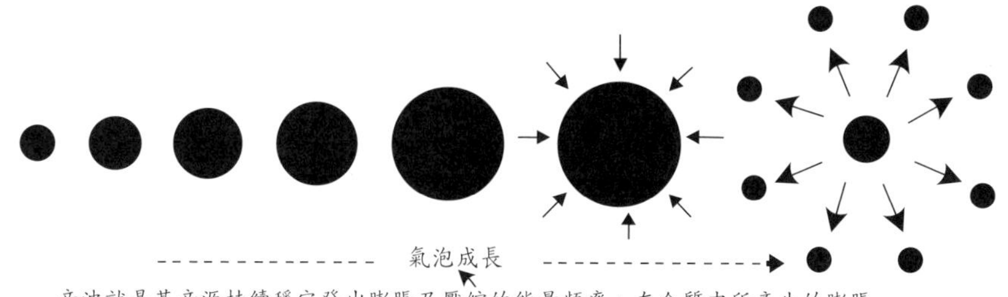

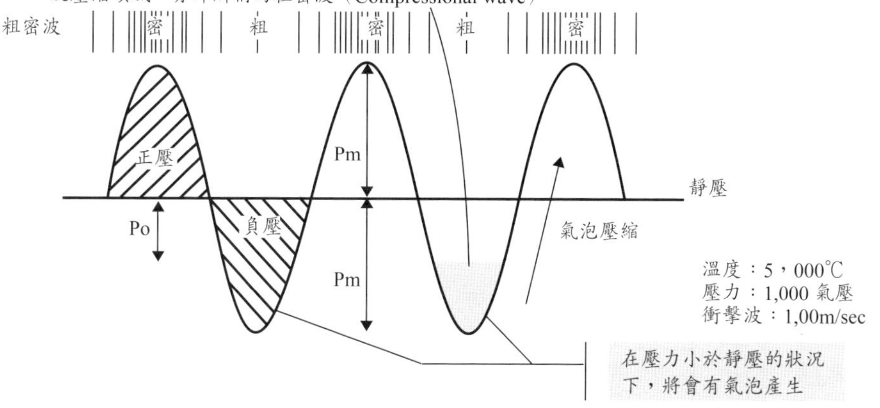

圖 6-4　超音波萃取原理

常見超音波之應用包括：

1. **清洗**：清除污染物，疏通細小孔洞。
2. **超音波攪拌**：加快溶解、提高均勻度、加快物理化學反應、防止腐蝕、加速油水乳化。
3. **凝聚**：加快沉澱、分離，例如種子浮選、飲料除渣等。
4. **殺菌**：殺死細菌及有機污染物，例如污水處理除氣等。
5. **粉碎**：降低溶質顆粒細微性，例如細胞粉碎、化學檢測等。

超音波也可以用於增強萃取效果，主要是利用空洞效應所產生強大的衝激。由於超音波頻率高時，波長短、穿透力強，因此可以萃取液達到充分混合接觸，增加萃取效果。然而當逐漸提高超音波頻率時，氣泡數量隨之增加而爆破衝擊力相對減弱，所以在高頻超音波（高於 100 kHz）時並不能提高萃取效率。現在一般採用中頻超音波（約 30～70 kHz）作為最佳操作條件。實驗室廣泛使用的超音波萃取機器（圖 6-5）是將超音波換能器（transducer）產生的超音波通過介質（通常是水）傳遞並作用於樣品，這是一種間接的作用方式，聲波強度較低，萃取效率也會降低。

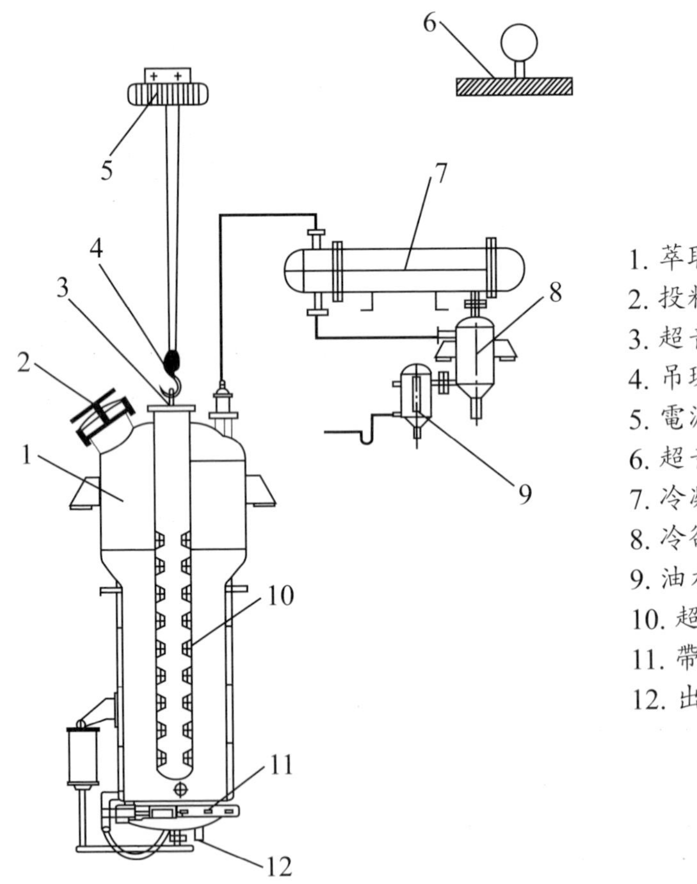

圖 6-5 超音波萃取器示意圖

利用超音波萃取的實例有利用超音波萃取啤酒花。近年來，健康食品和中草藥的需求和抗癌新藥的尋找，越來越多使用超音波萃取。應用高強度、高能量的超音波，可以從各種食品、中草藥中萃取出包括各種生物鹼、類黃酮、多糖類、蛋白質、葉綠素和精油等具有生物活性的物質。超音波萃取提供一個改良傳統溶劑萃取的缺點，減少處理時間和溶劑使用量並得到高產率。它能在低溫下操作，以減少溫度所造成的熱損失，亦可避免沸點物質揮發和具有生物活性物質的失活。第八章天然化妝品調製寫作編排上，實驗一即是利用超音波輔助萃取紫草中的紫草素（shiconix），做爲天然化妝品調製添加的原料。

第二節　常見天然物有效成分的分離方法

天然物萃取液或萃取物仍是混合物，需要進一步去除雜質，分離、純化、精製，才能得到所需要的有效部位或有效成分。具體的方法隨各天然產物的特性不同而異，根據其特性來選擇，成分不同所採用的分離純化的方法往往也有所不同。在本節介紹兩種常見的**大孔吸附樹酯分離法**及**超臨界流體（SFE）萃取分離法**。

一、大孔吸附樹酯分離法

大孔樹脂吸附法（macroporous adsorption resin）是採用特殊的吸附劑，從中藥複方液中選擇性吸附其中有效部分，去除無效部分的一種分離純化技術。可以解決中藥生產中所面臨的劑量大、產品易潮和重金屬殘留等問題。經大孔樹酯吸附技術處理後的精製物，可使藥效成分高度集中，雜質少，萃取率僅原生藥的 2%～5%，一般水煮法的 30%，醇沉澱法的 15% 左右。可有效去除吸濕成分，有利於多種中藥的生產，並增加產品穩定性。經大孔樹酯吸附技術處理後的精製物體積小，不吸濕，容易製成顆粒、膠囊、片劑等劑型，該技術大大提升中藥萃取效率。大孔吸附樹酯已廣泛應用於天然化合物的分離與集中的作用，例如苷與糖類的分離、生物鹼的精製、多糖、黃酮、三萜化合物的分離等。

大孔吸附樹脂是一種不含交換基團的具有大孔結構的高分子吸附劑，也是一種親脂性物質。大孔樹脂在乾燥狀態下其內部具有較高的孔隙率，且孔徑較大，在 100～1000 nm 之間，故稱爲「**大孔吸附樹脂**」。大孔吸附樹脂多爲白色球狀顆粒，粒度多爲 20～60 目，依據極性分爲極性、中極性和非極性。目前常用的的爲苯乙烯型和丙烯腈型，它們的理化特性穩定、對有機物的選擇性好、不受強離子、低分子及無機鹽的影響。大孔吸附樹脂由於凡得瓦引力或產生氫鍵作用，導致其具有吸附性。同時，又由於自身多孔性結構使其具有篩選特性。根據分離化合物的大致結構特性來確定分離條件，首先要知道分離化合物分子體積的大小，其次要知道分子中是否具有酚羥基、羧基或鹼性氮原子等。

（一）大孔樹脂吸附法原理

大孔吸附樹脂爲吸附和分子篩原理相結合的分離材料，它的吸附性是由於凡得瓦引力或生成氫鍵的結果。篩選原理是由本身多孔性結構所決定。由於吸附和篩選原理，有機物根據吸附力的不同及分子量的大小在大孔吸附樹脂上經一定的溶劑洗脫而分開，這使得有機化合物尤其是水溶性化合物的萃取，得以大大簡化。

大孔吸附樹脂可以有效地吸附具有不同化學特性的各類型化合物，具有各種不同的表面特性。例如，疏水性的聚苯乙烯，能將低極性有機化合物吸附，主要依靠分子中的親脂鍵、偶極離子和氫鍵的作用，這種吸附力的特點是解吸容易。當吸附過程以親脂鍵爲主時，隨著被吸附的分子量增大，吸附量也隨著增加。吸附劑的表面積越大，吸附量越高。但對一些有機分子立體結構較大的化合物要考慮樹脂的孔徑，使分子能進入顆粒間隙。大孔吸附樹脂具有選擇性好、機械強度高、再生處理方便、吸附速率快等優點，因此適合從水溶液中分離低極性或非極性化合物，組成分之間極性差別越大，分離效果越好。

（二）大孔樹脂分類

大孔吸附樹脂依據極性大小和所選用的單體分子結構不同，可以分為非極性、中極性和極性等三類。

1. **非極性大孔吸附樹脂**：是由偶極距很小的單體聚合製得，不帶任何功能基團，孔表面的疏水性較強，可以通過與小分子內的疏水部分作用吸附溶液中的有機物，適合於在極性溶劑中吸附非極性物質。常見的有苯乙烯、二乙烯苯聚合物等。
2. **中極性大孔吸附樹脂**：是含有酯基吸附樹脂，以多功能基團的甲基烯酸酯作為交聯劑。其表面兼有疏水和親水兩種功能，既可以在極性溶劑中吸附非極性物質，又可以在非極性溶劑中吸附極性物質。例如，聚丙烯酸酯型聚合物。
3. **極性大孔吸附樹脂**：是含醯胺基、氰基、酚羥基等極性功能基團的吸附樹脂，它們通過靜電相互作用吸附極性物質。例如，丙烯醯胺。

（三）大孔樹脂預處理與再生

大孔吸附樹脂預處理時，通過乙醇（或甲醇）與水交替反覆洗脫，可以除去樹脂中的殘留物，一般洗脫溶劑用量為樹脂體積的 2～3 倍，交替洗脫 2～3 次，最終以水洗脫後，保持分離使用前的狀態。樹脂經過多次使用後，吸附能力有所減弱，需要再生處理後繼續使用。再生時一般用甲醇或乙醇浸泡洗滌即可，必要時可用 1 mol/L 鹽酸或氫氧化鈉溶液依次浸泡，然後用蒸餾水洗滌至中性，浸泡在甲醇或乙醇中備用，使用前用蒸餾水洗滌除盡醇即可使用。

（四）大孔吸附樹脂裝置

大孔吸附樹脂裝置如圖 6-6 所示，圖 (a) 爲串連數根大孔吸附樹脂管柱之示意圖，圖 (b) 爲實際大孔吸附樹脂裝置型態。

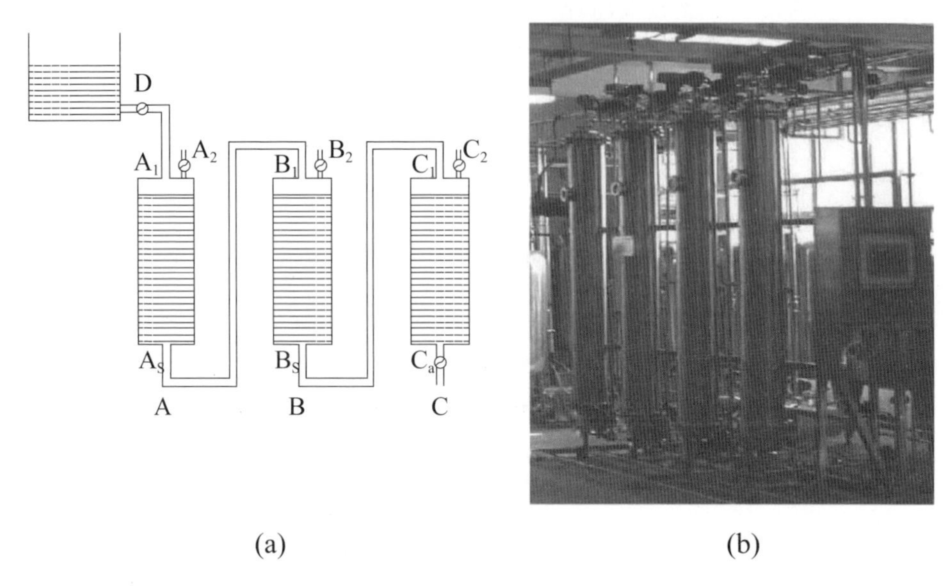

圖 6-6　大孔吸附樹脂裝置示意圖

（五）具體要注意事項

1. **分子極性大小的影響**：極性較大的化合物一般適合在中極性的樹脂上分離，極性小的化合物適合在非及性的樹脂上分離。
2. **分子體積大小的影響**：在一定條件下，化合物體積越大，吸附性越強，分子體積較大的化合物應選擇多孔徑較大的樹脂。對於中極性大孔吸附樹脂來說，被分離化合物分子上能形成氫鍵的基團越多，在相同條件下吸附力越強。對某一化合物吸附力的強弱最終取決於上述綜合因素。
3. **pH 值的影響**：被分離溶液的 pH 值對化合物的分離效果相當重要。一般情況下，酸性化合物在適當酸性體系中易被充分吸附；鹼性化合物則相反（特殊要求例外）；中性化合物在大約中性的情況下吸附分離較好。

4. **被分離成分的前處理**：利用大孔吸附樹脂進行萃取純化時，需要配合一定的前處理工作。例如，欲分離的天然產物萃取液預先沉澱處理、pH值調整、過濾等，使部分雜質在前處理過程中除去。
5. **脫洗液的選擇**：可使用水、乙醇、甲醇、丙酮、乙酸乙酯以及酸鹼溶液等。根據吸附強弱選用不同的脫洗溶劑及脫洗濃度。對非極性大孔樹脂，脫洗溶劑極性越小，脫洗能力越強；對於中極性大孔樹脂和極性較大的化合物而言，選用極性較大的溶劑較為適合。
6. **樹酯管柱的清洗**：樹脂吸附化合物洗脫後。在樹脂表面或內部還殘留許多雜質成分，這些雜質必須在清洗過程中盡量洗去，否則會影響樹脂的吸附能力。

二、超臨界流體（SFE）萃取分離法

超臨界流體萃取（supercritical fluid extraction, SFE）分離法是利用超臨界流體的特性，使之在高壓條件下與待分離的固體或液體混合物接觸，控制體系的壓力和溫度萃取所需要的物質，然後通過減壓或升溫方式，降低超臨界流體的密度，從而使萃取物得到分離。SFE結合了溶劑萃取和蒸餾的特性。目前已經可利用超臨界萃取原料的功效原料物質，例如茶葉中的茶多酚、銀杏中的銀杏黃酮、從魚的內臟、骨頭等萃取DHA和EPA、從蛋黃中萃取卵磷脂等。亦可從油籽中萃取油脂，例如從葵花籽、紅花籽、花生、小麥胚芽、可可豆等原料中萃取油脂，這種方法比傳統壓榨法的回收率高，且不存在溶劑分離問題。用超臨界萃取法萃取香料，例如從桂花、茉莉花、玫瑰花中萃取花香精；從胡椒、肉桂、薄荷中萃取辛香成分；從芹菜籽、生薑、芫荽籽、茴香、八角、孜然中萃取精油。不僅可以有效萃取芳香成分，還可提高產品純度及保持其天然香味。第八章天

然化妝品調製寫作編排上，實驗二即是利用超臨界萃取紫草中的紫草素（shiconix），做爲天然化妝品調製添加的原料。

（一）超臨界流體定義

一般物質可以分爲固相、液相和氣相三態，當系統溫度及壓力達到某一特定點時，氣 - 液兩相密度趨於相同，兩相合併成爲一均勻相。此一特點稱爲該物質的**臨界點（critical point）**。所對應的溫度、壓力和密度則分別定義爲該物質的臨界溫度、臨界壓力和臨界密度。高於臨界溫度及臨界壓力的均勻相則爲**超臨界流體（supercritical fluid）**（圖 6-7）。常見的臨界流體包括二氧化碳、氨、乙烯、丙烯、水等。超臨界流體之密度近於液體，因此具有類似液體之溶解能力，而其黏度、擴散性又近於氣體，所以質量傳遞較液體快。超臨界流體之密度對溫度和壓力變化十分敏感，

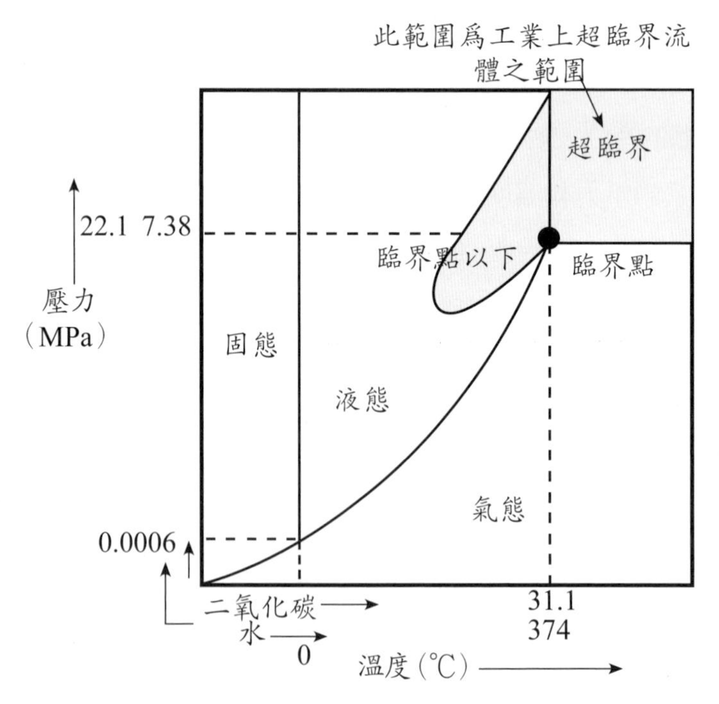

圖 6-7　二氧化碳之壓力—溫度三相圖

且溶解能力在一定壓力範圍內成一定比例，所以可利用控制溫度和壓力方式改變物質的溶解度。

目前以二氧化碳爲超臨界流體的研究較多，因爲無毒、不燃燒、對大部分物質不反應、廉價等優點。二氧化碳之超臨界狀態下爲 74 atm，31℃。此時，二氧化碳對不同溶質的溶解能力差別很大，此與溶質極性、沸點和分子量有關：

- 親脂性、低沸點成分可在低壓萃取（104 Pa）。
- 化合物的極性官能基越多，就越難萃取。
- 化合物分子量越高，越難萃取。

（二）超臨界流體萃取的基本原理

超臨界流體萃取具備蒸餾與有機溶液萃取的雙重效果，無殘留萃取溶劑的困擾。在超臨界區中之擴散係數高、黏度低、表面張力低、密度亦會改變，可藉由此改變促進欲分離物質之溶解，藉以達到分離效果。二氧化碳臨界流體具有很大的溶解力與物質的高滲透力，在常溫下將物質萃取且不會與萃取物質產生化學反應。物質被萃取後仍確保完全的活性，同時萃取完畢只要於常溫常壓下二氧化碳就能完全揮發，沒有溶劑殘留問題。對溫度敏感的天然物質萃取，例如中藥與保健食品萃取與藥品純化。

（三）超臨界流體萃取的特點

1. **萃取和分離同時進行**：當飽含溶解物的 CO_2 超臨界流體流經分離器時，由於壓力下降使得 CO_2 與萃取物迅速成爲兩相（氣液分離）而分開，故回收溶劑方便。同時不僅萃取效率高，且能源消耗較少。
2. **壓力和溫度可以成為調節萃取的參數**：臨界點附近，溫度與壓力的微小變化，都會引起 CO_2 密度顯著變化，從而引起待萃取物的溶解度發生變化，故可利用控制溫度或壓力的方法達到萃取目的。例如，將壓力固定，改變溫度可將物質分離；反之溫度固定，降低壓力可使萃取物分離。

3. **萃取溫度低**：CO_2 的臨界溫度為 31℃，臨界壓力為 7.18 MPa，可以有效地防止熱敏感性成分的氧化和破壞，完整保留生物活性，且能把高沸點、低揮發性、易熱分解的物質在其沸點溫度下萃取出來。
4. **無溶劑殘留**：超臨界 CO_2 流體常態下是無毒氣體，與萃取物成分分離後，完全沒有溶劑的殘留，避免傳統萃取條件下溶劑毒性殘留問題。同時防止萃取過程對人體的毒害和對環境的污染。
5. **超臨界流體的極性可以改變**：在一定溫度下，主要改變壓力或加入適當修試劑即可萃取不同極性的物質，可選擇範圍廣。
6. **超臨界萃取為無氧化萃取**：不與空氣接觸，不會引起氧化酸敗。

第三節　常見天然物有效成分的乾燥方法

乾燥方法和乾燥設備的選擇正確與否，對於天然物有效成分的品質、特性以及成本都有重要的影響。**乾燥（drying）**是指將天然產物原料經過在自然條件下或人工條件下促使其水分蒸發，使它表面及體內的水分蒸發分離，最終成為半成品或成品的一種加工技術。**濃縮（concnetration）**是將天然產物萃取分離生產中常用的技術之一，是指使溶液中溶劑蒸發，溶液濃度增大的過程。濃縮可以減輕重量和體積，且為乾燥加工之前處理步驟。液態的天然產物在乾燥時，會先濃縮再加以乾燥，可節省乾燥時間與成本。在本節介紹乾燥的原理、噴霧乾燥技數及冷凍乾燥技術。

一、乾燥的基本原理

乾燥是一種複雜的物理過程，基本原理是當外部介質的水分蒸發壓小於物料水分蒸汽壓時，物料中的水分就會蒸發相變，向環境轉移。只要不使介質中水蒸氣壓達到平衡點並供給物料水分汽化所需要的熱量，水分蒸發就會繼續下去，一直達到內外蒸汽分壓的平衡。

1.物料的水分狀態

依據水分與物料結合力的強弱，可以把食品或藥材中水分分成三類：游離水、物理化學結合水和化學結合水。游離水占食物或藥材總水量的80%～90%。物理化學結合水主要以分子力場或氫鍵結合於物料內部膠體上，結合力比游離水要強。化學結合水一般定量地與物質分子牢固地結合，成爲分子組成部分，只有發生化學反應才能分開。

2.水的相變

分子擴散、遷移、能量傳遞等一系列物理過程，是多種動力共同作用的結果：一是濕度梯度作用，當物料表面升溫，水分向外界環境蒸發，表面水分降低，便形成了物質內層水分高於表面水分的濕度梯度，即內部水蒸氣分壓大於外部，促使內部水分向外部移動。二是溫度作用，供給水分蒸發所需要潛熱，使水分沿熱流方向迅速向外移動。三是物料內部氣體受熱，壓力增大，一部分水分迅速向外擴散，而大部分內部氣體密度增大，導致由於內部水汽凝聚而使溫度升高，從而保證水汽從內向外移動。

3.影響乾燥速度的主要因素

(1) **乾燥介質的濕度**：物料與介質的水蒸氣分壓梯度是物料乾燥的基本動力，當乾燥介質濕度過高，乾燥平衡點的平衡蒸汽壓過高，物料的殘留水分就高，便無法達不到保存貯藏所需要的水分活度。因此，乾燥介質應具有較低的相對濕度。濕度越低，水蒸氣分壓相差越大，乾燥越迅速。

(2) **乾燥介質的濕度**：乾燥介質與物料接觸時放出熱量，物料吸收熱量使水分蒸發，並使介質溫度降低，因此必須使介質維持足夠溫度。同時，介質的溫度增高時，不僅提供足夠的熱量，同時也降低介質的相對濕度，有利於促進蒸發。但是，濕度過高會導致物料細胞過度膨脹破裂、有機物質揮發、分解或焦化以及物料表面硬化等不利現象發生。

(3) **乾燥介質的流速**：在大多數情況下，乾燥介質爲空氣、流動的空氣有利於即時補充熱量，並即時帶走物料周圍的濕氣，有利於乾燥的進行，因此動態乾燥的效果通常較佳。

(4) **原料特性和表面積**：不同食品或藥材所含化學成分及組織結構不同，傳熱速度和水分向外遷移速度也不同，因此乾燥速度也不同。同時，不同原料對溫度的敏感性也有差異，因此需要不同的乾燥方法與操作條件。物料顆粒越小，其表面積越大，與熱傳介質接觸越充分，且熱量和水分傳遞距離越小，越有利於乾燥。

4.乾燥過程的基本現象

(1) **乾燥速度變化**：由於物料中水有三種型態，結合程度不同，因此乾燥速度分兩個階段：**等速乾燥**與**降速乾燥**階段。等速階段爲主要排除非結合水。後期爲降速乾燥階段，主要是部分結合水的乾燥。

(2) **物理變化**

a. **表面硬化**：如果表面乾燥過快，水分迅速汽化，內部水分不能即時遷移到表面來，而在表面迅速形成一層乾硬膜。另外，含糖、含鹽較多的食品或藥材乾燥時也易於生成表面硬化層。表面硬化，影響內部水分的向外移動，導致乾燥速度下降，影響感官質量。

b. **乾燥與開裂**：物料在乾燥過程中由於失去水而出現收縮，如果乾燥濕度、乾燥速度掌握不好，物料容易變形、乾縮甚至開裂。

c. **多孔性**：物料快速乾燥，使其內部蒸汽壓迅速建立，迅速向外擴散，往往形成多孔性物質。高溫膨化和眞空乾燥時常常生成多孔性製品，而多孔性製品復水特性很好。

d. **其他現象**：乾燥控制不好，常常會出現溶質遷移現象、水分不均勻、復原不可逆現象等，在乾燥過程中應盡量避免。

(3) **化學變化**：高溫乾燥時，造成有些營養成分損失。一些高溫不穩定成分容易氧化、分解，例如維生素 C、維生素 B_1、維生素 B_2 以及胡蘿蔔素等損失較大。選用適合乾燥的方法，並採用加入抗氧化劑等措施可減少這種損失。

(4) **風味變化和色澤變化**：食品或藥材中的風味物質由於易於揮發，在乾燥過程中往往受到損失，影響食品或藥材風味。同時乾燥過程中常常發生色澤的變化，例如褐變。褐變對食品或藥材風味、復水性和營養都會產生不利的影響，是乾燥過程中首要防止的。褐變是整個保健食品加工中，經常遇到的麻煩。

乾燥方法和乾燥設備的選擇正確與否，對於天然物有效成分的品質、特性以及成本都有重要影響，不同的天然物有效成分應該根據其特點和要求選用不同的乾燥方法。

二、噴霧乾燥技術

噴霧乾燥（spray drying）是將液體經由噴霧器噴出而形成小液滴後，藉由熱空氣加以乾燥之一種乾燥方式。因此其原料必須爲液狀或泥狀者，但含較大固形物顆粒者則不適用。由於小液滴之表面積大，因此熱傳速率快且水分蒸發速率亦快，故可在極短時間（通常爲數秒鐘）內將液料加以乾燥。同時，其水分蒸發快，因此，實際上液料本身所升高之溫度不會很高，通常與熱空氣之濕球溫度相當。所以，以此法乾燥所得產品之品質極佳，且復水性好。常見以噴霧乾燥製造之產品，包括乳粉、咖啡粉、豆漿粉、冰淇淋粉、乳清蛋白粉、蛋粉、茶精、果汁粉等溶於水即可食用之粉末。

噴霧乾燥機主要包括下列各部位：空氣加熱與循環系統、噴霧裝置、乾燥本體以及產品回收裝置，如圖 6-8 所示。

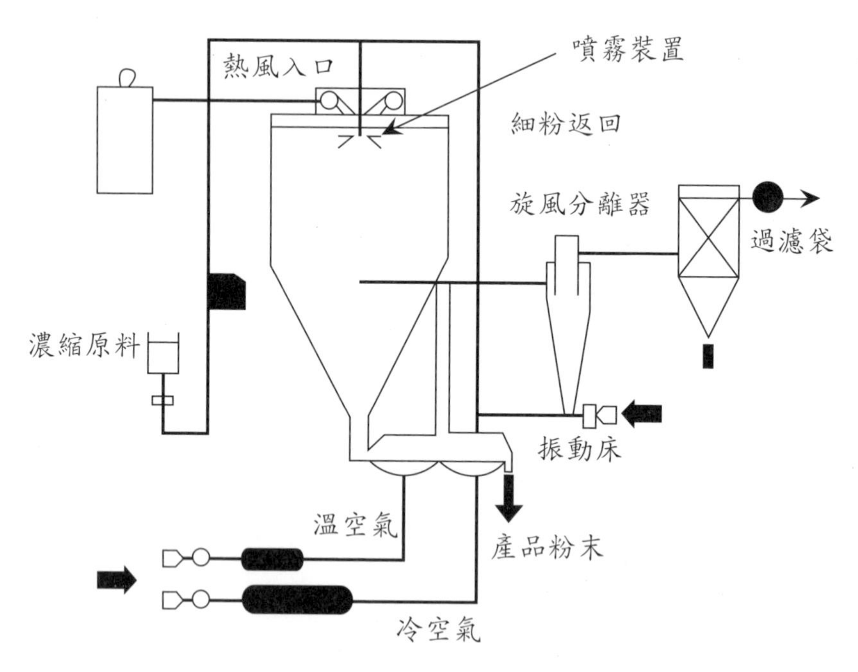

圖 6-8　噴霧乾燥機配置圖

（一）噴霧裝置

產生噴霧的方式有三種。離心式噴霧器、高壓式噴霧器及雙流體式噴霧器，三種噴霧器之比較如表 6-1 所示。

表 6-1　不同噴霧器之比較

條件	噴霧器		
	離心式	高壓式	雙流體式
懸濁狀液體	可	稍可	可
易燒焦材料	可	可	稍可
高壓幫浦	不要	要	不要
價格	便宜	便宜	貴
動力消耗	大	小	適中
熱風方向	順流式	順、逆流式	順流式
產品粒度	微	粗	細
產品密度	微	大	輕
復水性	差	佳	差
粒度均一性	稍差	佳	佳

1. **離心式或旋轉盤式，離心式噴霧器（cnetrifungal atomiser）（圖 6-9(a)）**：係將液料由高處落入一高速旋轉之有孔轉盤中，利用離心方式將液料甩出而形成小液滴。轉盤依需要可由 5 公分至 76 公分不等，轉速可由 3450 轉 / 分鐘至 50,000 轉 / 分鐘。當增加轉盤之迴轉速度或降低液料之供給速率時，則使產品之顆粒變小。
2. **高壓式噴霧器（pressure nozzle）（圖 6-9(b)）**：作用方式係將料液藉由 500～7000 psig 之高壓，經由噴嘴之小孔噴入乾燥器中。由於液料經過高壓噴出後會形成細小霧狀，而使產品得以成爲小顆粒。當增加壓力或增大原料通過噴嘴時之速率時，則產品之顆粒可降低。此噴霧器不適合含顆粒狀物體之原料，因爲其可能會堵塞噴嘴或造成噴嘴之磨損而使其變大。

3. **雙流體式噴霧器（two-fluid nozzle），其形式有許多種（圖 6-9(c)）：** 雙流體式噴霧器是利用空氣或蒸汽為載體，將液料推出噴嘴，以形成微小液滴。因此，不論其形式為何種，必定有兩根流體來源之管子，

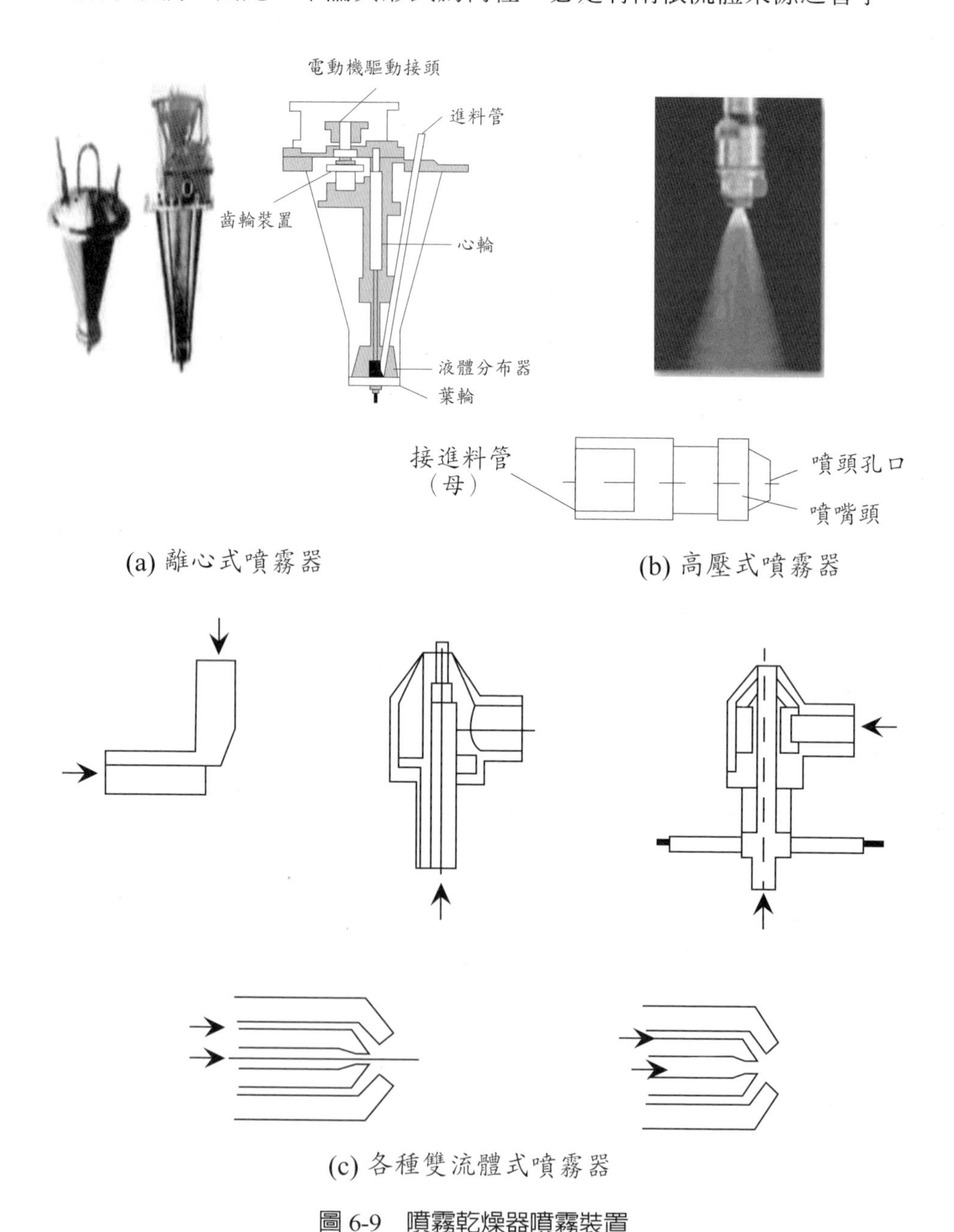

(a) 離心式噴霧器

(b) 高壓式噴霧器

(c) 各種雙流體式噴霧器

圖 6-9　噴霧乾燥器噴霧裝置

一根爲液料，另一根爲載體。兩根管子可以同心圓之方式排列，亦可以垂直方式排列，然而，其出口需在同一處。雙流體式噴霧器所用之壓力較高壓式噴霧器爲小，其適合於高黏度之原料，但由於所產生之液滴大小不均一，因此使其使用受到限制。

（二）乾燥艙本體

當原料以噴霧器噴入乾燥機中時，可迅速與熱空氣混合而達到乾燥之目的。原料與熱空氣接觸之方式可以分爲數種方式：若依機器徑身與氣流方向可以分爲垂直式與水平式兩種。若依氣流與物料混合之流向分類，則可以分爲順流式、逆流式及混合式三種（圖 6-10）。順流式乾燥時，液料與熱空氣以同一方向進入乾燥艙中，因此初始之乾燥速率快速，而後期因熱空氣降溫且增濕，而導致速率降低，且易吸濕。逆流式乾燥則相反，液料與熱空氣以相反方向進入乾燥艙中，乾燥效果較順流式爲佳，產品較不易吸濕。圖 6-10(a) 所示爲水平順流型，氣體與物料係以水平方向流動，一般所用之噴霧器多爲噴嘴式（高壓式或雙流體式）。乾燥物料最後沉積於出口處，再藉由輸送帶送出。圖 6-10(b) 及 6-10(c) 爲垂直下降順流型，此型可使用噴嘴式或離心式噴霧器。若使用噴嘴式噴霧器則熱空氣宜垂直下降，而不宜呈迴轉式下降（圖 6-10(b)），使用離心式噴霧器則可使熱空氣呈迴旋式以增長接觸時間（圖 6-10(c)）。圖 6-10(d) 爲垂直下降混合型。最初物料由上方噴霧器噴出後同向之熱空氣接觸，而後此熱空氣與物料行至乾燥艙底部時，再循艙底往上由上方出口排出。因此，其後進入之原料會同時與兩股熱空氣接觸。混合型又有兩種形式，一爲如圖 6-10(d) 所示，原料由上往下便出去，而熱空氣則來回各走一趟（同時有順流與逆流之空氣存在）。另一種爲垂直上升混合型，物料由下方進入後上升，而後再下降，如此可增長在乾燥艙中停留之時間，使其最終產品之水分得以再降低。此種乾燥型態有一好處，即乾燥之粉末會與潮濕之原料混合，而此濕原料附著在乾燥粉末之外，使最終產品之顆粒變大而有**造粒**（**agglomeration**）之效果。圖 6-10(e) 爲垂直上升順流型，而圖 6-10(f) 爲垂直下降逆流型，其原料入口與熱空氣之路徑由其名稱即可知。

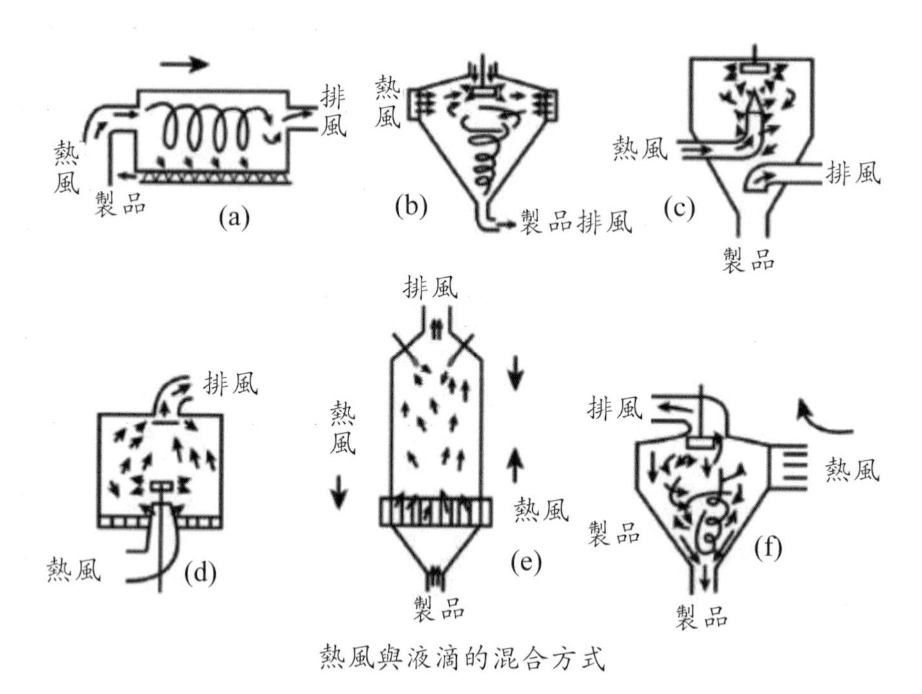

圖 6-10 噴霧乾燥機中物料與熱風之不同混合方式，其中 (a) 水平順流型、(b) 垂直下降順流型、(c) 垂直下降順流型、(d) 垂直下降混合型、(e) 垂直上升順流型、(f) 垂直下降逆流型。

（三）產品回收裝置

噴霧乾燥所得之產品，有時可經由自然沉降方式在乾燥室底層收集，而後得以輸送帶送出，例如以水平順流型乾燥器所得之產品即可用此法收集。亦可以各種回收裝置收集，主要之回收裝置包括：(1) 旋風分離器（cyclone）、(2) 袋狀過濾裝置（filter bag）、(3) 濕式除塵器（wet scrubber）。

1. **旋風分離器**：是一錐形裝置，例如一般噴霧乾燥機之乾燥艙形式相同。當產品粉末進入旋風分離器後由於氣流速率降低，同時，粉末沿壁運動產生摩擦力造成其易於沉降於旋風分離器之底部。廢氣則於旋風分離器之頂端排出，此一回收裝置爲最常使用者。
2. **袋狀過濾裝置**：係使用一過濾袋，使含產品粉末之空氣通過此濾袋，而將物料粉末截留於濾袋上，以回收產品。
3. **濕式除塵器**：此裝置主要係回收廢氣中前兩種回收裝置未收集之粉塵。作用方式是將待乾燥之液體先經一噴霧器，利用含少量粉末之熱廢氣爲熱媒，將其預熱並達到濃縮之效果。空氣中之粉塵遇到液體後可被其抓住而與熱空氣分離，亦達到回收產品之目的。此濃縮之液體經收集後，再次噴入主乾燥艙中乾燥。

回收裝置常常數種合併使用，以增加回收率。一般順序爲先用旋風分離器，再經袋狀過濾裝置，而廢氣在經濕式過濾裝置，則可得最佳之回收率。

經由噴霧乾燥所製得之產品可爲球形、不規則型或是中空形式之粉末。當粉末顆粒過細時，則與水接觸時會有互相凝聚而不溶的現象，例如一般奶粉溶於水時即有此現象。欲解決此現象，可對其進行**造粒（agglomeration）**。造粒方式除可利用垂直下降混合型之噴霧乾燥機進行之外，亦可在獲得產品後，再以噴以少量之水或蒸汽使其顆粒間變大外，再進行第二次乾燥。藉由造粒程序，除產品之顆粒變大外，同時密度亦會變小且成爲一多孔、中空之結構，因此當溶於水時，水分可迅速進入其中而吸水溶解。

三、冷凍乾燥技術

（一）冷凍乾燥原理

冷凍乾燥（freeze-drying or **lyophilization）**是利用水在低於三相點之低壓下（< 4.6 mmHg），可由固態（冰）直接昇華（sublimation）成氣體（水蒸氣）之原理，藉以脫除食品或藥材中之水分達到乾燥之目的。水之三相點如圖 6-11 所示，在 4.6 mmHg 及 0℃左右。此時水以固相（冰）、液相（水）及氣相（水蒸氣）三相同時存在，故稱三相點。冷凍乾燥機之主要結構如圖 6-12 所示。

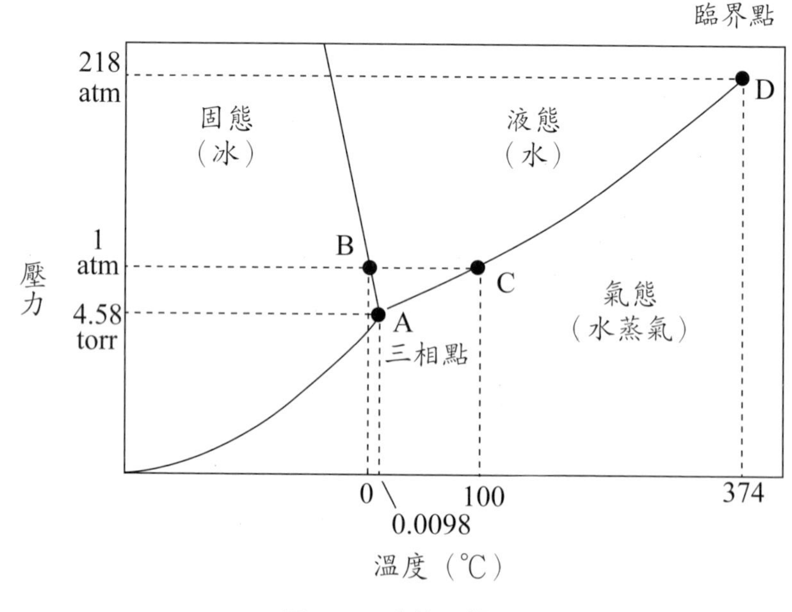

圖 6-11　水的三相圖

（二）冷凍乾燥流程

冷凍乾燥流程包括冷凍、減壓、加熱、昇華等步驟。第一步先將食品冷凍至 –30℃以下，其原因爲一般食品或藥材在 –30℃以下之溫度其所含之水分方可完全凍結成冰。大部分食品或藥材在一般冷凍溫度下（−18℃），仍有少許水分無法凍結成冰，此少許的水分影響日後乾燥之效果極大，故必須完全凍結成冰。凍結速率會影響產品之品質，凍結速率快時，固然產品之品質較佳，復水率亦好，但由於快速凍結時，原料內部冰晶分布均勻且小，在乾燥時反而水蒸氣不易逸出，故乾燥速率較慢。若凍結速率慢時，則會在原料中形成較大之冰晶，而可形成一食品或藥材表面與內部之通道，反而使水容易由此通道逸出，故乾燥速率會較快。但慢凍結時，由於蛋白質容易變性，因此較易造成乾燥產品品質之降低，且復水率降低。

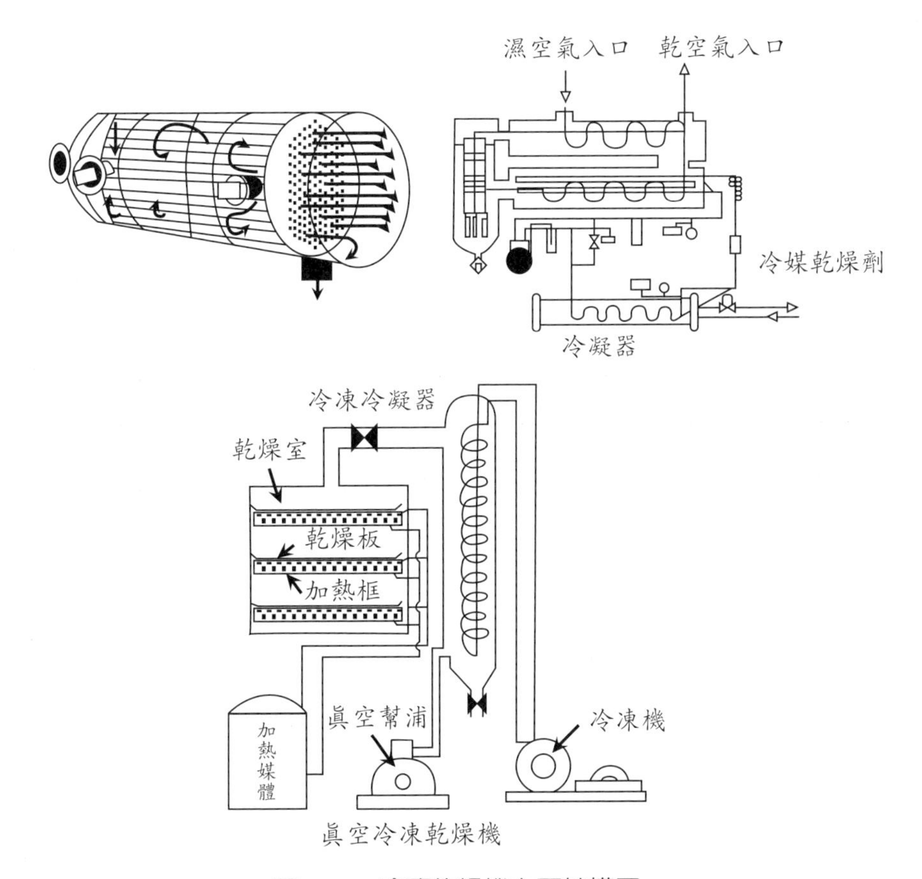

圖 6-12　冷凍乾燥機主要結構圖

食品或藥材完全凍結後，再將其置於冷凍乾燥機中，然後將乾燥機的壓力降低至 4.6 mmHg 以下。此時食品或藥材剛放入乾燥機並開始抽眞空之階段，由於壓力未達足夠之低壓，因此若有未凍結之水存在時，則可能有液體沸騰之現象，而造成產品的膨發現象。接著在低壓下加熱，以使水分順利昇華。整個乾燥的過程中，乾燥機中之壓力必須保持在三相點壓力（4.6 mmHg）以下，以免有液態水的產生。水分昇華時可以由凍結之冰處吸收熱量，故可使未乾燥之處仍可保持在結冰之狀態。加熱時，首先冰凍食品或藥材之表面先有升溫之現象，直至吸收足夠之熱能後，冰晶便可直接昇華成水蒸氣。若加熱溫度過高使水蒸氣突然大量增加時，則可能使壓力突然增加，而高於三相點，便可能會有液態水之出現，而使產品有膨發現象，此時便需要降低加熱溫度。當加熱溫度太低時，則乾燥所需要時間太長。當加熱溫度太高時，則可能有液態水之出現。所以，乾燥時所用加熱溫度之控制非常重要。

爲加速並使水分之昇華順暢，在加熱板上有時會做一些改進。首先，可能利用釘狀加熱板，將一個個長釘狀金屬穿刺入食品或藥材中，以增加熱傳導面積，並有利於乾燥後期熱可順利傳導至食品或藥材內部。另外，亦可利用兩片加熱板將食品或藥材上下夾住以增加接觸面積。但用此法由於食品或藥材緊密夾住，水分反而不容易逸失，故往往在加熱板與食品或藥材中間會加上一金屬網（圖 6-13），使水蒸氣得以經由此金屬網孔逸失。

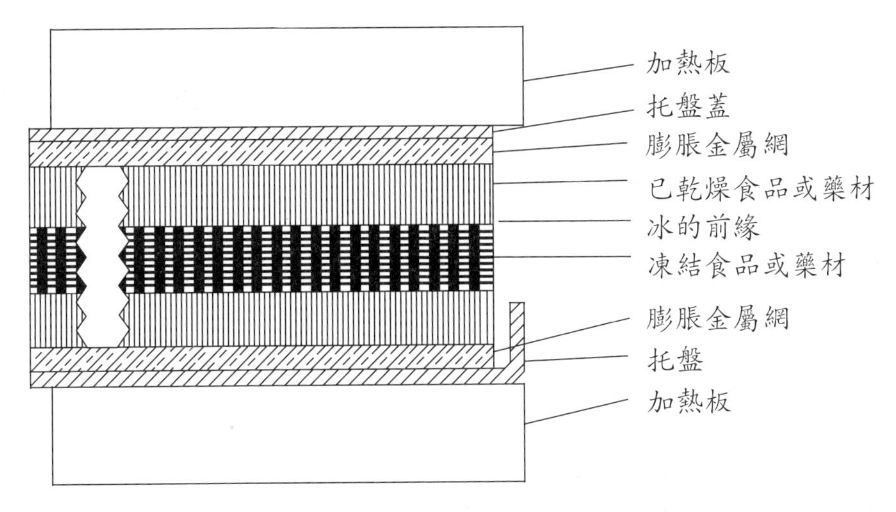

圖 6-13　使用雙面接觸式冷凍乾燥情況圖

（三）影響冷凍乾燥之乾燥速率因素

1. 外界溫度輻射至食品或藥材表面之速率。
2. 食品或藥材內部熱傳導之速率。
3. 水分由食品或藥材內部擴散至表面之速率。
4. 水分由食品或藥材表面擴散至外界之速率。

在乾燥初期，由於熱可藉傳導直接由加熱板傳至冰凍之食品或藥材上，且處於衡率乾燥期，故冷凍速率極快。當食品或藥材乾燥一段時期後，由於表面已有部分乾燥情況產生，使熱源必須一部分輻射、一部分以傳導方式送到食品或藥材未乾燥之內部，故乾燥速率將減慢，此情形與一般乾燥時之減率乾燥期情況相同。為克服後期加熱速率降低之情形，可以電磁波（例如紅外線、微波）作為熱源，藉其在真空中穿透力較強之特性以增加乾燥速率。

由食品或藥材中所逸失之水蒸氣，會藉由真空幫浦動作時之吸力而往幫浦之方向行進。此時，在冷凍乾燥機中有一冷凝裝置使此水分冷凝成冰以避免水分進入幫浦中，減弱眞空幫浦之抽氣效果。冷凝裝置之溫度必須夠冷，以使當水蒸氣逐漸附著於冷凝管形成冰時，則冷凝效果將降低。此機器設計時需要注意者。在大型之冷凍乾燥機中，常會有兩組冷凝器可互相切換，以免結冰過多造成冷凝力不夠之現象。

（四）冷凍乾燥技術之優缺點

1.冷凍乾燥的優點

- **養成分破壞少**：由於乾燥時加熱溫度低，故一些熱敏感性之天然物有效成分破壞較少。
- **可為持原天然物或中草藥形狀及質地**：由於冷凍乾燥係將天然萃取物或中草藥冷凍後再將水分加以昇華，故天然物或中草藥質地不會受到破壞，且由於乾燥時加熱程度低，故皺縮之情況較低，所以可以維持原有之形狀。
- **可保持天然物或中草藥原有顏色及風味**：由於加熱程度低，故色素之破壞少，褐變反應不容易進行，故揮發性物質較不易流失，因此可保持較佳之風味。由於整個乾燥過程中係以抽眞空方式進行，故仍會有部分風味物質流失。
- **產品復水性佳**：由於冷凍乾燥產品水分係昇華方式逸失，故產品質地可以保留完整。同時食品或藥材內部爲一多孔構造，故當復水時，水分可迅速進入此多孔性之結構中。因此，復水後產品之形狀與未乾燥前相近。
- **產品水分低**：有利於儲存及運輸。

2.冷凍乾燥的缺點

- **設備費用昂貴**：整個乾燥室必須爲一氣密式之結構。同時，乾燥時必須處於極低之壓力下，造成操作成本之增加。

- **成品吸濕性高**：因此必須使用透水性較差之包裝，使儲存成本增加。同時，由於吸濕性高，故乾燥後包裝之作業時間要盡量縮短。
- **產品易氧化**：由於冷凍乾燥產品爲一多孔性產物，氧氣容易進入天然物或中草藥之內層，導致高脂肪產品氧化現象。解決辦法爲使用氧氣阻隔性較佳之包裝材質、眞空包裝或利用充氮包裝，亦可在原料中添加抗氧化劑或使用脫氧劑。
- **產品質地易崩解**：冷凍乾燥產品質地較爲鬆散，故在運輸過程過中，若碰撞過度，則會組織崩壞。解決辦法爲添加賦型劑來保持形狀，例如膠類、澱粉、糖類等。

雖然冷凍乾燥有上述缺點，但由於產品品質爲乾燥產品中最佳者，故目前多用於一些高經濟價值之產品中。

習題

1. 請你（妳）簡述一個天然物有效成分的萃取方法。
2. 請你（妳）簡述一個天然物有效成分的分離方法。
3. 請你（妳）簡述一個天然物有效成分的乾燥方法。

第七章　常用化妝品生產技術

化妝品種類繁多，不同種類的化妝產品生產技術有所不同，同一種類的化妝產品也可以採用不同的生產技術進行生產。本章針對市面常見的化妝品生產技術，例如乳化類化妝品、洗滌類化妝品、水劑類化妝品、粉劑類化妝品及美容類化妝品的常見生產技術等進行介紹。

第一節　乳液類化妝品的生產

乳液類化妝品是化妝品中用量較大，使用人群較廣的一類化妝品。根據乳化特性的不同，乳液類化妝品可以分爲油包水（W/O）型和水包油（O/W）型兩種類型，一般 W/O 型適合於乾性皮膚，O/W 型適合於油性皮膚。乳液類化妝品中的油性原料和水性原料可以滋潤及保護皮膚，並適度補充皮膚水分的作用。在乳化類化妝品基礎物質中增加適當的功效性物質或是天然物質，就產生例如美白、袪斑、防曬、抗衰老等特殊作用的功效性化妝品或是天然化妝品。

一、生產過程

乳劑類化妝品的製備過程，包括水相和油相的調製、乳化、冷卻、灌裝等工序，生產流程如下：

1.水相調製

將去離子水加入夾套式溶解鍋，依序將甘油、丙二醇、山梨醇等保濕劑、鹼類、水溶性乳化劑等水溶性成分加入其中，攪拌充分並加熱至

90～110℃，維持 25 分鐘滅菌時間，然後冷卻至 70～90℃待用。如果配方中有水溶性聚合物則應單獨配製，將其溶解在水中，在室溫下充分攪拌使其均勻溶脹，防止結塊。如有必要則在乳化前加入水相並實行均質化。注意避免長時間加熱而引起黏度變化。爲補充加熱和乳化時揮發掉的水分，應該在配方中多加 5%～8% 的去離子水。

2. 油相調製

將油、脂、蠟、乳化劑和其他油溶性成分加入夾套式溶解鍋內，導入蒸汽加熱，攪拌並加熱至 70～78℃，待其充分熔化或溶解均勻，靜置待用。注意避免過度加熱或長時間加熱，以防止原料成分氧化變質。容易氧化的油分、防腐劑和乳化劑等需在乳化之前加入油相，溶解均勻後在進行乳化。

3. 乳化操作

將上述水相和油相原料通過過濾器過濾，依照設定的順序加入乳化鍋，在一定溫度（例如 60～90℃）下進行一定時間的攪拌和乳化。此過程中，水相和油相的添加方法（水相加入油相或是油相加入水相）、添加的速度、攪拌的速度、乳化溫度和時間、乳化器的結構和種類等，對乳化體粒子的形狀及其分布狀態都有顯著影響。均質速度和時間因不同的乳化體系而不同。含有水溶性聚合物的體系，均質的速度和時間應嚴加控制，以避免剪切力破壞聚合物的內在結構，造成聚合物的不可逆變化，改變體系的流變特性。配方中含有維生素或是熱敏感性添加劑，則在乳化後於較低溫度下加入以確保其活性，需注意其溶解特性變化。如存有易揮發性香精成分，需將乳化體冷卻至 40℃以下加入，以防止其揮發或是變色。

4. 冷卻操作

乳化後的乳化體宜冷卻至接近室溫。卸料溫度取決於乳化體的軟化溫度，一般應使其藉助自身的重力，從乳化鍋內自然流出爲宜。也可以用馬達、眞空系統抽出或用空壓機壓出等方式。冷卻方式一般是將冷卻水倒入乳化鍋夾套、邊攪拌、邊冷卻。冷卻速度、冷卻時的剪切應力、終點溫度等對乳化體系的粒子大小和分布都有一定程度影響，需根據不同乳化體系選擇最佳操作參數。

5.陳化和灌裝

通常是貯存陳化一天或是幾天後再用灌裝機灌裝。灌裝前需對產品進行質量檢驗，合格後才可以進行灌裝。

二、乳化技術

乳化技術是化妝品生產中最重要、最複雜的技術。在化妝品原料中，既有親油性成分，例如油脂、脂肪酸、酯、醇、香精、有機溶劑及其他油性成分。也有親水性成分，例如水、酒精，還有鈦白粉、滑石粉等。

1.選擇適合的乳化劑

表面活性劑具有乳化作用，一般情況下，HLB 值在 3～7 的表面活性劑主要用於 W/O 型乳化劑，HLB 值在 8～17 時主要用於 O/W 型乳化劑。選擇乳化劑時要考慮乳化效果，還要考慮產品的相溶性、配伍性和經濟性，以及化妝品的色澤、氣味、穩定性等。其中，比較重要的是乳化劑與乳化製備的適應性。

2.採用適合的乳化方法

乳化劑選定後，需要用一定的方法生產所設計的產品。通常的乳化方法有：

(1) **轉相乳化法**：在製備 O/W 型乳化液時，將加有乳化劑的油相加熱成液態，在攪拌下緩慢加入熱水。先形成 W/O 型乳化液，繼續加入離子水至水量爲 50% 時，轉相形成 O/W 型。以後可快速加入離子水，並充分攪拌。此法的關鍵在於轉相，轉相結束後，分散相粒子將不再變小。

(2) **自然乳化法**：將乳化劑加入油相中，混合均勻後加入水相，輔之良好攪拌，可製成優良乳狀液。此法適用於易流動的液體，例如礦物油常採用此法，如果油的黏度較高，可在 40～70℃條件下進行。多元醇乳化劑不易進行自然乳化。

(3) **機械強制乳化法**：均質機和膠體磨是用於強制乳化的機械設備。它們用很大的剪切力，能將乳化物撕成很細、很均質的粒子，形成穩定的乳化體。

(4) **低能耗乳化法**：在生產乳液、膏霜類化妝品時使用低能耗乳化法。通常採用兩乳化鍋槽，以製備 O/W 型乳化體爲例，將油相置於乳化鍋加熱，將部分水相置於鍋上加熱，再將它們一起置於鍋內攪拌製成濃縮乳狀液。再通過自動計量儀將另一部分沒有加熱的水相注入鍋內濃乳液，攪拌均勻即完成製備。

三、乳化生產技術

乳化體的物料狀態、穩定性、硬度等指標受眾多因素的影響，其中影響最大的有表面活性劑的加入量、兩相的混合方式、添加速度、均質機的處理條件以及熱交換器的處理條件等。目前，乳化類化妝品生產技術有間歇式乳化、半連續式乳化和連續式乳化三種方法。

1. 間歇式乳化技術

是最簡單的一種乳化方式，將水相和油相原料分別加熱到一定溫度後，按一定的順序加入攪拌槽中，開啓攪拌一段時間後向夾套內倒入冷卻水，冷卻到 50～60℃以下時加入香精，混合後冷卻到 45℃左右時停止攪拌，然後將乳化後的成品送去包裝。大部分化妝品工廠均採用方法，優點是適應性強，投資低。缺點是輔助時間長，操作繁瑣、效率較低。

2.半連續式乳化技術

如圖 7-1 所示，水相和油相原料分別計量，在原料溶解鍋內加熱到所需要溫度後，先加入預乳化鍋內進行攪拌，再經攪拌冷卻筒進行冷卻。此攪拌筒稱爲攪拌式熱換器，按照產品的黏度不同，中間的轉軸及刮板有多種形式，經快速冷卻和管內螺旋的刮壁推進器輸送，冷卻器的出口即是成品，可送包裝工序。通常預乳化鍋的有效容積爲 1～6 m^3，夾套有熱水保溫，攪拌器可以安裝均質器或是槳葉攪拌器，轉速 500～2900 rpm/min。定量幫浦將膏霜送至攪拌冷卻筒，香精由定量幫浦輸入冷卻筒和串聯管道，由攪拌均勻，夾套有冷卻水的冷卻攪拌筒。攪拌冷卻筒的轉速爲 70～120 rpm/min，視產品不同而調整，接觸膏霜部分由不銹鋼製成。半連續式乳化攪拌機產量較高，適用於批量生產。

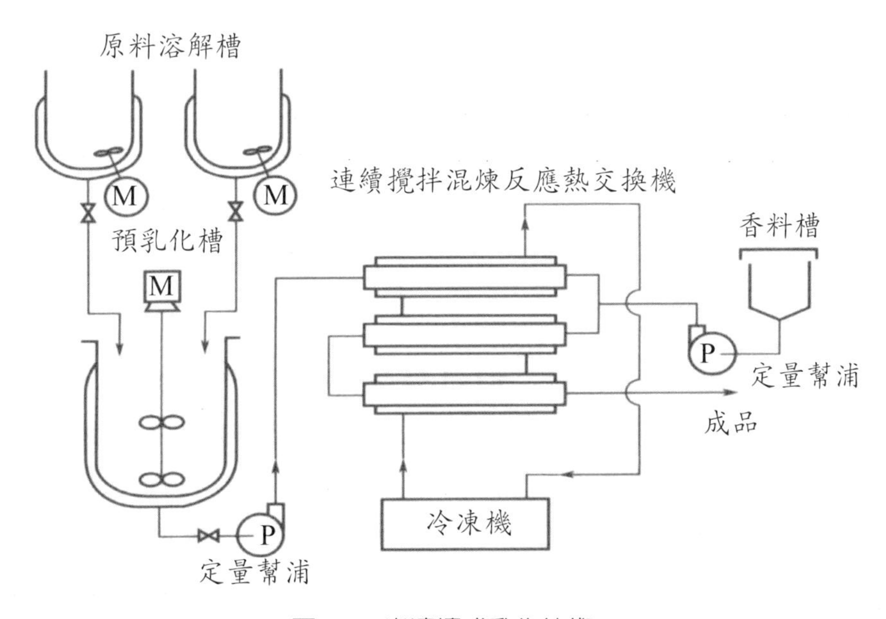

圖 7-1　半連續式乳化技術

3. 連續式乳化生產技術

如圖 7-2 所示，首先將預熱好的各種原料分別由計量幫浦輸送到乳化鍋中，經過一段時間的乳化後溢流到刮板冷卻器中，快速冷卻到 60℃以下，然後再流入香精混合鍋，同時香精由計量幫浦加入，最終產品則從混合鍋上部溢出。這種連續式乳化方法適用於大規模連續式生產，優點是節約能源、提高設備利用率，產量高且品質穩定。

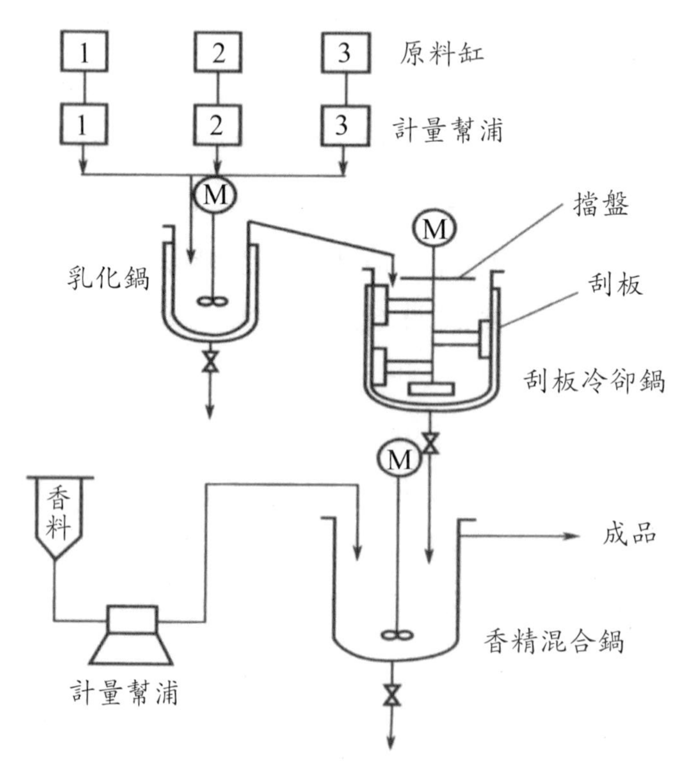

圖 7-2　連續式乳化生產技術

四、影響乳化生產技術的因素

1. 攪拌條件

攪拌越強烈，乳化劑用量可以越低，但過度強烈攪拌與顆粒大小降低並不一定成正相關，且可能混入空氣。在採用中等攪拌強度時，運用轉相法是可以得到較細顆粒，採用槳式或旋槳式攪拌時，應注意防範空氣攪入。

一般而言，一開始乳化採用較高攪拌對乳化有利，在進入冷卻階段後，則中低速度攪拌比較有利，這樣可以減少氣泡混入。如果是膏狀產品，則攪拌到結膏溫度時即停止。如果是液狀產品則須一直攪拌至室溫。

2. 混合速度

分散相加入的速度和機械攪拌的速度對乳化效果十分重要，當內相加得太快或是攪拌效果差時，則乳化效果較差。乳化操作的條件影響乳化體的稠度、黏度和穩定性。在製備 O/W 型乳化體時，最好的方法是在激烈持續攪拌下將水相加入油相，且高溫時混合相對低溫時混合效果更好。在製備 W/O 型乳化體時，可在不斷攪拌下，將水相慢慢地加到油相中，製得內相粒子均勻、穩定性和光澤性較好的乳化體。對內相濃度較高的乳化體系，內相加入的流速應比內相濃度較低的乳化體系慢一些。採用高效的乳化設備，在乳化時流速可以適當快一點。

3. 溫度控制

溫度對於乳化劑溶解性和固態油、脂、蠟的熔化等有影響，乳化時溫度控制對乳化效果影響相當大。溫度太低，乳化劑溶解度低，且固態油、脂、蠟尚未熔化，乳化效果就差；溫度太高，加熱時間長，冷卻時間也長，則會浪費能源，延長生產週期。一般常使用油相溫度控制高於其熔點溫度 10～16℃，水相溫度稍高於油相溫度。通常膏霜類在 70～98℃條件下進行乳化。

一般可把水相加熱至 80～100℃，維持 25 分鐘滅菌，然後再冷卻到

60～80℃進行乳化，在製備 W/O 型乳化體時，水相溫度高一點，此時水相體積較大，水相分散形成乳化體後，隨著溫度的降低，水珠體積變小，有利於均勻、細小的顆粒。如果水相溫度低於油相溫度，兩相混合後可能使油相固化（油相熔點較高時），影響乳化效果。

冷卻速度的影響也會影響顆粒的大小，通常較快的冷卻能獲得較細的顆粒，溫度較高時，由於布朗運動比較激烈，小顆粒會發生相互碰撞而合併成較大顆粒。反過來，當乳化操作結束後，對膏體立刻進行快速冷卻，從而使小顆粒「**凍結**」住，這樣小顆粒的碰撞、合併作用可降低到最小的程度，但冷卻的速度太快，高熔點的蠟就會產生結晶，導致所產生的乳化劑保護膠體受到破壞。

4. 香精和防腐劑的加入

(1) **香精的加入**：香精是易揮發性物質，並且組成複雜，在溫度較高時，容易損失且發生一些化學變化、香味變化和顏色變化。因此一般化妝品都是在後期加入香精。對乳液類化妝品，一般是在乳化已經完成並冷卻至 50～70℃時加入香精。例如在眞空乳化鍋中加入香精，這時不應該開啓眞空幫浦，只需要維持原本的眞空度即可，加入香精後攪拌均勻。對敞口的乳化鍋而言，由於溫度高時，加入香精易揮發損失，因此要控制較低的加入香精溫度，但溫度過低可能使香精不易均勻分布。

(2) **防腐劑的加入**：微生物的存活離不開水，水相中的防腐劑濃度是影響微生物生長的關鍵。乳液類化妝品含有水相、油相和表面活性劑，常用的防腐劑是油溶性的，通常把防腐劑先加入油相後再進行乳化，這樣防腐劑在油相中的分配濃度就較大，而水相的濃度就較小。非離子表面活性劑也加在油相，有機會增溶防腐劑，而溶解在油相中的防腐劑和被表面活性劑膠束增溶的防腐劑對微生物沒有作用，則待油、水相混合乳化完畢後再行加入防腐劑，這時可在水相中獲得最大的防腐劑濃度。當然溫度不能過低，不然分布不均勻，有些固體狀的防腐劑最好先用溶劑溶解後再加入。例如，尼泊金酯類就可以先用溫熱的乙醇溶解，再加到乳液中能確保分布均勻。配方中如有鹽類、固體物質或其他成分，最好在乳化體形成及冷卻後再加入防腐劑，否則易導致產品發粗。

5.黏度的調節

影響乳化體黏度的主要原因是連續相的黏度，乳化體的黏度宜通過增加外相的黏度來調節。對於 O/W 型乳化體，可以合成或天然的樹膠，也可以加入適當的乳化劑如鉀皂、鈉皂等成分。對於 W/O 型乳化體，加入多價金屬皂、高熔點的蠟和樹膠到油相中，可有效增加乳化體系的黏度。

五、主體設備

1.混合設備

由釜體、攪拌器和換熱器三部分組成，混合機理是依靠槳葉的旋轉而產生剪切作用。此類設備的優點是結構簡單，製造及維修方便，不受廠房條件限制。缺點是乳化強度低，膏體粗糙，穩定性較差。

2.膠磨機（colloid mill）

如圖 7-3 所示，適用於製備液狀或膏狀的乳化體，由旋轉子和固定子兩部分組成，旋轉子的轉速高達 1000～3000 rpm/min。操作過程中，流體物料從旋轉子和固定子之間很小的縫隙通過，由高速旋轉的旋轉子實現對物料進行充分的研磨、剪切和混合。

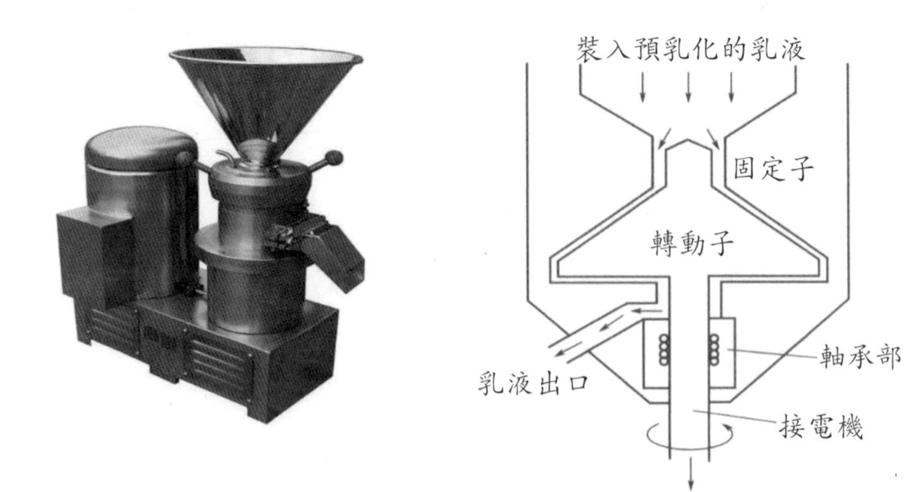

圖 7-3 膠磨機

圖片來源：tc.diytrade.com。

3. 均質器

適用於乳化顆粒微小的乳液。

(1) **均槳機（homogenizer）**：對原料施加高壓，槳液從細小孔中噴出，是非常有效的普適性連續式乳化機，如圖 7-4。

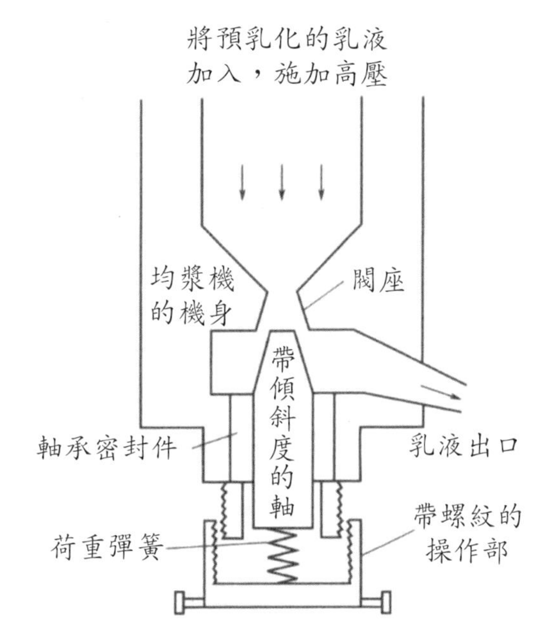

圖 7-4　均漿機

圖片來源：tw.1688.com。

(2) **均質攪拌機（homogenizing stirrer）**：如圖 7-5 所示，由圓筒圍繞的渦輪型葉片構成，旋轉葉片的轉速可達 10000～28000 rpm/min，可引起筒中液體的對流，得到均一很細的乳化粒子。

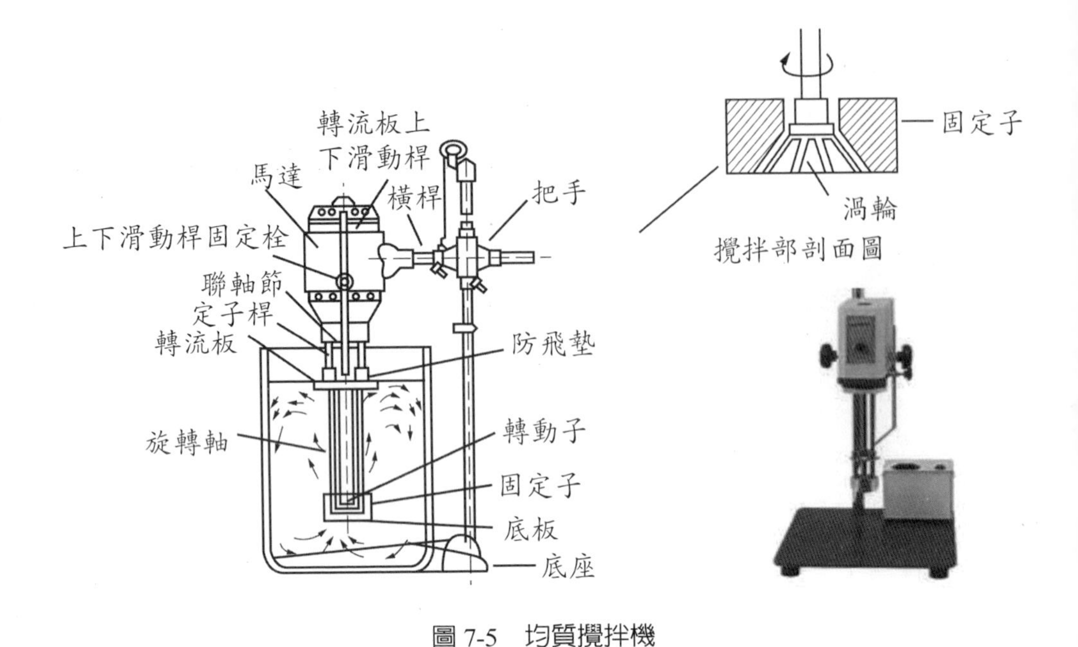

圖 7-5 均質攪拌機

圖片來源：www.shuennyih.com.tw。

(3) **真空乳化機（vacuum emulsion mixer）**：如圖 7-6 所示，在密閉容器中裝有攪拌葉片、在眞空狀態下進行攪拌和乳化，其配有

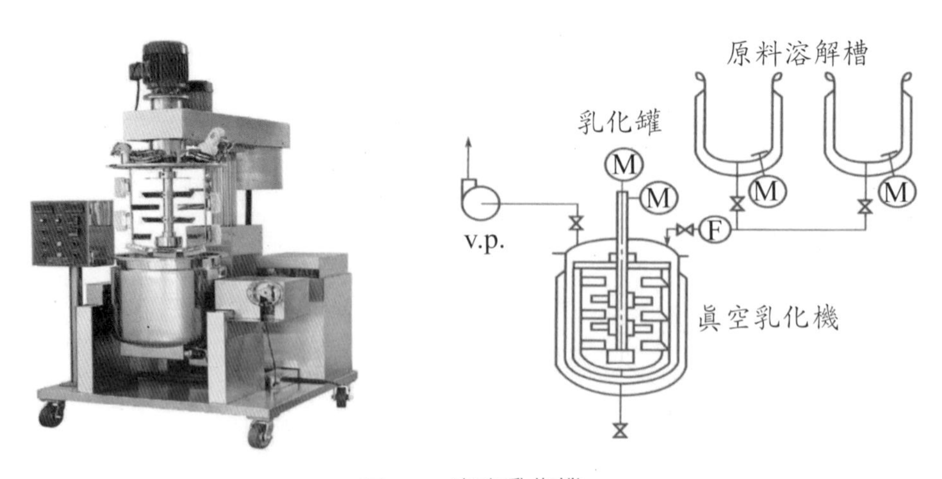

圖 7-6 真空乳化機

圖片來源：bohsheuan.com.tw。

兩個帶有起加熱和保溫套的原料溶解罐，一個溶解油相，另一個溶解水相，此種設備適合製備乳液，特別適合製備高級化妝品時的無菌配料生產。

第二節　洗滌類化妝品的生產

洗滌類化妝品按化妝品功能劃分是屬於清潔類化妝品，包括洗臉產品、沐浴乳和香皂等，用於除去皮膚、毛髮上的污染物。洗滌類化妝品的基本要求是必須具備去污和起泡能力，並具有一定護理皮膚和頭髮的能力。清潔皮膚的原則是溫和地去除皮膚表面多餘的皮脂角質和污垢，同時不會破壞皮膚正常的脂質層以免損害皮膚的屏障功能，以確保皮膚具有足夠的水分，防止大分子物質滲入皮膚引起刺激或過敏反應。

一、洗滌類化妝品的生產過程

一般採用間歇式批量化生產技術，不宜採用管道式連續生產技術，因爲生產技術簡單，品種繁多，沒有必要使用連續化生產線。

1.原料準備

洗滌類化妝品是多種原料的混合物，因此，需熟悉各種原料的物理化學特性，確定合適的物料配比和加料順序至關重要。生產製備之前，應按照生產技術要求選擇適合的原料，每種原料經實驗室檢驗合格後才能投入，以確保每批產品質量一致。

原料要做好預先處理，如有些原料應用溶劑預溶，有些原料應預先熔化，有些原料需按要求預先處理，某些物料應預先過濾有機雜質，主要溶劑應進行去離子處理等。所有物料的計量都是十分重要的，原料有粉狀、液狀、油狀和蠟狀等。在生產過程中，應按加料量和物性特質確定所稱物料的準確度、計算方式、計算單位。

2.混合或是乳化

大部分洗滌類化妝品是製成均一、透明的混合溶液，也可以製成乳狀液，透過攪拌操作使多種物料互相混溶。一般洗滌類化妝品的生產設備僅需要加熱和冷卻用的夾套配有適當的攪拌配料鍋即可。

洗滌類化妝品的配製過程以混合爲主，按照生產技術可以分爲冷配法、熱配法、部分熱配法三種。目前，熱配法是應用最多的生產方式，尤其是對於皀基型的清潔類產品，由於投料時對存在大量脂肪酸，需要加熱才能完成皀化反應。洗滌類化妝品生產流程如圖 7-7 所示。

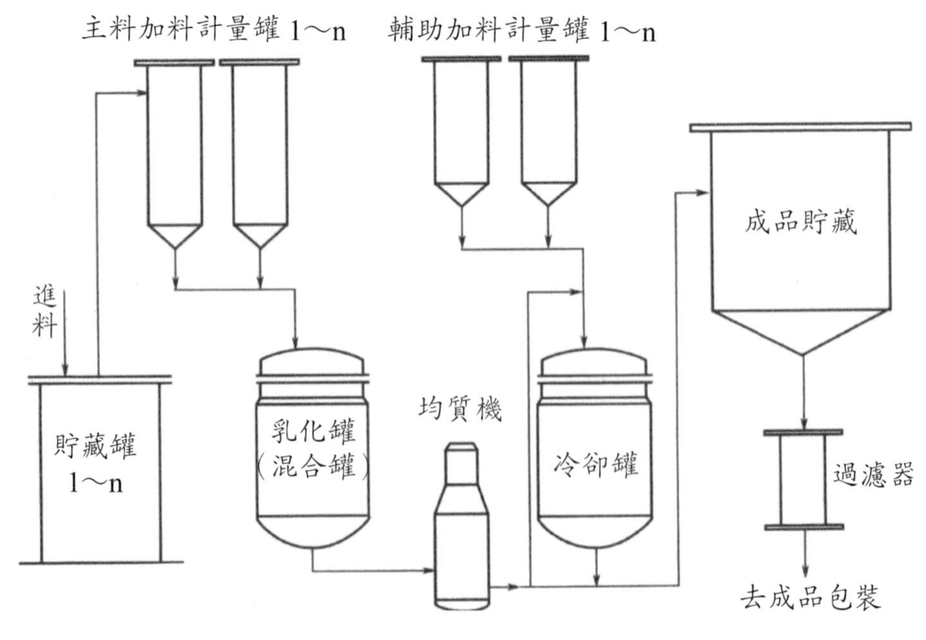

圖 7-7 洗滌類化妝品生產流程

(1) **冷配法**：適用於不含蠟狀固體或難溶物質的配方。首先再混合罐中加入去離子水，將表面活性劑溶解於水中，再加入其他助洗劑，待形成均勻溶液後，加入香料、著色劑、防腐劑、螯合劑等其他成分。最後用檸檬酸或是其他酸類調整 pH 值，用無機鹽（例如氯化鈉）來調整黏度。若香料不能完全溶解，可用少量助洗劑混合，再投入溶液或是使用香料增溶劑。

(2) **熱配法**：當配方中含有蠟狀固體或是難溶物質時，例如珠光劑或乳濁製品等，一般採用熱配法。熱配法溫度不宜過高，一般不超過 70℃，避免配方中某些成分遭到破壞。首先在熱水或冷水中加入表面活性劑，在不斷攪拌下加熱到 70℃進行溶解。然後加入要溶解的固體原料，繼續攪拌直到所有物料完全溶解或是變成乳狀液。當溫度下降至 50℃左右時，加入香精、著色劑和防腐劑等。熱配法中加香的溫度是十分重要的，在較高溫度下加香會使易揮發香料揮發，造成香精損失，同時高溫下可能會造成化學反應發生，使香精變質，香氣變差。一般在 50℃以下加入，pH 和黏度的調整一般都應在較低溫度下進行。

(3) **部分熱配法**：當某些原料難溶解時，可採用升溫的方法進行加熱溶解，易溶解的原料在常溫下直接溶解，最後將加熱溶解的物料加入整個體系中。

3. 混合物料的後處理

無論是生產透明溶液還是乳液，在包裝前還要經過一些後處理，以便保證產品質量或提高產品穩定性。

(1) **過濾**：在混合或乳化操作時，由於要加入各種物料，難免帶入或是殘留一些機械雜質或產生一些絮狀物，這些會直接影響產品外觀，所以物料包裝前的過濾是必要的。

(2) **均質**：經過乳化的液體，乳液穩定性較差，最好經過均質技術，使乳液中分散相的顆粒更細小、更均勻，得到高度穩定的產品。

(3) **排氣**：在攪拌作用下，各物料可以充分混合，因爲產品中表面活性劑的作用，可能有大量微小氣泡混合在產品中。氣泡不斷沖向液面的作用力，造成溶液穩定性差，包裝時計量不精準，一般採用靜置的方式排氣或是採用抽眞空排氣方式，快速將液體中的氣泡排出。

(4) **陳放**：將物料在老化罐中靜置貯存幾個小時，可使特性更加穩定。

(5) **包裝**：是生產過程最後一道工序，正規生產應使用灌裝機，採用流水線進行包裝。小批量生產可以用高位槽手工灌裝。灌裝過程應嚴格控制灌裝量，做好封蓋、貼標籤、裝箱和紀錄批號、合格證等。袋裝產品通常使用灌裝機灌裝封口。

二、洗滌類化妝品的生產主要因素

1. 溫度

洗滌類化妝品的配製過程以混合爲主，當配方中全部是低溫水溶成分時，可以採用冷配法。當配方體系含有固體油脂或其他需要高溫加熱才能溶解的原料時，需要採取熱配法。也可以是部分熱配法即預先溶解一部分需要加熱溶解的成分，然後再加入整個體系中。溶劑類洗滌類化妝品的原料在室溫或加熱條件下溶解，混合即可，但需注意溫度不能太高。

(1) 皀基型表面活性劑採用熱配法進行混合。溫度不宜過高，一般不超過 70℃，以免配方中某些成分遭到破壞，水相加入油相後溫度會升高 10～20℃，要求皀化溫度一般不低於 80℃。

(2) 非皂基表面活性劑的洗滌類化妝品可以採用部分熱配法，油相溫度一般控制在 75℃左右。表面活性劑的添加溫度應該在 65℃以上，以免體系的溫度因表面活性劑的加入而進一步降低，導致體系黏度增大而使加料時帶入體系內的氣泡無法自然排出。
(3) 珠光劑通常在 70℃左右加入，溶解後需控制一定的後卻速度使珠光劑結晶增大，獲得閃爍晶瑩的珍珠光澤。若採用珠光漿則可以在常溫下加入。
(4) 當溫度下降至 50℃左右時，再加著色劑、香料和防腐劑等，防止高溫下香精的揮發及可能發生的化學反應。

2. 加料順序

原料的加料順序要遵循先難後易的原則，即將難溶解的物料先溶解。加料順序的改變會對產品質量產生一定的影響，甚至造成產品品質不合格。因此，一定要按生產程序要求進行加料。

(1) 高濃度表面活性劑（AES 等）的溶解，必須慢慢加入水中，不是把水加入表面活性劑中，否則會形成黏性極大的團狀物，導致溶解困難。適當加熱是可加速溶解。
(2) 水溶性高分子物質如調理劑 JR-400、陽離子瓜爾膠等，多為固體粉末或是顆粒，雖可溶於水，但溶解緩慢。傳統配製是長期浸泡或加熱浸泡，耗能及利用率低，還有變質風險。新的製備是在高分子粉料中加入適量甘油，可快速滲透粉料使其溶解，在甘油存在下，將其加入水相，室溫下攪拌 15 分鐘，即可徹底溶解。
(3) 表面活性劑是產生氣泡的主要原因，表面活性劑的加入時機是控制氣泡產生的一個關鍵。將表面活性劑直接放在水相中參與皂化過程，會使表面活性劑因為皂化過程劇烈的放熱反應而產生大量的氣泡。因此為了降低皂液的黏度，表面活性劑選擇在皂化反應結速後添加。

3. pH 值

根據法規，表面活性劑潔面乳（膏霜）的 pH 值是 4.0～8.5（果酸類產品除外），皂基類潔面乳（膏霜）的 pH 是 5.5～11.0。成人沐浴乳製品 pH 值為 4.0～10.0，兒童沐浴乳製品 pH 值為 4.0～8.5。洗髮精 pH 值是 4.0～8.5（果酸類產品除外）。當採用的 pH 值調節劑有檸檬酸、酒石酸、磷酸和磷酸二氫鈉等。通常在配製後期加入，當物料降溫至 35℃左右，加完香精、香料和防腐劑後，再調整 pH 值。首先測到其 pH 值，估算緩衝劑加入量，然後投入，攪拌均勻，再測 pH 值。

4. 攪拌

皂化反應過程的攪拌應該控制在一個較低的合適轉速，防止將空氣帶入皂化反應，否則產生的氣泡將很難消除。外觀非常漂亮的珠光是高檔產品的象徵，一般加入硬脂酸乙二醇酯，珠光效果的好壞，不僅與珠光劑的用量有關，而且與攪拌速度和冷卻速度有關。快速冷卻和相當迅速的攪拌，會使皂化反應暗淡無光。

5. 黏度

是洗滌類化妝品重要的物理指標之一，產品的黏度取決於配方中表面活性劑、助洗劑和無機鹽的用量。當表面活性劑、助洗劑（例如烷醇醯胺、氧化胺等）用量高時，產品黏度也相應提高。為增加產品黏度，通常加入增稠劑，例如水溶性高分子化合物、無機鹽等。水溶性高分子化合物通常在前期加入，而無機鹽氯化鈉則在後期加入，加入量一般不超過 3%。過多的無機鹽不僅會影響產品低溫時穩定性，增加產品刺激性，且黏度達到一定值，再增加無機鹽的量反而會使產品黏度降低。

三、主體設備構造及工作原理

洗滌類化妝品生產設備，主要是帶攪拌的混合罐、高效乳化和均質設備、物料輸送幫浦和真空幫浦、計量幫浦、物料貯罐、加熱和冷卻設備、過濾設備、灌裝和包裝設備。

1.混合攪拌設備

是指在攪拌器的作用下，使兩種或多種物料在彼此之間相互分散、均勻混合，目的是製成均勻一致的產品。根據物料狀態可以分爲液相與液相、液相與固相、固相與固相物料的混合。液態非均勻相的混合與乳化設備主要是攪拌混合釜，由殼體、攪拌裝置、軸封和換熱裝置組成。通常攪拌機安裝在釜蓋上，也可獨立組裝，殼體一般爲圓形筒體，軸封是指連結攪拌器和殼體的密封裝置好，換熱裝置常見爲夾套。洗滌類化妝品生產過程中應用最廣泛的是**立式攪拌混合釜（vertical stirring mixer）**，特點是電動機、變速器與攪拌軸的中心線相重合，配有夾套換熱裝置。立式攪拌混合釜結構圖如圖 7-8 所示。

2.均質乳化設備

包括高剪切均質器、膠體磨、超音波乳化設備、連續噴射式混合乳化機、真空乳化機。

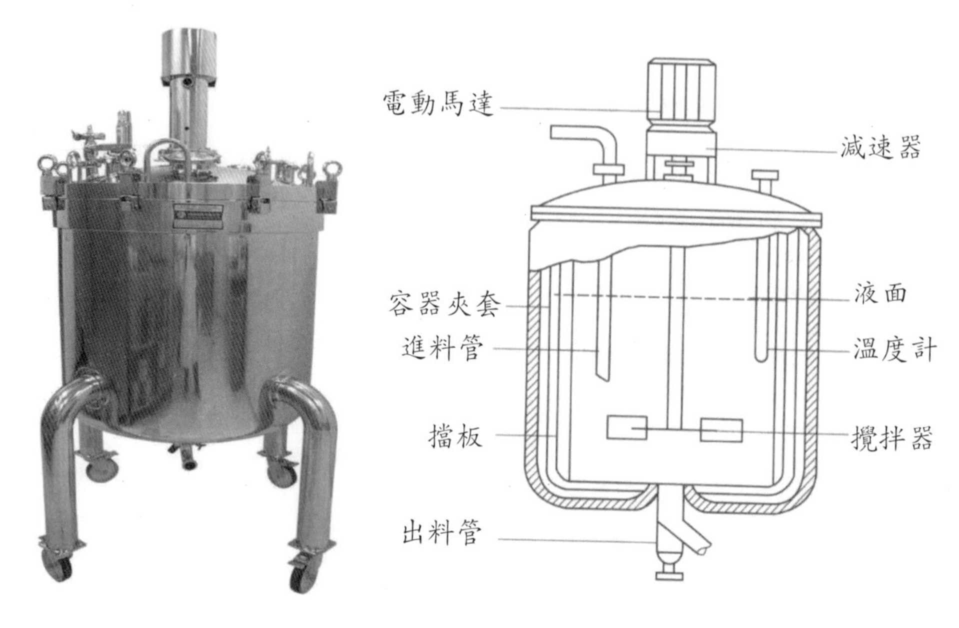

圖 7-8 立式攪拌混合釜結構圖

圖片來源：shang-yuh.com。

第三節 水劑類化妝品的生產

水劑類化妝品主要有化妝水和香水製品，主要是以水、乙醇溶液或是水 - 乙醇爲基質的透明液體，此類產品必須保持透明，香氣純淨無雜味，即使在低溫也不能產生混濁和沉澱。

化妝水黏度較低、流動性好，大部分呈透明外觀，通常在清潔面部皮膚後使用，達到二次清潔、柔軟皮膚，爲角質層補充水分、平衡皮膚酸鹼值等目的，使護膚成分更好被吸收。

香水具有芬芳濃郁的香氣，噴灑於衣襟、手帕及髮際等部位，能散發出怡人的香氣，給人以美的享受並具有爽膚、抑菌、消毒等作用，是一珍貴的芳香類化妝品。

一、化妝水的生產技術

（一）生產流程

一般不需乳化，生產過程相對簡單，通常採用間歇製備法。根據是否含有乙醇，生產技術略為不同。典型的生產過程包括溶解、混合、調色、陳化、過濾和灌裝等，具體過程如圖 7-9：

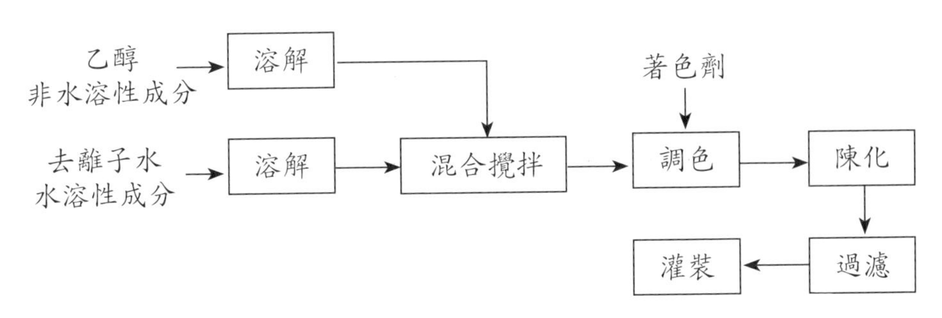

圖 7-9　化妝水生產流程

1. **溶解**：在不鏽鋼設備中加入去離子水，再加入保濕劑、收斂劑、紫外線吸收劑、殺菌劑等水溶性成分，攪拌至全部溶解得水相；在另一攪拌設備中加入乙醇，再將滋潤劑、香精、防腐劑、增溶劑等非水溶性成分加入，攪拌至充分溶解得油相。
2. **混合**：在不斷攪拌下，將油相組成加入至水相體系中，在室溫下混合、增溶，使其完全溶解。
3. **調色**：在混合組中加入著色劑調色，並調整 pH 值。
4. **陳化**：為防止溫度變化後引起低溶解度成分沉澱析出，化妝水最好經5～10℃冷凍陳化，平衡一段時間。尤其是不含醇或含醇量少的化妝水，其香料或非水溶成分易在容器底部沉澱析出而成為不合格產品。同時，陳化有利於減少產品的粗糙的氣味。若各成分溶解度較大，陳化時則無須冷凍。

5. **過濾**：將陳化後的液體過濾，除去雜質、不溶物等。過濾材料可用陶瓷、濾紙、濾筒。
6. **灌裝**：利用灌裝機將化妝水灌裝至容器中，包裝入庫。

生產時注意，若配方乙醇含量較少且有利增溶（表面活性劑）存在時，可將香精先加入增溶劑中混合均勻，在最後階段緩緩地加入，不斷地攪拌直到成為均勻透明的溶液，再經陳化和過濾，即可灌裝。溶解時，水溶液可略為加熱以加快溶解，但要注意控制溫度，以免成分變色或變質。若濾渣過多，可能是增溶和溶解過程不完全，應重新考慮配方及生產技術。

（二）主要影響因素

影響化妝水質量的主要影響因素有溫度、陳化時間和溶劑質量等。

1. **溫度**：一般是室溫，有時為加速溶解，可適當加熱。冷凍溫度偏低，或過濾溫度偏高，可能會使部分不溶解的沉澱物不能析出，陳化過程產生混濁或是沉澱。
2. **陳化時間**：不同產品、配方及原料的特性不同，陳化時間從 1～15 天不等。時間不夠，可能導致沉澱析出不完全。一般不溶性成分含量越多，陳化時間越長，反之可短一些。
3. **溶劑質量**：化妝水溶劑用量大，質量要求高，不能有鈣、鎂金屬離子。其中，水應是去離子水，無微生物污染。乙醇不含有乙醛、丙醛、戊醇、雜醇等。微生物污染會易使化妝水產生不愉快的味道。銅、鐵等金屬離子會催化不飽和芳香物質氧化，導致產品變色變味，溶解度較小的香精化合物甚至會共沉澱出來，產生絮狀沉澱物。一般去離子水為避免細菌污染，使用前必須進行滅菌。

（三）主要生產設備及工作原理

乙醇是化妝水常用原料之一，根據物理特性（沸點 78.5℃，閃點 12.78℃在空氣中爆炸極限濃度為 3.28%～18.95%，空氣中最高允許含量為 3 mg/m^3），需在密閉狀態下生產，以免乙醇揮發到空氣中，造成污染。此外，鐵等金屬離子容易與乙醇溶液發生反應，導致產品變色和香味變壞，最好採用不鏽鋼製生產設備。主要用到設備有混合設備、過濾設備，以及陳化、冷凍、液體輸送及灌裝等輔助設備。

1.混合設備

能使各物料充分溶解以形成均一溶液。通常化妝水黏度較低，原料溶解性較好，混合設備的攪拌葉槳採用各種形式均可，一般以螺旋推進式攪拌較為有利。鍋體為不鏽鋼，電機和開關等電器設備均需有較好的防燃防爆措施。

2.過濾設備

過濾效果直接影響化妝水的澄清度。過濾機類型很多，其中板匡式壓濾機應用較廣泛，如圖 7-10 所示。板匡式壓濾機由許多順序交替的濾紙和濾框構成，濾板和濾框支撐在壓濾機機座的兩個平行的橫樑上，可用壓緊裝置壓緊或拉開，每塊濾板與濾框之間夾有過濾介質（濾紙）。壓濾機的的濾板表面周邊平滑，在中間部分有溝槽，能和下部通道聯通，通道的末端有旋塞用以排放濾液。濾板的上邊緣有 3 個小孔，中間孔通過需過濾的液體，旁邊的孔通過清洗用的洗滌液。濾板上包有濾布，濾布上有孔，並要與濾板上的孔相吻合。

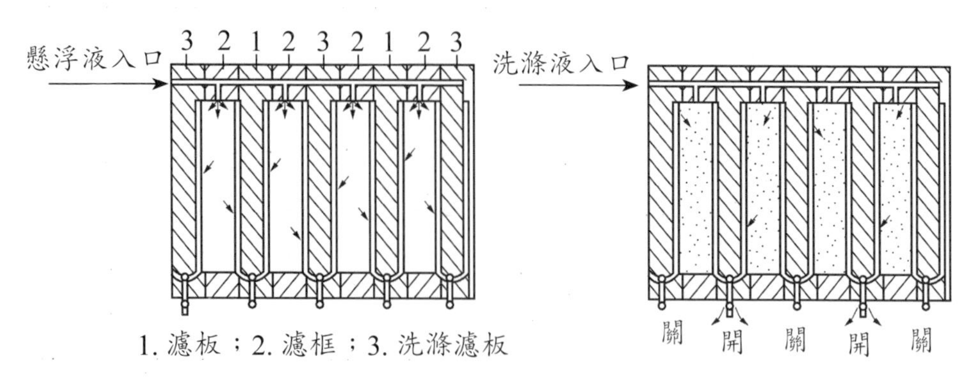

圖 7-10 框板式濾壓機

濾框位於兩濾板之間，三者形成一個濾渣室，被濾布、濾紙等阻擋的濾渣固體沉積在濾框側的濾布上。濾框上有同濾板相吻合的孔，當濾板與濾框裝配在一起時，就形成輸送液體的 3 條通道。過濾時，液體在規定壓力下由幫浦送入過濾機，沿著各濾框上的垂直通道進入濾框，在壓力作用下。濾液體穿過兩側濾布再沿著濾板的溝槽流出去，濾液由出口排出，濾渣固體則被截留於框內，當濾渣充滿框後，則停止過濾。清洗時，打開壓濾機取出濾渣，清洗濾布，整理濾板、濾框即可。

3. 液體灌裝設備

(1) **定量杯充填機（quantitative filling machine）**：如圖 7-11 所示。灌裝前，定量杯由於彈簧的作用而下降，浸沒在儲液相中，則定量杯充滿液體。待灌裝進入塡充器下面後，瓶子向上升起，瓶口被送進喇叭口內，壓縮彈簧，使定量杯上口超出液面，並使進樣管中間隔板的上、下孔與閥體的中間相通。這時定量杯中液體由調節管流入瓶內，瓶內空氣則由喇叭口上的透氣孔逸出，當定量杯中液體下降至調節管的上端面時，定量灌裝則完成。灌裝定量可由調節管在定量杯中的高度來調節。

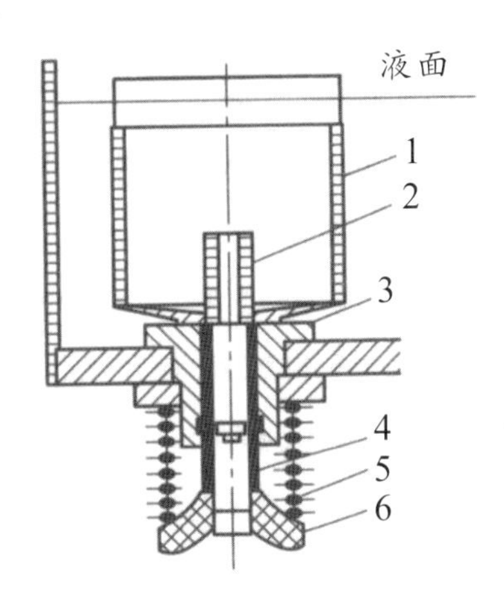

圖 7-11　定量杯充填機的結構

圖片來源：cens.com。

(2) **真空填充器（vacuum filling machine）**：如圖 7-12 所示。當瓶口與密封材料接觸密封後，瓶內的空氣通過眞空吸管從眞空接管內抽出，瓶內產生局部眞空（負壓），液體通過進入瓶內。當充滿後，瓶口的密封被破壞，液體就自動停止流入瓶內。瓶內液面的高度由眞空吸入管的長度調節控制，多餘的液體可通過眞空吸管流入中間容器內回收。

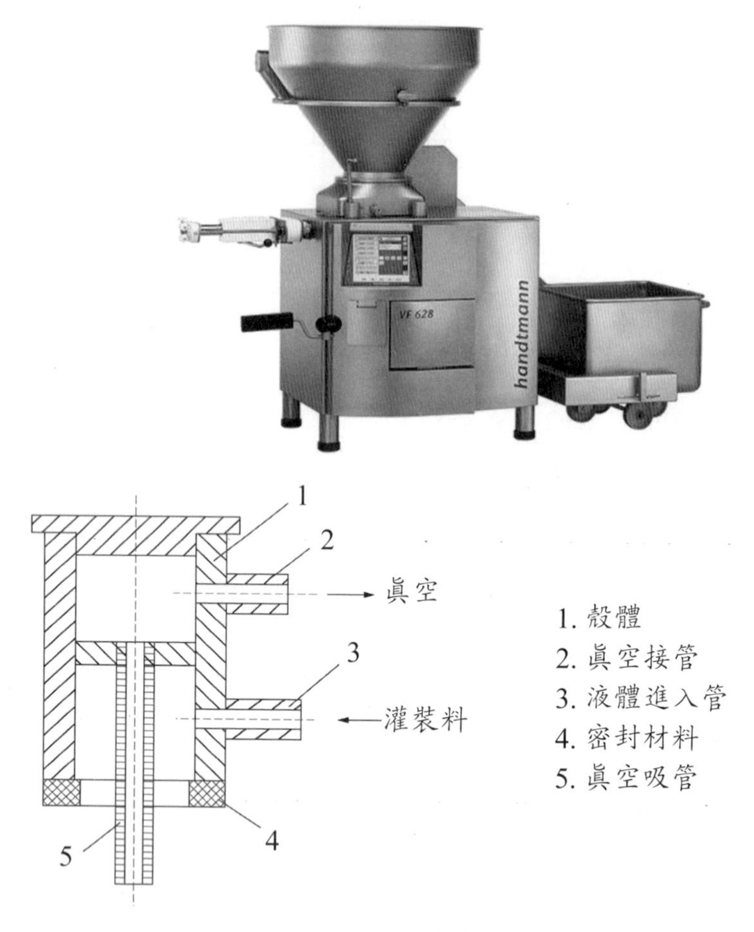

圖 7-12 真空充填機的結構

圖片來源：ttc-hp.com。

二、香水的生產技術

（一）溶劑類香水的生產

溶劑類香水的乙醇含量高且乙醇易燃易爆，因此最好採用不鏽鋼設備生產，車間和設備等必須採用防火防爆措施，以保證安全。包裝容器必須是優質中性玻璃或內容不發生作用的材質。

溶劑類香水的生產過程，如圖 7-13 所示，包括混合陳化、冷凍、過濾、調色、灌裝等。

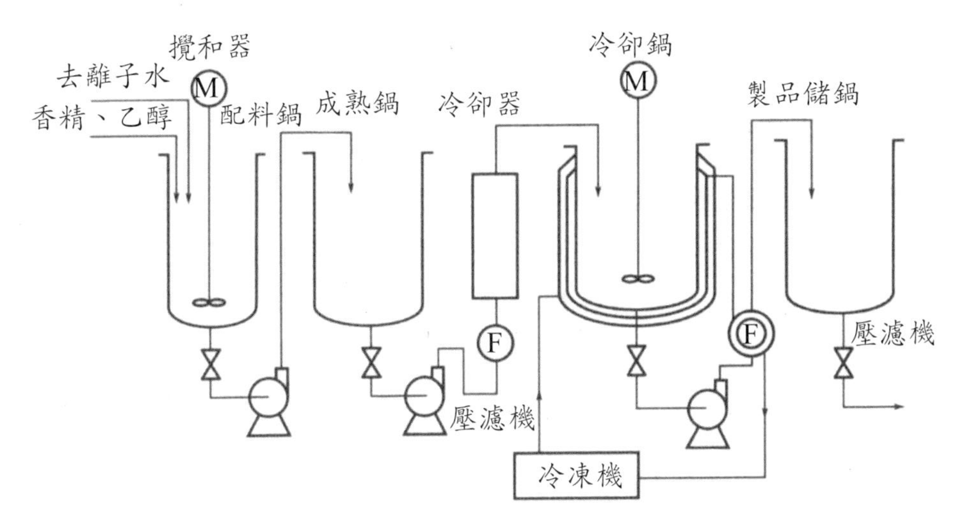

圖 7-13　溶劑類香水的生產過程

1. **混合**：將乙醇、香精（或香料）等加入配料鍋內，充分混合攪拌，再加入去離子水（或蒸餾水）攪拌均勻，再用幫浦輸送到成熟鍋。

2. **陳化**：是調整溶劑類香水的重要操作之一。陳化有兩個作用，一是使香味勻和成熟，減少粗糙的氣味。剛配好香水香氣比較粗糙，需放置一段時間，使香氣趨於調和。二是使容易沉澱的不溶性物質自溶液內離析出來，以便過濾。

　　香精的成分有醇類、酯類、內酯類、醛類、酸類、酮類、胺類等，陳化過程中它們之間可能發生複雜的化學變化，例如酸和醇反應生成酯，酯也可能分解生成酸和醇。醛和醇反應生成縮醛或半縮醛。在水的存在下，含氮化合物會與醛生成 schiff 化合物。其他氧化聚合等反應。通常陳化會使香氣趨於圓潤柔和，但香精調配不當也可能產生不理想的效果。

關於陳化時間長短，一般認爲香水至少要陳化 3 個月，古龍水和花露水陳化 2 週。也有人認爲香水陳化 6～12 個月，古龍水和花露水陳化 2～3 個月更有利。香水陳化的方法有：一者是物理方法，例如機械攪拌、空氣鼓泡、紅外或紫外線照射、超音波處理和機械振動。二者是化學方法，例如空氣或是臭氧鼓泡氧化、銀或氧化銀催化、錫或氫氣還原。如在密閉容器中進行，容器上應帶有安全管，以調節因熱脹冷縮而引起容器內壓力的變化。

3. **冷凍**：在 35℃下過濾後的古龍水，若處於低溫環境時會變成半透明或霧狀，因此爲保證產品偏低溫下的透明度，先冷凍後過濾。一般使用冷卻器冷卻至 0～5℃，以充分除去不溶物。冷凍在固定的冷凍槽內或冷凍管進行。
4. **過濾**：一般採用石棉過濾墊或濾紙，少量生產用濾紙，大量生產用時棉墊或帆布加過濾紙過濾，還可以加入少量助濾劑如滑石粉或碳酸鎂，有助於過濾細小的膠體顆粒和不溶物。
5. **調色**：過濾後香水顏色可能被吸附而變淺，乙醇也可能揮發或損失，因此需要調整香水色澤和乙醇量，待化驗合格後灌裝。
6. **灌裝**：灌裝前，先將空瓶洗淨，按不同品種的灌裝標準進行嚴格控制，在瓶頸處空出空隙，以防儲藏間瓶內溶液受熱膨脹而使瓶子破裂，裝瓶宜在室溫 20～25℃下進行。

（二）乳化香水的生產

乳化香水的外形是膏霜乳液，製備技術類似膏霜乳液。生產技術如圖 7-14，通常先將油相原料再不鏽鋼夾層鍋內加熱至 65℃左右熔融混合，在另一攪拌鍋中將水相原料加熱至 65℃，攪拌溶解均勻。然後在攪拌條件下將油相倒入水相中，待乳化完全後，攪拌冷卻至 45℃，再緩緩加入香精，混合均勻後，在夾層內通冷卻水，快速冷卻至室溫，停止攪拌即可灌裝。

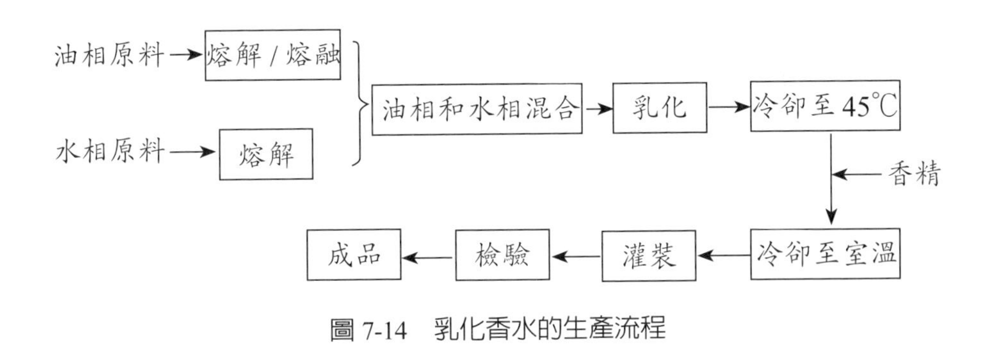

圖 7-14　乳化香水的生產流程

若乳化後再加香精導致乳化體不穩定，可先將香精加入油相中，再進行乳化，但乳化溫度要適合，不能破壞香精的穩定性。乳化香水配方最好經過 6 個月的穩定試驗，合格後再正式生產。

（三）氣霧型香水生產

是一種溶劑類香水爲基質（即噴射的內容物），加入推進劑，配合適當的耐壓容器和閥門製成。與溶劑類香水的生產相比，只在灌裝部分有所不同，灌裝流程如圖 7-15。通常使用加壓灌裝機，噴霧劑二甲醚是在灌裝過程加入的。

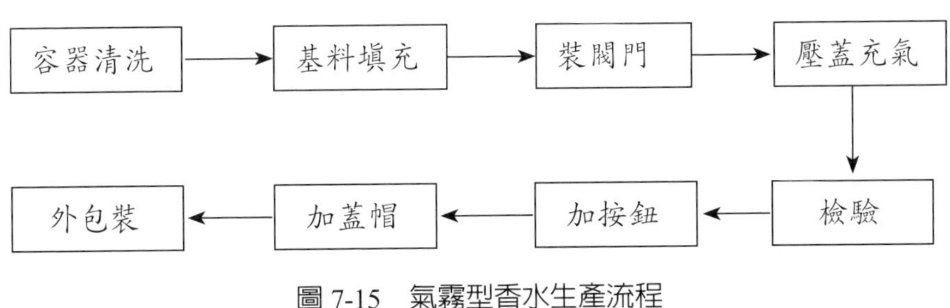

圖 7-15　氣霧型香水生產流程

（四）固體香水的生產

固體香水使用是硬脂酸鈉既可在生產過程中由硬脂酸和氫氧化鈉自溶液內部生成，也可以直接使用硬脂酸鈉。前者物料混合更均勻，得到的產品光潔、致密、細膩，外觀和穩定性更好，但技術稍微複雜。後者分量更準確、配製技術更加簡單，但硬脂酸鈉溶解時間較長，物料的混合均勻程度以及產品細膩度稍差。

硬脂酸鈉自溶液內部的生產流程，如圖 7-16。將乙醇、硬脂酸、甘油等油相成分混合，加熱至 70℃溶解混合均勻。在快速攪拌條件下，將溶解在水中的氫氧化鈉緩緩加入，形成半透明的液體。適當降溫，加入香精和著色劑攪拌均勻。趁物料可以流動時灌入模具，冷卻後成型即可包裝。

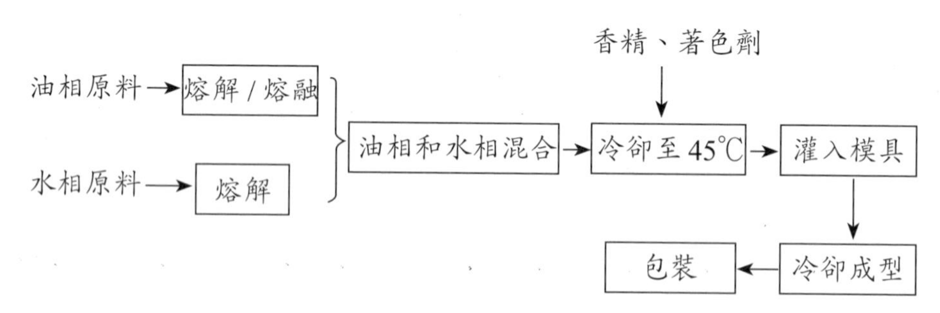

圖 7-16 硬脂酸鈉自溶液內部生產的流程

直接使用硬酸酸鈉時，將乙醇、水和硬脂酸鈉等油相和水相原料加熱溶解，攪拌混合均勻，適當降溫後加入香精、著色劑，趁物料流動時灌入模具，冷卻後成型即可包裝。

第四節 粉劑類化妝品的生產

粉劑類化妝品是用於面部的美容化妝品，作用在於使極細顆粒的粉質塗敷於面部，以遮蓋皮膚上的某些缺陷，要求近乎自然的膚色和良好的質感。粉劑類製品應該有良好的滑爽性、黏附性、吸收性和遮蓋力，香氣應芳馥醇和而不濃郁，以免掩蓋香水的香味。

一、香粉的生產技術

（一）香粉的生產過程

生產比較簡單，主要包括混合、研磨、篩分，有的是磨細過篩後混合，有的是磨細過篩後混合，有的是混合磨細後過篩。粉體細化的方法有兩種，一種是磨碎的方法，例如採用萬能磨、球磨機和氣流機。另一種是將粗顆粒分開，例如採用篩子和空氣分細機等。香粉的生產過程為：

粉料滅菌→混合→磨細→過篩→加脂→加香→灌裝。

1. **粉料滅菌**：粉類化妝品用於美化面部及皮膚表面，為保證製品的安全性，通常要求香粉、爽身粉、粉餅等製品的細菌總數小於 1000 CFU／g，眼部化妝品如眼影要求細菌數為零。所用滑石粉、高嶺土、鈦白粉等粉末原料不可避免地會附有細菌，所以必需對粉料既行滅菌。粉料滅菌方法有環氧乙烷氣體滅菌法、鈷 60 放射線滅菌法等。一般採用環氧乙烷氣體滅菌法。
2. **混合**：目的是將各種粉料用機械的方法使其攪拌均勻，是香粉生產的主要工序。混合設備的種類很多，例如臥式混合機、帶式混合機、立式螺旋混合機、V 型混合機以及高速混合機等，目前使用比較廣泛的是高速混合機。一般是將粉末原料計量後放入混合機中進行混合，但是顏料之類的添加物由於量少在混合機中難以完全分散，所以初混合的物料需尚在粉碎機內進一步分散和粉碎，然後再返回混合機。此操作可以反覆數次以使色調均勻。

3. **磨細**：目的是將顆粒較粗的原料進行粉碎，並加入的顏料分布得更均勻，顯出應有的色澤。不同的磨細程度，香粉的色澤也略爲不同，一般採用球磨機。磨細後的粉料色澤應均勻一致，顆粒均勻細小，顆粒度用 120 目篩網進行檢驗，按香粉、爽身粉、痱子粉要求，不同產品通過率分別爲香粉 >95%，爽身粉 >98%，痱子粉 >98%。
4. **過篩**：透過球磨機混合、磨細的香料或多或少會存在較大的顆粒，爲保證產品質量，要經過過篩處理。常用的是臥式篩粉機，過篩後應能通過 120 目標準。若採用氣流磨或超微粉粉碎機，再經過旋風分離器得到的粉料，則不無再過篩。
5. **加脂**：一般香粉的 pH 值是 8～9，粉質比較乾燥，爲克服此種缺點，在香粉內加入少量脂肪物，稱爲加脂香粉，加脂的過程稱爲加脂。加脂香粉不影響皮膚的 pH 值，在皮膚表面的黏附特性好，粉質柔軟，容易敷施。
6. **加香**：香精的加入最好是和一些吸收較好的物質進行混合，一般是將香精和全部或部分的碳酸鹽在拌粉機（球磨機）內攪拌均勻。香精和碳酸鹽用量的比例以混合物在手中乾燥且易粉碎爲原則，避免產生潮濕黏著現象。香精和碳酸鹽混合後過 15～20 目篩子，置於密閉的不鏽鋼容器中數天內吸收完全，然後再和其他經過旋風分離器除塵的粉料混合均勻。
7. **灌裝**：是生產香粉的最後一道工序，一般採用有容積法和秤重法。對定量灌裝機的要求是應該有較高的定量精準度和速度，結構簡單，並可根據定量要求進行手動調節或自動調節。

（二）影響香粉生產的因素

1. **粒徑**：香粉細度要求爲粒徑爲 120 目的粉粒≧ 97%。
2. **雜菌數**：總菌數≦ 1000 CFU/g，兒童用產品≦ 500 CFU/g，黴菌和酵母菌總數≦ 100 CFU/g，糞大腸桿菌群、金黃色葡萄球菌、綠膿桿菌不得檢驗出。
3. **pH 值**：香粉類化妝品要求 4.5～10.5，兒童用產品 pH 爲 4.5～9.5。
4. **色澤**：色澤均勻，符合規定，控制混合、磨細時間，使之混合均勻，採用高速混合機、超微粉碎機等設備。控制烘烤過程及時間，防止粉體變色。
5. **香型**：符合規定。
6. **攪拌速度**：粉料、香精加入高速攪拌機進行混合，攪拌速度控制在 1000～1500 rpm/min。
7. **粉類原料與脂類原料的混合**：加脂的操作方法是，先將脂肪物、水、乳化劑等製成乳劑，再將乳劑加入已通過混合、磨細的粉料中，充分混合均勻，應注意脂肪物過多粉料易結團。在 100 份粉料中加入 80 份乙醇拌勻，過濾除去乙醇。在 60～80℃烘箱內烘乾，使粉料顆粒表面均勻地塗布脂肪物，經過乾燥後的粉料含脂肪物 6%～15%，再經過篩即可形成加脂香粉。

（三）主要設備

有滅菌器、粉碎機、篩粉設備、混合設備、除塵設備。

1. **滅菌器**：粉料原料含細菌較多，因此各種粉料在配料前必須先經過滅菌。化妝品生產中常用的滅菌方法有高溫滅菌、紫外線滅菌、放射線滅菌和氣體滅菌等，粉料滅菌通常採用環氧乙烷氣體滅菌法。粉料環氧乙烷氣體滅菌流程，如圖 7-17。

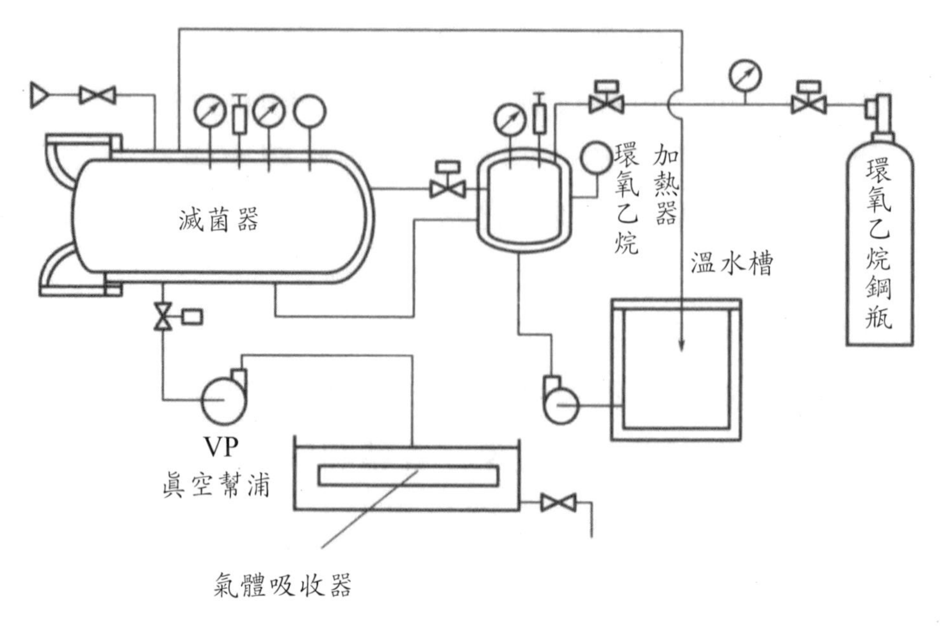

圖 7-17　環氧乙烷氣體滅菌技術流程

2. **粉碎機**：粉碎機是製作粉類化妝品的主要設備，按照被粉碎的物料在粉碎前後的大小分爲四類：粗碎設備、中碎與細碎設備、磨碎和研磨設備、超細粉碎設備。香粉化妝品的生產主要用到超細粉碎設備。常見有球磨機、振動磨、微細粉碎機、氣流粉碎機、衝擊超細粉碎機等。**球磨機（ball mill）**如圖 7-18 所示。

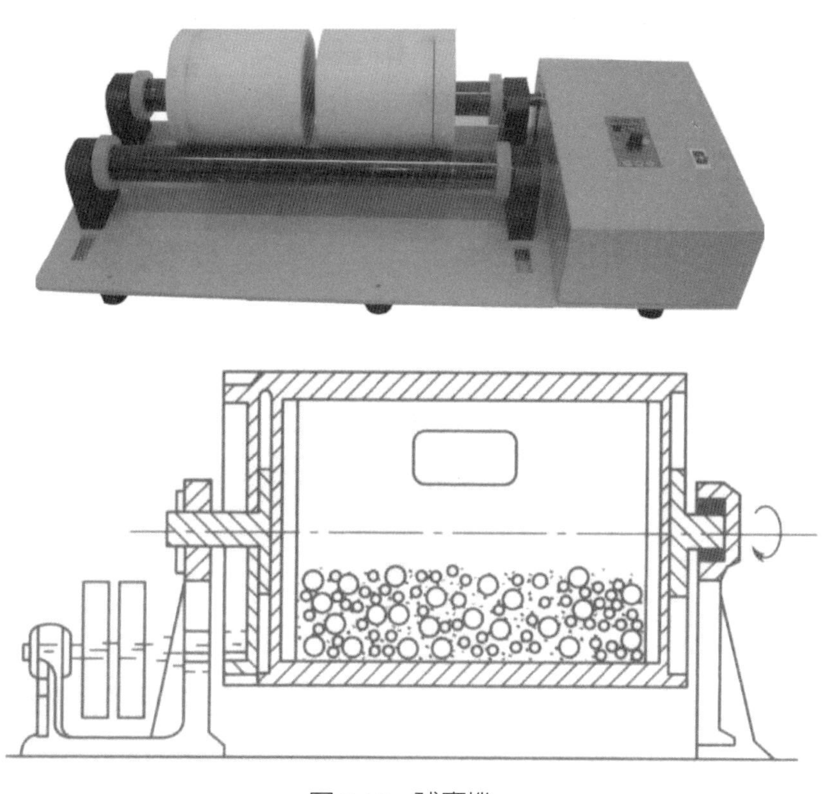

圖 7-18　球磨機

圖片來源：product.acttr.com。

3. **篩分設備**：粉碎後的固體原料顆粒不均勻，需要用篩分設備將顆粒按大小分開，以滿足不同的需要。篩分設備的主要部件是由金屬絲、尼龍絲等材料編織而成的網。篩孔的大小通常用目數來表示。目數越高，篩孔越小。篩分可用機械離析法，也可以用空氣離析法。前者設備稱為機械篩，例如柵篩、圓盤篩、滾動篩等。後者設備稱為風篩，例如**微粉分離器（micro-powder separator）**，如圖 7-19。由於篩孔較細，化妝品工業用的篩粉機一般還附裝有不同形式的刷子，在粉料過篩時不斷地在篩孔上刷動，以便粉料篩過。製作香粉、粉餅、爽身粉、痱子粉等粉粉狀化妝品通常採用 200～325 目細度的粉料。

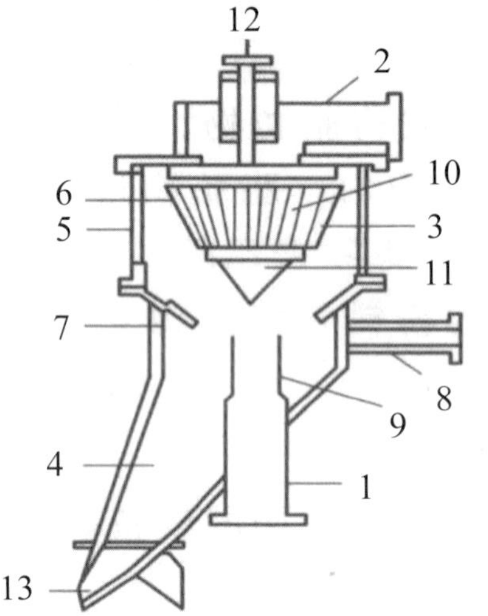

1. 進料管
2. 排風管
3. 轉動子
4. 集粉管
5. 分離室
6. 轉動子上的空氣通道
7. 調流環
8. 二次風管
9. 餵料位置環
10. 扇片
11. 轉動子錐底
12. 轉軸
13. 活絡排風口

圖 7-19 微粉分離器

圖片來源：rightek.com.tw。

4. **混合設備**：主要用於粉狀化妝品原料的混合，它能承擔粉體原料的預備混合、整個粉體的調料混合，例如調色或調香混合等。混合機採用不銹鋼材質製成並附有攪拌器的設備。當投入粉料原料後，開動攪拌器便可將物料攪扮均勻。**高速攪拌混合機（hign-speed stirring mixer）**，如圖 7-20。是目前較為廣泛使用的設備。

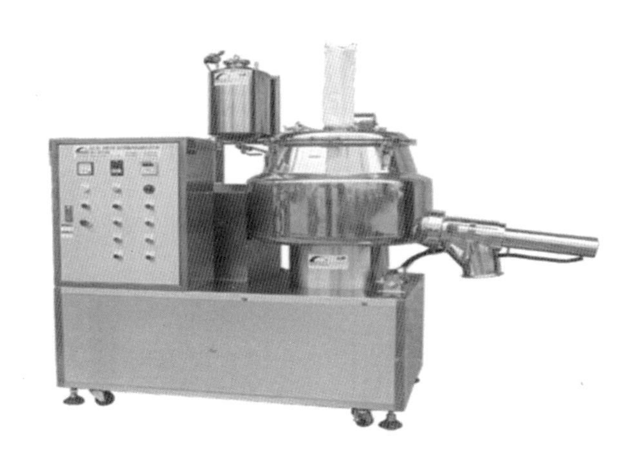

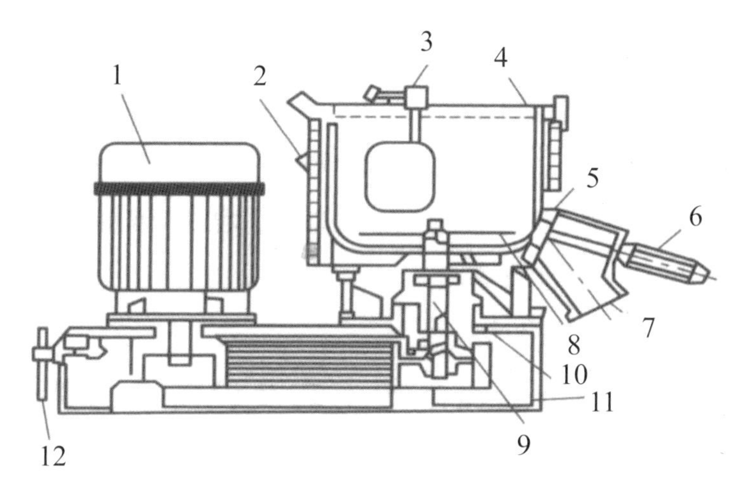

1. 電動機；2. 料筒；3. 溫度計；4. 蓋；5. 門蓋；6. 汽缸；7. 出料口；8. 攪拌葉輪；9. 軸；10. 軸殼；11. 機床；12. 調節螺絲

圖 7-20　高速攪拌混合機

圖片來源：www.cosmetic.com.tw。

5. **除塵設備**：爲了使粉料從氣體中分離出來或是除去氣體中所含粉塵，避免造成環境污染或粉料的大量流失，通常採用除塵設備。除去氣體中固體顆粒的過程稱爲氣體淨製，可以分成乾法淨製、濕法淨製、靜電淨製等。用於粉狀化妝品的除塵設備有旋風分離器、袋式過濾器、靜電除塵設備、吸收除塵設備等。

二、粉餅的生產技術

（一）生產過程

粉餅與香粉的生產技術相同，不同點主要是粉餅要壓制成型，除粉料外，還需加入一定的膠黏劑。也可用加脂香粉直接壓制粉餅，因加脂香粉中的脂肪物有很好的黏合特性。粉餅的生產技術包括：膠質溶解→粉料滅菌→混合→磨細→過篩→壓制粉餅→包裝。

1. **膠質溶解**：用不銹鋼容器稱量（天然的或合成的膠類物質）和保濕劑，加入去離子水攪拌均勻，加熱至 90℃，加入安息酸鈉或其他耐高溫的防腐劑，在 90℃保持 20 分鐘滅菌，用沸水補充蒸發水分後備用。所用羊毛脂、白油等油脂類物質可和膠黏劑混合在一起同時加入粉料中。如單獨加入粉料中，則應事前熔化，加入少量抗氧化劑，用尼龍布過濾，備用。膠質的用量必需按香粉組成膠質的特性而定。
2. **粉料滅菌、混合、磨細、過篩**：按照配方要求秤取粉料（含顏料）在球磨機中混合磨細 2 小時，粉料與石球的質量比是 1：1，球磨機轉速 50～55 rpm/min。加脂肪物如羊毛脂和白油等混合 2 小時，再加香精混合 2 小時，最後加入膠黏劑混合 15 分鐘。在球磨機混合過程中，要經常取樣檢驗是否混合均勻，色澤是否與標準相同。混合好的粉料，篩去石球後，加入超微粉碎機中進行磨細，磨細後的粉料在滅菌器內用環氧乙烷滅菌，將粉料裝入清潔的桶內，蓋好桶蓋，防止水分揮發，並檢查粉料是否有未粉碎的顏料色點、二氧化鈦白點或灰色雜質的黑色點。也可將膠黏劑先和適量的粉料混合均勻，經過 10～20 目的粗篩過篩後，再和其他粉料混合，經磨細處理後，將粉料裝入清潔的桶內在低溫處放置數天，保持水分平衡。粉料不能太乾，否則會失去膠合作用。

3. **壓制粉餅**：壓制粉餅前，粉料要先經過 60 目的篩子。按規定中量將粉料加入模具內壓制。壓制時要做到平、穩，不要過快以防止漏粉、壓碎，應根據配方適當調整壓力。壓制粉餅所需要的壓力大小和壓粉機的形式、粉餅的水分、吸濕劑的含量以及包裝容器的形狀等都有關係。壓力過大，製成的粉餅太硬，使用時不易塗抹開，壓力太小，製成的粉餅太易碎。
4. **包裝**：壓制好的粉餅，必須檢查有無缺角、裂縫、毛燥、鬆緊不勻等現象。壓制好的粉餅應保持清潔，準備包裝。包裝盒不能彎曲，當粉餅壓入盒後，壓力去除時，盒子的底板恢復原狀彎曲，就會使粉餅破裂，因為粉並沒有彈性。同理，沖壓不能接觸盒子邊緣，必須經過試驗確定盒子直徑和粉餅厚度的關係，如果比例不合適，在移動及運輸過程中容易碎裂。

（二）粉餅生產的影響因素

1. **粒徑**：粉餅細度要求粒徑為 120 目的粉粒≧ 95%。
2. **pH 值**：要求 6.0～9.0。
3. **色澤**：符合規定。
4. **香型**：符合規定。
5. **雜菌數**：細菌總數≦ 1000 CFU/g，眼部、兒童用產品≦ 500 CFU/g，黴

菌和酵母菌≦ 100 CFU/g，糞大腸桿菌、金黃色葡萄球菌、綠膿桿菌不得驗出。

6. **加料順序**：按配方秤取粉料，加羊毛脂和白油等脂肪物，再加香精混合，最後加入膠黏劑混合。目前是使原料和著色劑、油分分散均勻。
7. **壓制粉餅**：壓制粉餅前，粉料要先經過 60 目的篩子，按規定質量將粉料加入模具內，壓制時要做到平、穩、不要過快，防止漏粉、壓碎。壓力大小與沖壓機的形式、產品外型、配方組成等有關，其大小需視產品硬度、粉料鬆軟性、含水量及成型模型態而定，一般在 2×10^{6}～7×10^{8} Pa 之間。壓力太大，製成的粉餅太硬，使用時不易塗抹，壓力太小，粉餅鬆軟、易碎。

（三）主要設備

粉餅的生產設備與香粉大體相同，不同之處在於粉餅需要壓制成型，即粉餅壓制設備。包括粉餅混合機、粉碎機和成型機。**自動壓餅機（auto-powder press production machine）**主要由油壓機、粉餅盤、加粉模具和自動控制等裝置組成。結構是在旋轉圓盤上裝設供壓塊的凹型模，由供粉盒器自動供應金屬粉盒，旋轉時可自動計量粉料，以一定的油壓壓塊後取出。壓餅完成後，模具可自動清掃，以供下次壓餅使用。機器開動後，粉餅定盤由轉盤自動傳送到加粉模具底部，由油壓機自動壓制成塊。生成能力為每分鐘自動壓制 15～30 塊粉餅。機器如圖 7-21。

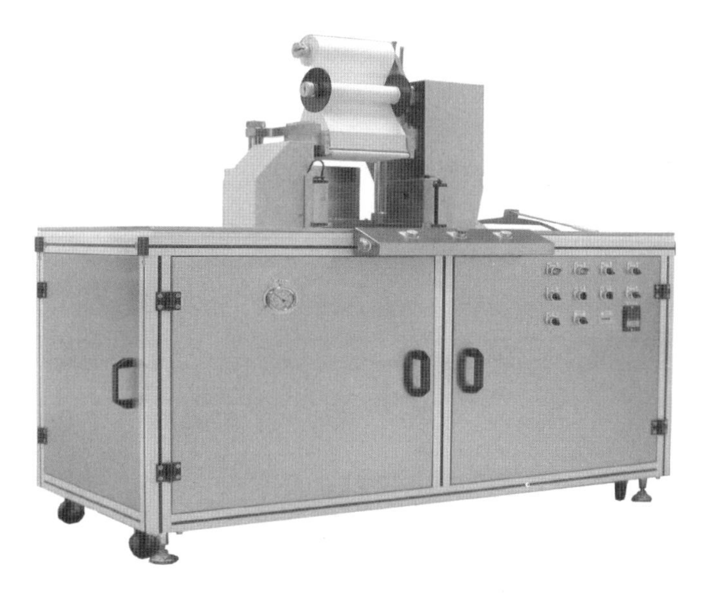

圖 7-21　自動壓餅機

圖片來源：062457918.web66.com.tw。

第五節　美容類化妝品的生產

美容修飾類化妝品以塗抹、噴灑或是其他類似方法，施於人體表面如表皮、毛髮、指（趾）甲、唇膏等，達到美容修飾，賦予人體香氣、增加人體魅力的作用。一般只依附在皮膚表面，不進入皮膚毛孔深處，故需要卸除。不同部位有專用的美容化妝品，例如用於毛髮的定型慕絲、髮膠、脫毛劑、睫毛膏等。用於皮膚的粉底、遮瑕膏、粉餅、胭脂、眼影、眼線筆、香水及面膜等。用於指（趾）甲的指甲油、指甲拋光劑等。用於口唇的唇膏、唇彩、唇線筆等。本節介紹胭脂、唇膏、眉筆、指甲油及面膜的生產技術。

一、胭脂的生產技術

（一）胭脂塊生產技術

與粉餅生產技術大致相同，主要是混合研磨、過篩、加膠黏劑（包括香精）和壓制成型等步驟。

1. **混合研磨**：將烘乾的顏料和粉質原料混合研磨，磨得越細，粉料也越細膩。通常採用陶瓷材質球磨機，用石球來滾磨粉料，以免金屬材質對原料中某些成分的影響。粉料和顏料在球磨機裡上下翻動，石球相互撞擊、研磨，而使粉料和顏料磨細並混合均勻，實現磨細和配色的目的。一般混合磨細時間是 3～5 小時，爲了加速著色可以加入少量的水分或乙醇潤濕粉料。滾磨時如果粉料潮濕，應當每隔一定時間開啓容器，用棒翻攪球磨機桶壁，以防粉料黏附於桶的角落造成死角。
2. **過篩**：研磨後的粉料經過篩處理，除去較大顆粒。
3. **加膠黏劑、香精等**：使用球磨機時要間歇用棒翻攪桶壁，使用臥式攪拌機加膠黏劑和香精更爲適宜。著色的粉料放入臥式攪拌機裡不斷攪拌，同時將膠黏劑用噴霧器噴入，這樣可使膠黏劑均勻地拌入粉料中，脂肪性膠黏劑加入前需先加熱熔融，水溶性膠黏劑則需加水溶解。香精的加入順序由壓制方法決定，一般分爲濕壓和乾壓兩種，濕壓法是膠黏劑和香精同時加入，乾壓法是將潮濕的粉料烘乾後再混入香精，避免香精受高溫作用失去原有香氣。
4. **壓制成型**：將加入膠黏劑和香精的粉料，經過篩後放入胭脂底盤上，用模子加壓，製成塊狀。生產流程如圖 7-22 所示。

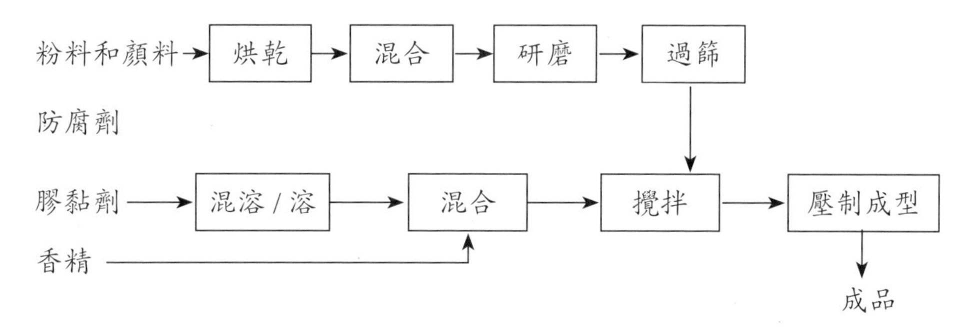

圖 7-22　胭脂塊生產流程

注意事項：

1. 原料分散均勻，否則可能導致粉質粗糙。
2. 胭脂粉料加入膠黏劑和香精過篩後，就應壓制成塊，或放入密閉容器內，防止水分蒸發，確保壓制時的黏合力。
3. 壓制粉塊的壓力適當，若過大會使胭脂變硬，塗抹結油塊、泡粉；過小會使粉塊很鬆散，導致不耐摔、塗抹鬆散。
4. 粉料濕度合適，水分太多會黏模，過少則黏合力差，胭脂塊容易碎。
5. 壓制完成後，可堆放在通風乾燥的房間內，靜置乾燥 1-2 天。

（二）胭脂膏的生產技術

1. **油膏型胭脂膏**的生產是先將顏料和適量油脂研磨混合均勻，其餘的油脂、蠟類混合加熱熔融，將研磨後的顏料加入其中，攪拌均勻後，冷卻至 40～50℃加入香精，攪拌均勻後灌裝。
2. **膏霜型胭脂膏**的生產是在膏霜類產品的基礎上加入顏料。生產時將顏料和適當油脂研磨成均勻的混合物，將油溶性物質在一起熔化，將水溶性物質溶於水中加熱，將水溶液倒入熔化的油溶液中，不斷地攪拌，乳化均質一段時間後，加入顏料混合物繼續攪拌均勻，溫度降至 40～50℃左右時加入香精，混合均勻後灌裝。

二、唇膏的生產技術

1. **製備色漿**：在紅色染料中加入部分油脂，加熱攪拌送至三輥機研磨。將色澱粉料烘乾磨細，與軟脂成分捏合，經三輥機反覆研磨數次待用。
2. **油料熔化**：將油、脂、蠟加入原料熔化鍋，熔化溫度控制在比最高熔點的原料略高一些，熔化後充分攪拌均勻，經過過濾放入真空脫氣鍋。
3. **混合脫氣**：在真空脫氣鍋內，油料和色漿攪拌混合，將色漿均勻分散於油料體系中，並脫除氣泡，稍降溫度後加入香精、珠光顏料等輔料。
4. **澆注成型**：模具經熱通道預熱到35～40℃，漿料澆入預熱後的模具中，待稍冷後，放置在冷卻板均勻冷卻。
5. **插入底座**：打開模具，取出膏體插入包裝底座。配方中的蜂蠟和精製地蠟的存在使澆模時唇膏收縮與模型分開，開模時成品就容易取出。生產流程如圖 7-23 所示。

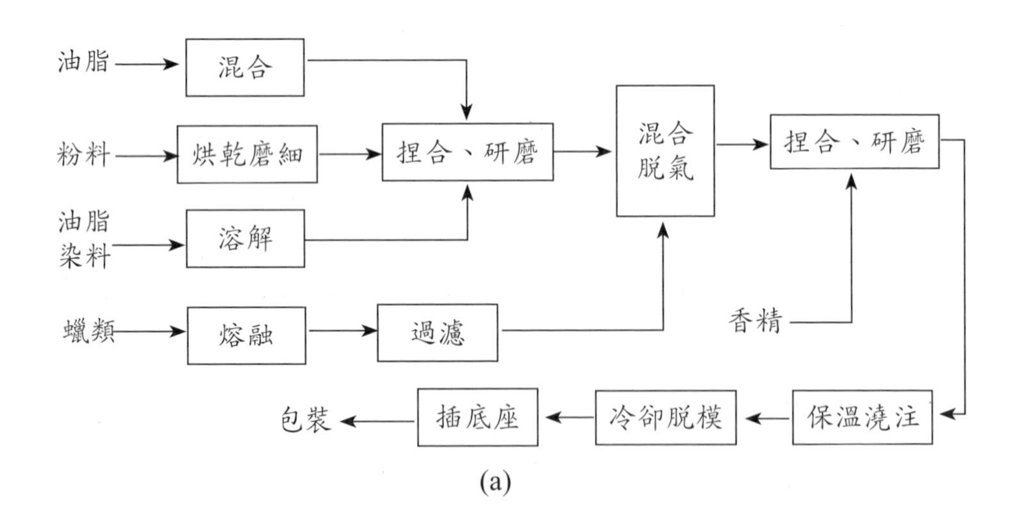

(a)

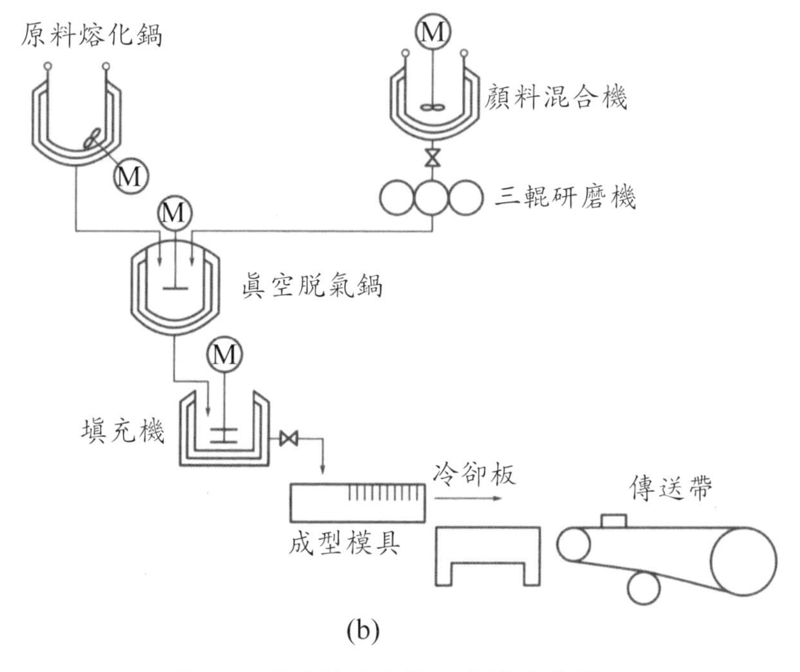

圖 7-23　唇膏生產流程 (a) 及生產裝置 (b)

注意事項：

1. 研磨充分以使顏料分散均勻，否則可能出現唇膏表面粗糙現象。
2. 澆模前要將膏料內空氣排除，一般是膏料加熱並緩緩地攪拌使空氣泡浮在表面，也可以採用眞空脫泡。
3. 澆注時，鍋內溫度一般控制在高於唇膏熔點 10℃，攪拌槳盡量靠近鍋底和鍋壁，以防顏料下沉。同時攪拌速度要慢，澆注時不間斷。
4. 澆注溫度和冷卻溫度需恆定，以保證唇膏正常的結晶，否則會影響產品品質，例如冷卻緩慢會形成大而粗的結晶，唇膏表面失去光澤，貯存若干時間會出現「冒汗」現象。

三、眉筆的生產流程

眉筆的製備是將油脂、蠟熔化後加入磨細的顏料，不斷攪拌至均勻，再倒入盤內冷卻凝固，切成薄片，經研磨機研磨兩次後，再由壓條製成筆芯。筆芯製成後黏合在兩塊半圓形木條中間即可，生產流程如圖 7-24 所示。

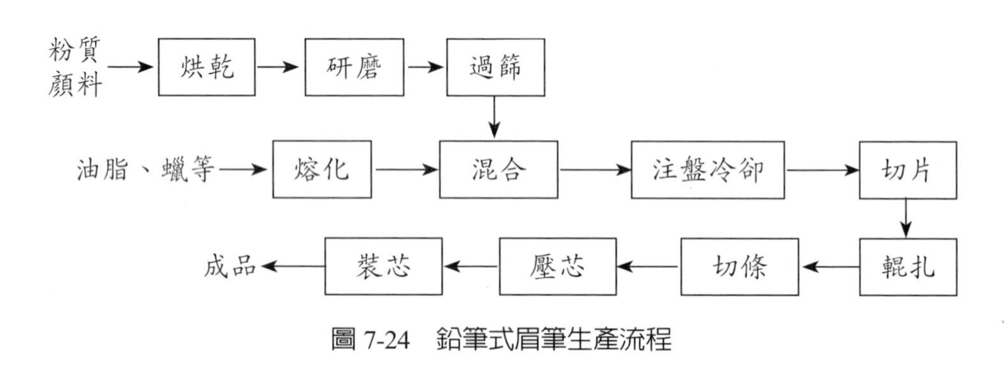

圖 7-24　鉛筆式眉筆生產流程

推管式眉筆製備流程：將顏料烘乾、研磨過篩後與適量的液體油脂混合研磨均勻成漿狀，將剩下的油脂、蠟混合加熱熔化，再加入上述混合均勻的顏料漿，充分攪拌至均勻，熱熔狀態下注入模子中，冷卻製成筆芯。將筆芯插在金屬或塑料筆芯座上，使用時用手指推動底座即可將筆芯推出來。生產流程如圖 7-25 所示。

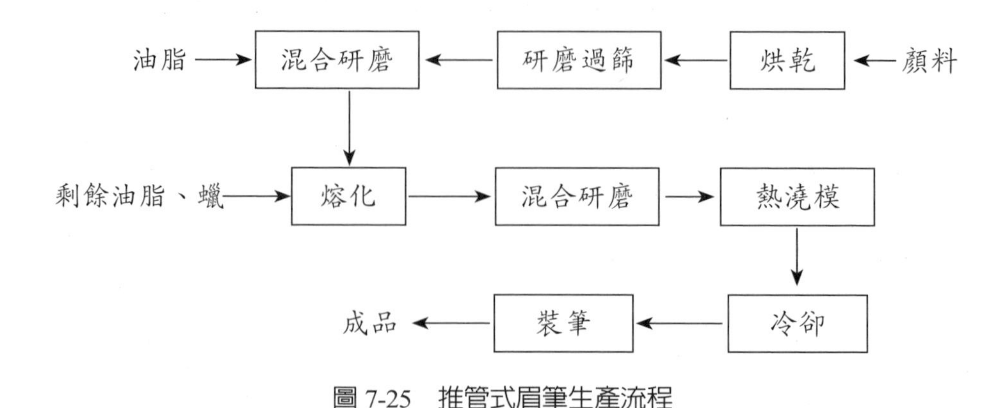

圖 7-25　推管式眉筆生產流程

推管式眉筆用熱熔法製筆芯，鉛筆式眉筆採用壓條製筆芯，前者筆芯冷卻後得到是脂、蠟的自然結晶，較硬。後者則是將自然結晶的筆芯粉碎後再壓制成，較軟，但放置一段時間也會逐漸變硬。

四、指甲油的生產技術

指甲油的生產技術包括配料調色、混合、攪拌、過濾、包裝等過程。具體是將顏料研磨分散於溶劑中，製得顏料漿，樹脂、增塑劑溶於溶劑。用稀釋劑或溶劑將硝酸纖維素潤濕，再加入溶解好的樹脂和增塑劑，攪拌至完全溶解，再加入顏料漿繼續攪拌。經壓濾機或離心機處理，去除雜質和不溶物，儲存靜置後進行灌裝。生產無色指甲油則無需加顏色漿。生產流程如圖 7-26 所示。

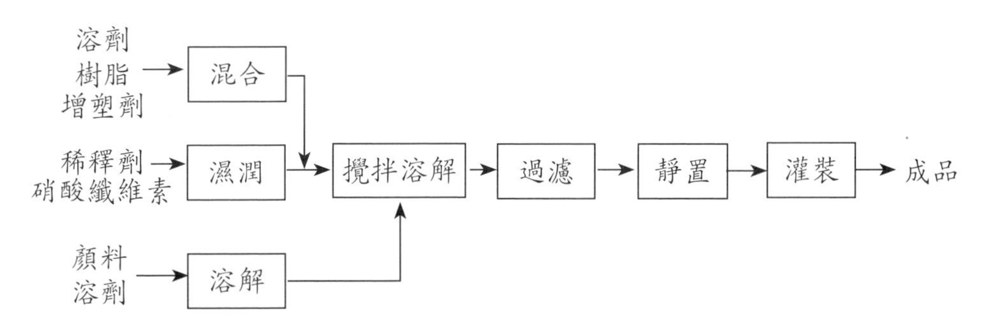

圖 7-26　指甲油的生產流程

注意事項：

1. 控制合適的顏料粒徑。顏料顆粒用球磨機或輥磨機進行充分粉碎，使其懸浮於液體中。原料磨得越細，指甲塗抹的光澤度越好。
2. 選擇適合的溶劑，溶解的揮發速度會影響乾燥速度、製品的流動性以及膜的光澤、平滑性等。揮發太快會影響指甲油的流動性，產生針孔現象，殘留痕跡而影響塗抹膜外觀。揮發太慢會使流動性太大，成膜太薄，乾燥時間太長。

3. 指甲油是易燃物，生產過程要注意安全，需要採有效防燃防爆措施。

五、面膜生產流程

不織布型面膜的生產流程包括面膜液的生產及特殊包裝技術，其中面膜液生產同水／乳劑類化妝品。包裝時將預先剪裁成面部形狀的面膜布放入鋁箔袋中灌入面膜液，然後將包裝袋密封，壓袋，待袋內的面膜布浸透面膜液即可。生產流程如圖 7-27 所示。

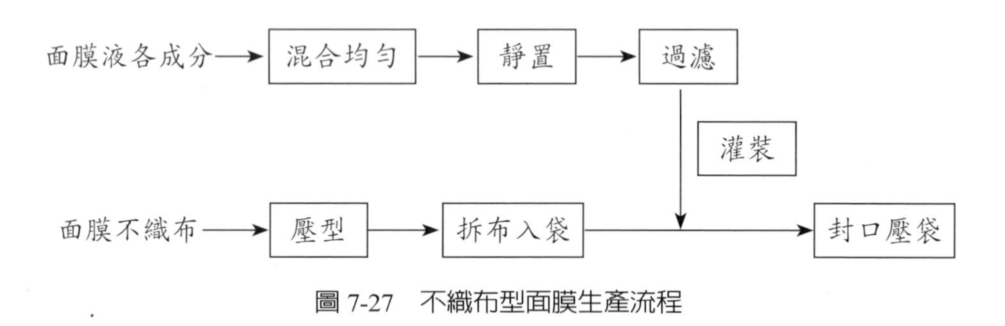

圖 7-27　不織布型面膜生產流程

習題

1. 請簡述影響乳化生產技術的因素。
2. 請問洗滌類化妝品的生產主要因素有哪些？
3. 請簡述化妝水的生產流程。
4. 請簡述粉餅的生產流程。
5. 請簡述唇膏的生產流程。

第八章　天然化妝品調製實作

天然化妝品調製實作編排上，先編排超音波輔助萃取及超臨界流體萃取實驗，提供讀者練習如何從天然物中實際萃取有效成分，並應用實際萃取的有效成分做爲後續化妝品調製實驗的原料使用。接著依據乳化類化妝品、洗滌類化妝品、水劑類化妝品、粉劑類化妝品及美容類化妝品等不同的化妝品生產技術，分別挑選具有天然物、漢方或是植萃的天然化妝品配方，並圖解操作流程，讓讀者可以輕鬆調製天然化妝品。

第一節　天然有效物質萃取實驗

完整的天然物萃取與分離策略、技術及方法介紹，讀者可以參考五南圖書出版公司之**《天然物概論》**一書，有針對「**天然物有效成分的萃取方法**」、「**天然物有效成分的分離方法**」及「**天然物有效成分的乾燥方法**」等主題式介紹並將部分常見及重要之天然物有效成分的萃取與分離技術，以單元方式整理，做爲引導讓讀者了解如何由生物體萃取和分離得到天然物之說明。本節僅挑選「**超音波輔助萃取**」及「**超臨界流體萃取**」設計兩個萃取操作實驗單元。

實驗一：超音波輔助萃取實驗

一、萃取原理

超音波輔助萃取操作流程如圖 8-1 所示。音波的傳遞依照正弦曲線縱向傳播，即一層強一層弱，依次傳遞。當弱的音波信號作用於液體中時，會對液體產生一定的負壓，則液體體積增加，液體中分子空隙加大，形成許許多多微小的氣泡，當強的音波信號作用於液體時，會對液體產生一定的正壓，則液體體積被壓縮減小，液體中形成微小氣泡被壓碎。液體中每個氣泡的破裂會產生能量極大的衝擊波，相當於瞬間產生數百度的高溫和高達上千個大氣壓，這種現象被稱為「**空洞現象**」。利用氣泡崩壞瞬間發生的衝擊力，達到增強萃取效果的技術（如圖 6-4）。

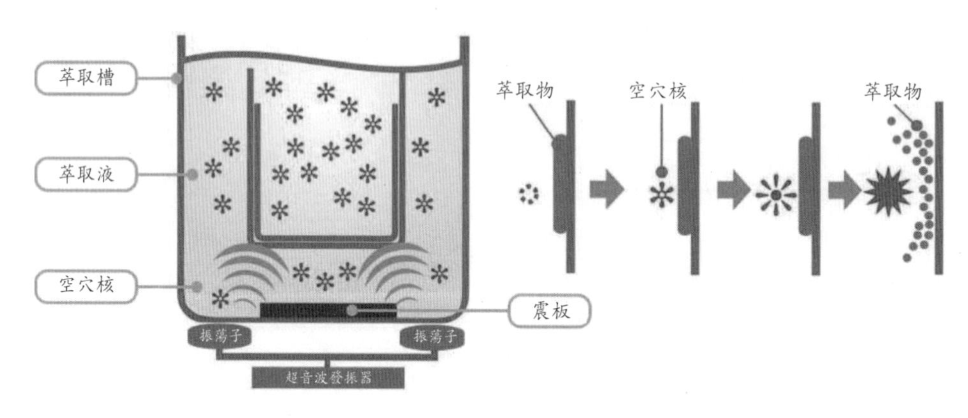

圖 8-1　超音波輔助萃取操作流程

圖片來源：happylannhool.co。

二、萃取原料

紫草為紫草科（*Boraginaceae*）多年生草本植物，始載於《神農本草經》草部中品，此植物富含色素，主要成分為紫草紅（$C_{16}H_{16}O_5$）帶有金屬銅光澤的棕紅色，與金屬形成鹽可形成藍色。自古以來就是被當作染料使用，至今仍是十分重要的天然著色劑，常為食品、紡織品之色素，也是化妝品理想的天然染料。1984 年日本化妝品公司以萃取的紫草素製作出全球首支「Lady80 生物口紅」。紫草大致可以分為硬紫草、軟紫草、滇紫草等三種，過去以硬紫草及滇紫草為主，50 年代後發現軟紫草（新疆紫草）其天然有效成分紫草素含量較高，因此現今市場大多是以軟紫草爲主。軟紫草（*Arnebia euchroma* (*Royle*) *Johnst.*），主要分布在新疆、西藏地區，生長於高山野林叢或向陽坡地，多年生草本，莖高 12～25 公分，全株被白色糙毛，花爲淡紫色或紫色（圖 8-2(a)），根呈不規則的長圓柱形，長 7～20 公分，外皮紫紅色或紫褐色（圖 8-2(b)），木部較小，斷面不整齊，爲黃色或黃白色。本品亦爲常用中藥，性寒、味甘。紫草的有效成分主要分爲兩大類，其一是脂溶性很強的萘醌類色素，另外爲水溶性成分，主要是多糖。紫草萃取物不但具有抗菌、消炎及防止肌膚暗沉的作用外，更可促進眞皮組織再生。紫草萃取液中的**紫草素（shiconix）**（圖 8-2(c)）具有鎭痛、止血、消炎、殺菌等作用，尤其對於促進肉之發生，以及表皮細胞織增生更有特效之用。在本實驗選擇紫草做爲天然有效成成分萃取的來源。

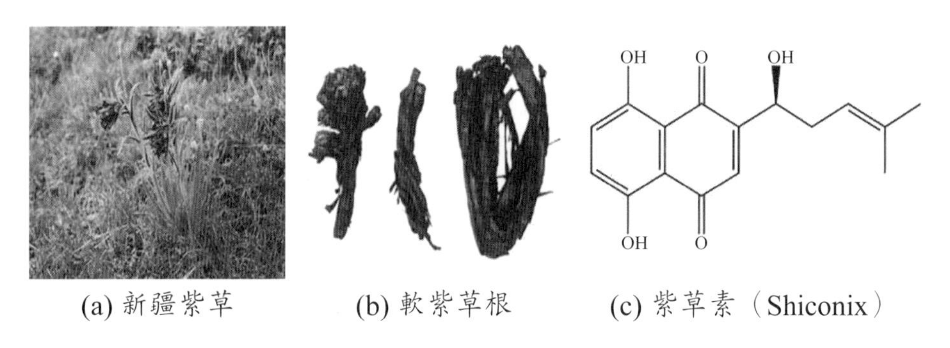

(a) 新疆紫草　(b) 軟紫草根　(c) 紫草素（Shiconix）

圖 8-2　紫草外觀及紫草素結構

三、溶劑選擇

Olive oil（橄欖油）

四、儀器設備

超音波震盪器

紫外線分光光度計

高效液相層析

五、製備紫草萃取液方法

操作流程，如圖 8-3 所示。秤取已磨碎之乾燥紫草根與萃取溶劑（橄欖油），比例為 1：10 於錐形瓶中。置於超音波震盪器中進行萃取，萃取溫度 60℃、萃取時間為 1 小時，最後抽氣過濾並保存於陰涼處，即可得到紫草萃取液〔本方法參考趙（2015）的研究〕。製備所得的紫草萃取液，可以藉由高效液相層析（HPLC）確認分離的波峰（peak），或是用紫外線可見光分光光度計確認紫外光吸收光譜並對照紫草素標準品，即可判斷所萃取的紫草素純度及濃度。所萃取的紫草萃取液可以作為實驗三及實驗十的添加原料使用。

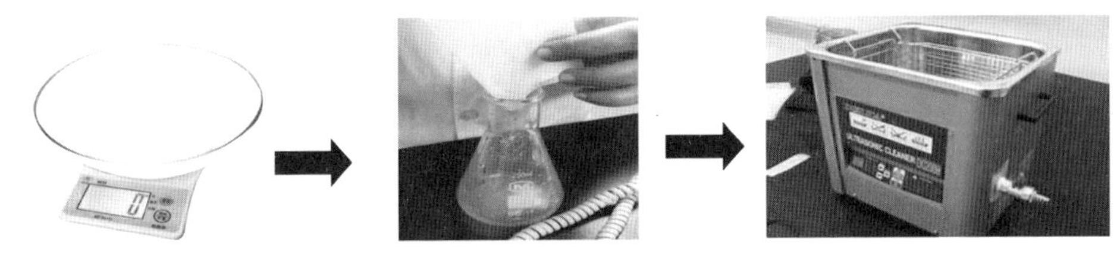

秤取已磨碎之乾燥紫草根　紫草及溶劑倒入錐形瓶　錐形瓶置於超音波震盪器

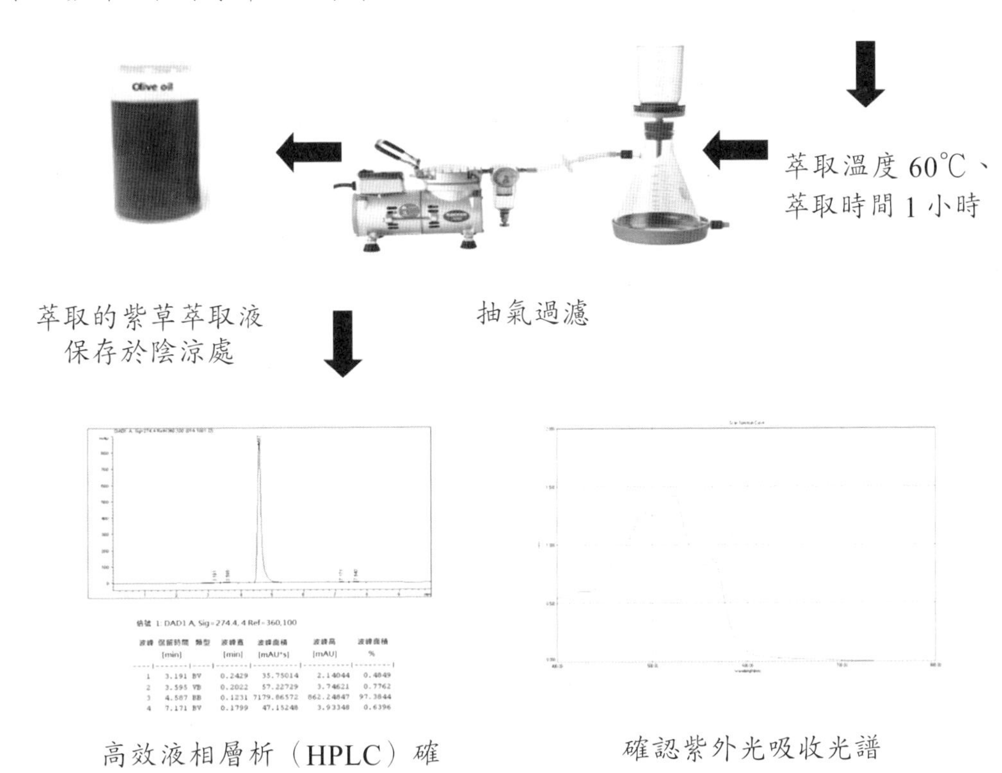

圖 8-3　實驗一超音波輔助萃取實驗流程

天然化妝品調製學實驗報告

實驗名稱：________________ 組別：______組

姓　　名：__________ 報告日期：________________

實驗結果與討論

(1) 結果

____

____

____

____

____

____

____

(2) 討論

____

____

____

____

____

____

____

實驗二：超臨界萃取實驗

超臨界流體萃取（supercritical fluid extraction, SFE）分離法是利用超臨界流體的特性，使之在高壓條件下與待分離的固體或液體混合物接觸，控制體系的壓力和溫度萃取所需要的物質，然後通過減壓或升溫方式，降低超臨界流體的密度，從而使萃取物得到分離。SFE 結合了溶劑萃取和蒸餾的特性。

一、超臨界流體萃取的基本原理

一般物質可以分爲固相、液相和氣相三態，當系統溫度及壓力達到某一特定點時，氣 - 液兩相密度趨於相同，兩相合併成爲一均勻相。此一特點稱爲該物質的**臨界點（critical point）**。所對應的溫度、壓力和密度則分別定義爲該物質的臨界溫度、臨界壓力和臨界密度。高於臨界溫度及臨界壓力的均勻相則爲**超臨界流體（supercritical fluid）**（圖 6-7）。常見的臨界流體包括二氧化碳、氨、乙烯、丙烯、水等。超臨界流體之密度近於液體，因此具有類似液體之溶解能力；而其黏度、擴散性又近於氣體，所以質量傳遞較液體快。超臨界流體之密度對溫度和壓力變化十分敏感，且溶解能力在一定壓力範圍內成一定比例，所以可利用控制溫度和壓力方式改變物質的溶解度。超臨界流體萃取具備蒸餾與有機溶液萃取的雙重效果，無殘留萃取溶劑的困擾。在超臨界區中之擴散係數高、黏度低、表面張力低、密度亦會改變，可藉由此改變促進欲分離物質之溶解，藉以達到分離效果。二氧化碳臨界流體具有很大的溶解力與物質的高滲透力，在常溫下將物質萃取且不會與萃取物質起化學反應。物質被萃取後仍確保完全的活性，同時萃取完畢只要於常溫常壓下二氧化碳就能完全揮發，沒有溶劑殘留問題。對溫度敏感的天然物質萃取，如中藥與保健食品萃取與藥品純化。

二、萃取原料

同實驗一之紫草

三、儀器設備

超臨界二氧化碳萃取機，如圖 8-4 所示。

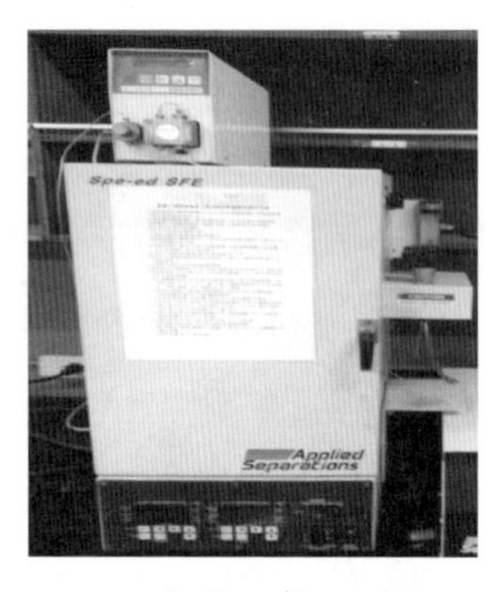

超臨界二氧化碳
萃取機主機

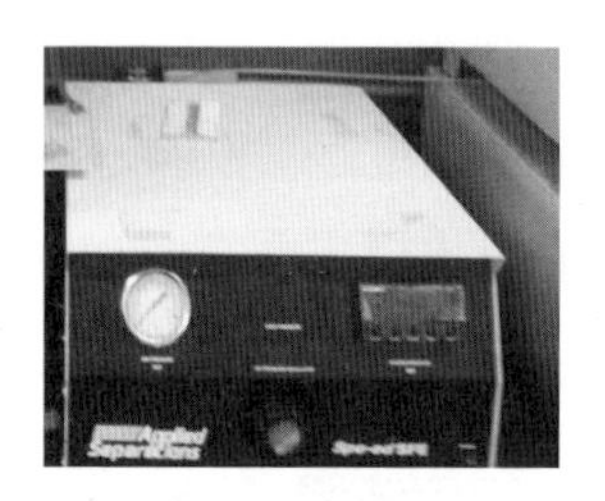

氣體調節機

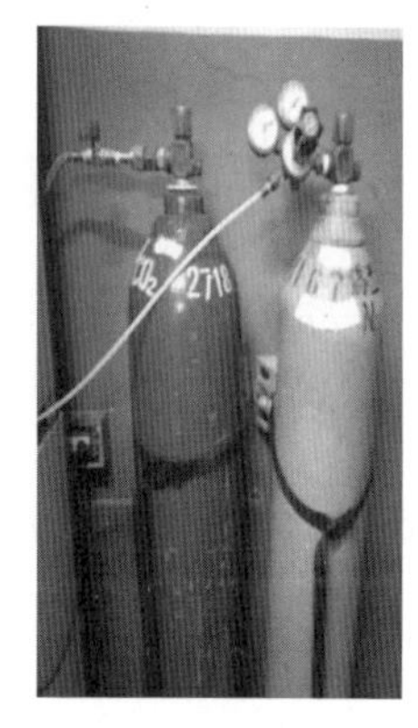

氮氣及二氧化碳
鋼瓶

圖 8-4 超臨界二氧化碳萃取機

四、超臨界萃取實驗步驟

操作流程，如圖 8-5 所示。將紫草乾燥，用研磨機磨碎至 2 mm 大小左右，放置 32 ml 萃取槽，空氣及液態二氧化碳鋼瓶打開後，將低溫水浴槽設定於 5℃並設定烘箱爲 60℃萃取槽爲 40℃，再將樣品填裝於萃取槽內，並將溫度感測器插在萃取槽旁邊。打開烘箱及限流器加熱器，待溫度達設定值後，轉開烘箱上 CO_2 input 旋鈕，並開始加壓（32 ml 萃取槽）壓力：400 bar（另一個測試條件是 270 bar，35℃）。靜態萃取 20 分鐘後，動態萃取 10 分鐘，並重複此循環兩次（32 ml 萃取槽），收集瓶方至 -20℃保存。製備所得的紫草萃取液，可以藉由高效液相層析（HPLC）確認分離的波峰（peak），或是用紫外線可見光分光光度計確認紫外光吸收光譜並對照紫草素標準品，即可判斷所萃取的紫草素純度及濃度。所萃取的紫草萃取液可以作爲實驗三及實驗十的添加原料使用。

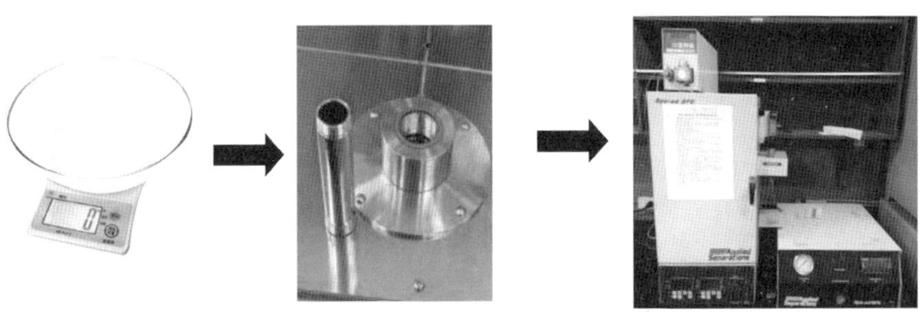

取已磨碎之乾燥紫草根　放置 32 ml 萃取槽　32 ml 萃取槽置於超臨界二氧化碳萃取機

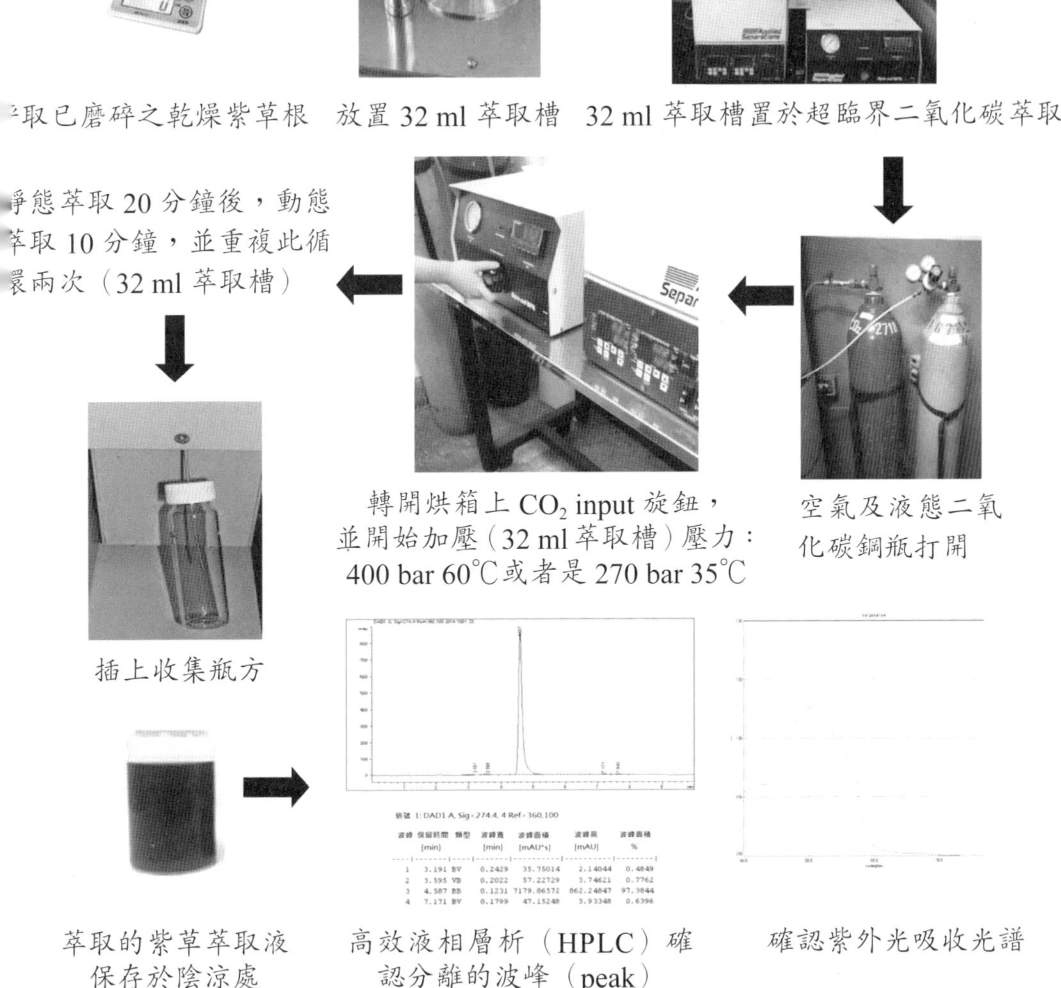

空氣及液態二氧化碳鋼瓶打開

轉開烘箱上 CO_2 input 旋鈕，並開始加壓（32 ml 萃取槽）壓力：400 bar 60℃或者是 270 bar 35℃

態萃取 20 分鐘後，動態取 10 分鐘，並重複此循環兩次（32 ml 萃取槽）

插上收集瓶方

萃取的紫草萃取液保存於陰涼處

高效液相層析（HPLC）確認分離的波峰（peak）

確認紫外光吸收光譜

圖 8-5　實驗二超臨界萃取實驗流程

天然化妝品調製學實驗報告

實驗名稱：________________　　　　組別：______組

姓　　名：__________　　　　報告日期：________________

實驗結果與討論

(1) 結果

____

____

____

____

____

____

____

(2) 討論

____

____

____

____

____

____

____

第二節　乳化類化妝品實作

乳化類化妝品是指油性原料與水性原料在表面活性劑的作用下配製而成的一類外觀爲乳白色的化妝製品，是護膚品中最常見的一類，包括人們常用的雪花膏、潤膚霜、乳液、冷霜、髮乳、減肥霜等都屬於乳化類化妝品。本節針對挑選膏狀態及乳液態設計「**紫雲膏**」及「**洋甘菊護手乳液**」兩個調製實作實驗。

實驗三：紫雲膏調製實驗

天然有效成分1：紫草萃取液（comfrey extract）

紫草根主要作用爲清熱涼藥，最常用於外用藥。顏色鮮豔，爲紫紅色，是極佳之天然色素，對於外傷有極佳的功效。紫草的根經過乾燥處理後稱爲紫草根，其中含色素成分，還有紫草素、乙紫草素、紫草烷、紫草紅、脫氧紫草素等，另含脂肪酸及紫草多糖。具有抗菌、消炎及防止肌膚暗沉的作用，可促進眞皮組織之再生。紫草萃取中之紫草素（shiconix）具有鎭痛、止血、消炎、殺菌、促進肉芽之發生、表皮細胞之增殖等作用。紫根萃取物中蘊含之尿囊素（allantoin）爲親膚性保濕成分，可改善角質化皮膚，強化濕潤肌膚，具抗過敏功能。尿囊素的鎭定效果，能照顧夏日局部易乾燥粗燥肌膚，保濕清爽不黏膩，並能激發細胞的正常生長，促進皮膚細胞的新陳代謝，自然代謝表皮層黑色素，進而使肌膚年輕健康。

天然有效成分2：當歸萃取液（angelica extract）

當歸具有廣泛的生物活性，對造血系統、循環系統、神經系統等均有藥理作用。補血作用主要有效成分爲當歸多糖，活血作用的主要有效成分爲揮發油和阿魏酸。當歸身多糖含量較高，偏於補血和血，當歸尾阿魏酸與揮發油的含量較高，偏於活血行血。中醫所謂活血化瘀與抑制血小板聚集有密切關係，試驗證明當歸能抑制血小板聚集，也能使已聚集的血小板解聚率提高，亦可使血小板減少，主要作用的是正丁烯基苯酞、本內酯、阿魏酸等化學成分。

材料配方

項目	名稱	重量（g）
油相原料	荷荷芭油	28 g
	聖約翰草油	5 g
	金盞花油	5 g
	紫草萃取液	2 g
	當歸萃取液	2 g
	蜜蠟粒	6 g
香精	薄荷腦	3 g
	薰衣草精油	1 g

★紫草萃取液可由實驗一及二萃取取得或是購自市售原料。

建議化妝品容器

鋁製油膏罐

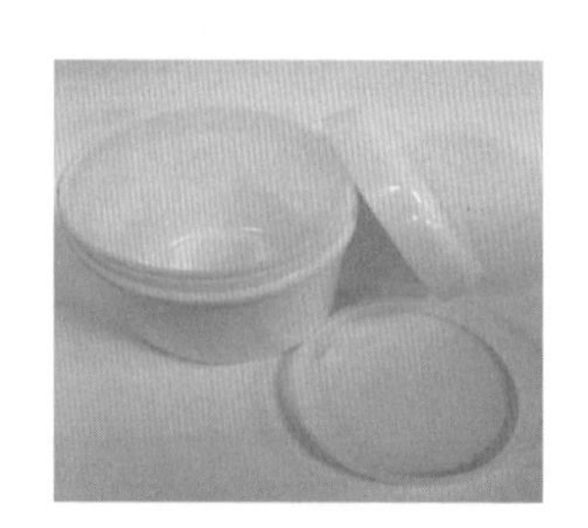

面霜罐

製作方法

操作流利，如圖 8-6 所示。

步驟一：先處理油的部分，將油品加熱攪拌均勻，加熱至 60～70℃後。

荷荷芭油 28 g　聖約翰草油 5 g　金盞花油 5 g　將油品加熱攪拌均勻，加熱至 60～70℃後。

步驟二：加入紫草萃取液及當歸萃取液至步驟一的燒杯，繼續攪拌混合均勻。

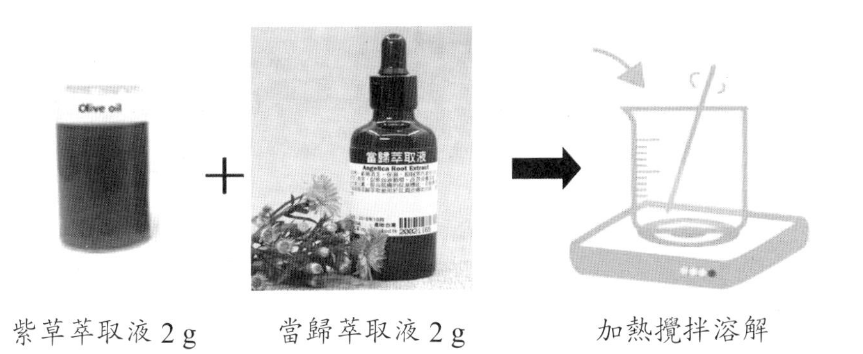

紫草萃取液 2 g　當歸萃取液 2 g　加熱攪拌溶解

步驟三：加入蜜蠟粒至步驟二的燒杯，加熱至蜜蠟粒溶解。

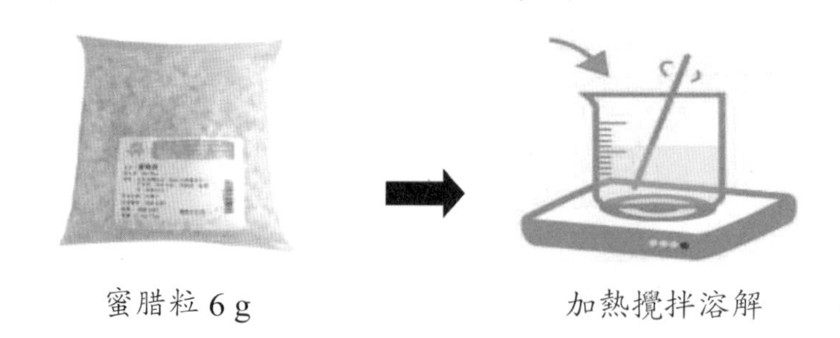

步驟四：離火後加入薄荷腦（研磨）攪拌至溶解，最後加入薰衣草精油攪拌均勻。

步驟五：裝入鋁製油膏罐，待凝固後即完成紫雲膏製備。

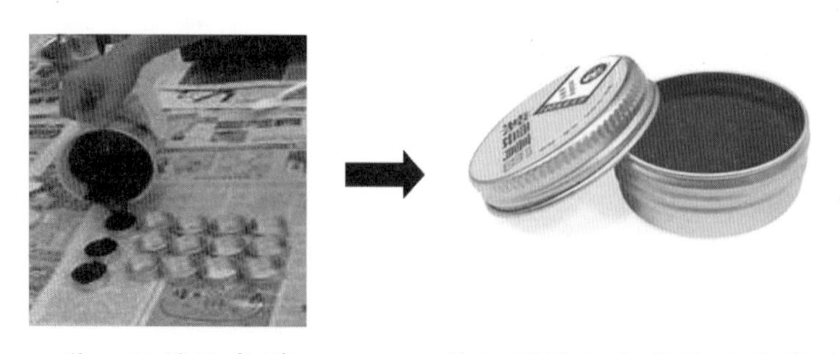

圖 8-6　實驗三紫雲膏調製實驗流程

天然化妝品調製學實驗報告

實驗名稱：________________　　組別：______組

姓　　名：__________　　報告日期：________________

1. 配方設計及說明

項目	名稱	重量（g）	備註
油相原料	荷荷芭油		
	聖約翰草油		
	金盞花油		
	紫草萃取液		
	當歸萃取液		
	蜜蠟粒		
香精	薄荷腦		
	薰衣草精油		

2. 心得及市售商品分享

(1) 心得

____

____

____

____

(2) 市售商品成分及功效分析（產品名稱、圖片、通路、售價、評價等）：

____

____

____

____

實驗四：洋甘菊護手乳液調製實驗

天然有效成分1：洋甘菊萃取液（chamomile extract）

洋甘菊具有消炎、止癢、安撫、修護、潔淨、醒膚、抗敏等功效，洋甘菊含有芹菜素、槲皮素、木樨草素、白楊黃素等黃酮類物質，具有緩解經期症候群等作用。洋甘菊富含黃酮類活性成分，具有抗氧化、消炎、抗病毒的功效。有助緩和情緒，防止痙攣，能有效發揮鎮靜作用。還能減緩肌膚敏感、騷癢不適並柔軟、安撫皮膚，防止過敏具鎮定舒緩效果。洋甘菊萃取含有 α-Bisaboloy 及母菊藍烯等精油成分，可有效舒緩皮膚過敏症狀，調整曬傷後的肌膚，並有保濕作用。含有甘菊素、甘菊酸、甘菊醇，具有抗炎症作用，消炎潤膚能減緩皮膚發炎，改善肌膚粗糙的問題。能平復破裂的微血管，增進肌膚彈性，亦可消除浮腫。

天然有效成分2：蘆薈萃取液（aloe extract）

蘆薈（*Aloe vera L. var. chinensis* (*Haw.*) *Berger.*）爲一種多年生白合科（*Liliaceac*）肉質草本植物。蘆薈萃取物主要成分有蘆薈液爲半透明、灰白色至淡黃色液體，有特殊氣味能與甘油、丙二醇和低分子量的聚乙醇相容。蘆薈凝膠是蘆薈葉內中心區的薄壁管狀細胞生成的透明黏膠，內含聚己糖、微量半乳糖、阿拉伯糖、鼠李糖和木糖、6 種酶和多種胺基酸等。蘆薈素是蘆薈的成分之一，是由三環蒽和薈大黃素 - 蒽酮衍生而成，化學名稱爲 10-β-D- 葡萄吡喃糖 -1, 8- 二羥基 -3- 羥甲基 -9(10H)- 蒽醌（10-β-D-glucopyranosyl-1, 8-dihydroxy-3-(hydroxymethyl)-9(10H)- anthracenone）。蘆薈液凝膠、凝膠和蘆薈素用作化妝品添加劑用於護膚護髮製品，有防曬、保濕、調理皮膚的功效。蘆薈油作化妝品護膚、護髮添加劑外，也可作液體載體，可容納多量顏料。也可用蠟和樹脂摻合劑及增溶劑。

材料配方

項目	名稱	重量（g）
油相原料	沙棘油	5 g
	卵磷脂乳化劑粉	3 g
水相原料	蘆薈萃取液	5 g
	洋甘菊花水	78.4 g
	藍銅胜肽	3 g
	玻尿酸原液（小分子）	5 g
防腐劑	全效型複方抗菌劑	0.6 g

建議化妝品容器

鋁製油膏罐

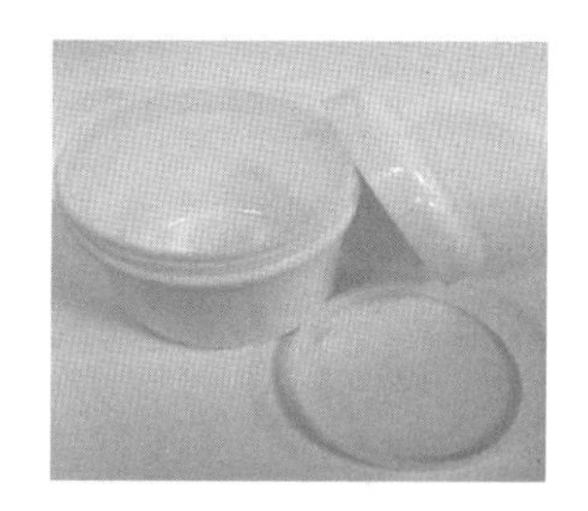

面霜罐

操作步驟

操作流程，如圖 8-7 所示。

步驟一：A 杯：將卵磷脂乳化劑粉倒入沙棘油中，攪拌至沒有顆粒為止。

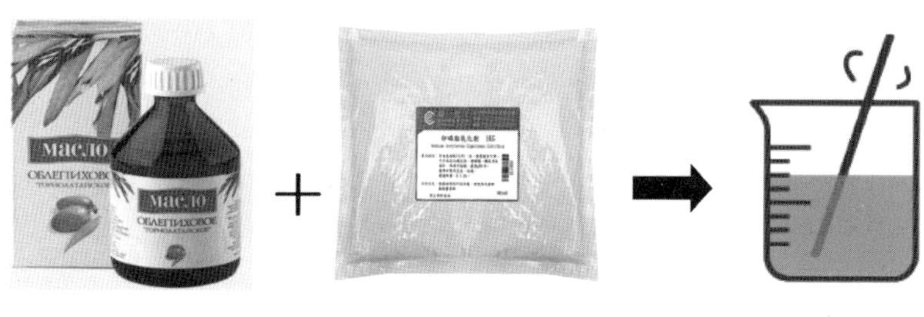

沙棘油 5 g　　卵磷脂乳化劑粉 3 g　　混合均勻

步驟二：B 杯：將聖約翰草萃取液倒入洋甘菊花水中，攪拌均勻。再依序加入三胜肽、玻尿酸原液（小分子）、全效型複方保存劑，攪拌均勻。

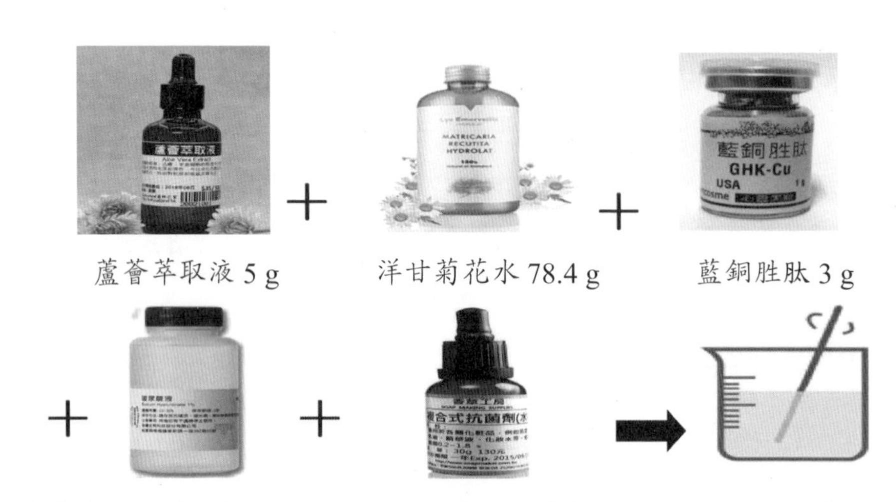

蘆薈萃取液 5 g　洋甘菊花水 78.4 g　藍銅胜肽 3 g

玻尿酸原液（小分子）5 g　全效型複方抗菌劑 0.6 g　混合均勻

步驟三：最後將 A 杯倒入 B 杯，攪拌均勻至乳化。再裝入 20g 白色直角面霜罐就完成。

將 A 杯倒入 B 杯　攪拌均勻至乳化　再裝入 20 g 白色直角面霜罐

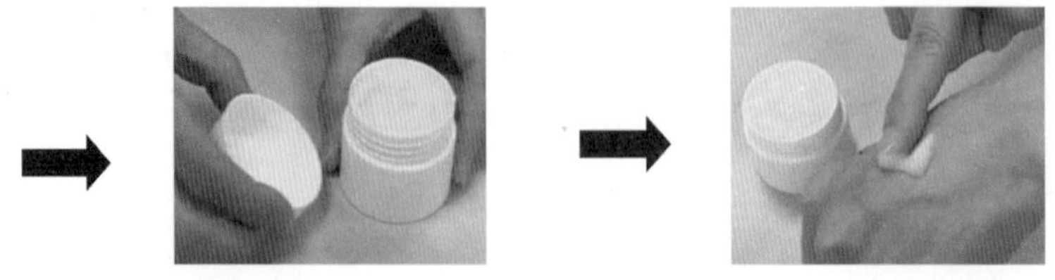

完成洋甘菊乳液　塗抹看看

圖 8-7　實驗四洋甘菊護手乳液調製實驗流程

天然化妝品調製學實驗報告

實驗名稱：＿＿＿＿＿＿＿＿＿＿　　組別：＿＿＿組

姓　　名：＿＿＿＿＿＿　　報告日期：＿＿＿＿＿＿＿＿＿＿

1. 配方設計及說明

項目	名稱	重量（g）	備註
油相原料	沙棘油		
	卵磷脂乳化劑粉		
水相原料	蘆薈萃取液		
	洋甘菊花水		
	藍銅胜肽		
	玻尿酸原液（小分子）		
防腐劑	全效型複方抗菌劑		

2. 心得及市售商品分享

(1) 心得

＿＿＿＿＿＿＿＿＿＿＿＿＿＿＿＿＿＿＿＿＿＿＿＿＿＿＿＿＿＿

＿＿＿＿＿＿＿＿＿＿＿＿＿＿＿＿＿＿＿＿＿＿＿＿＿＿＿＿＿＿

＿＿＿＿＿＿＿＿＿＿＿＿＿＿＿＿＿＿＿＿＿＿＿＿＿＿＿＿＿＿

＿＿＿＿＿＿＿＿＿＿＿＿＿＿＿＿＿＿＿＿＿＿＿＿＿＿＿＿＿＿

(2) 市售商品成分及功效分析（產品名稱、圖片、通路、售價、評價等）：

＿＿＿＿＿＿＿＿＿＿＿＿＿＿＿＿＿＿＿＿＿＿＿＿＿＿＿＿＿＿

＿＿＿＿＿＿＿＿＿＿＿＿＿＿＿＿＿＿＿＿＿＿＿＿＿＿＿＿＿＿

＿＿＿＿＿＿＿＿＿＿＿＿＿＿＿＿＿＿＿＿＿＿＿＿＿＿＿＿＿＿

＿＿＿＿＿＿＿＿＿＿＿＿＿＿＿＿＿＿＿＿＿＿＿＿＿＿＿＿＿＿

第三節　洗滌類化妝品實作

洗滌類化妝品的作用是去除皮膚、毛髮上的污染物，是屬於清潔類化妝品，這類型的化妝品有清潔臉部的化妝品、沐浴系列保品和香皂等。本節針對挑選洗手及洗臉需求設計「**山茶花手工肥皂**」及「**舒敏洗面顏慕絲**」兩個洗滌類調製實作實驗。

實驗五：山茶花手工肥皂

天然有效成分：山茶花油（camellia oil）

山茶花的用途十分廣泛，作爲藥材和保健品，從山茶花及其種子中萃取出的茶花油含有不飽和脂肪酸、茶多酚、維生素 E、山茶皂苷、角鯊烯等眾多的維生素類、黃酮類、皂苷類、甾醇類生物活性物質，這些成分具有延緩動脈粥樣硬化、增加胃腸吸收功能、促進內分泌腺體激素的分泌、提高人體免疫力、預防和防治高血壓、心血管疾病等現代藥理作用。由於茶花油還具有保濕、抗氧化、防曬、抗炎、護髮養髮等美容功效，所以從明、清時期山茶花油的美容功效就已盛行於皇室當中。

材料配方

項目	名稱	重量（g）
油相原料	山茶花油	250 g
	杏核油	130 g
	椰子油	120 g
	棕櫚油	200 g
水相原料	氫氧化鈉（試藥級）	103 g
	水	248 g
香精	精油	20 g（可加可不加）

操作步驟

操作流程，如圖 8-8 所示。

步驟一：先處理油的部分，將油品加熱攪拌均勻，加熱至 60～70℃後，等待降溫化的速度才會提升，也才不會有皂化油水分離的問題。

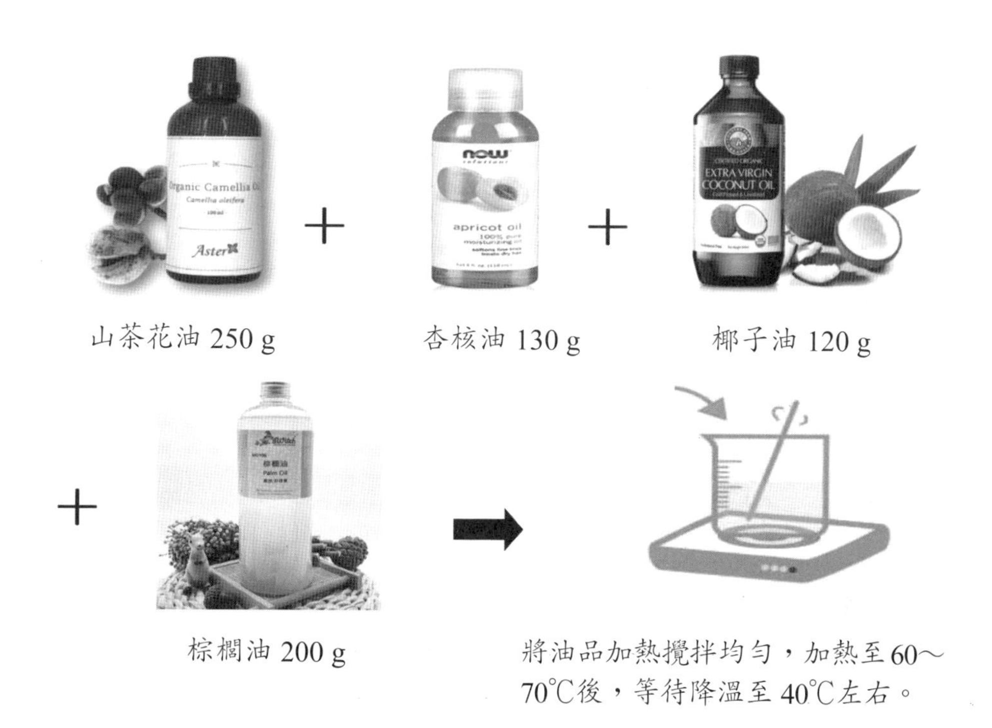

步驟二：水的部分，將氫氧化鈉（試藥級）＋水溶解，溶解後會升溫近百度，必須等待降溫至 40℃左右（大約等待 15 分鐘），以上油跟水的溫度都降溫至 40℃左右，兩者最好不要差超過 5℃，以避免油水分離、不穩定，皂化時才不會容易失敗。

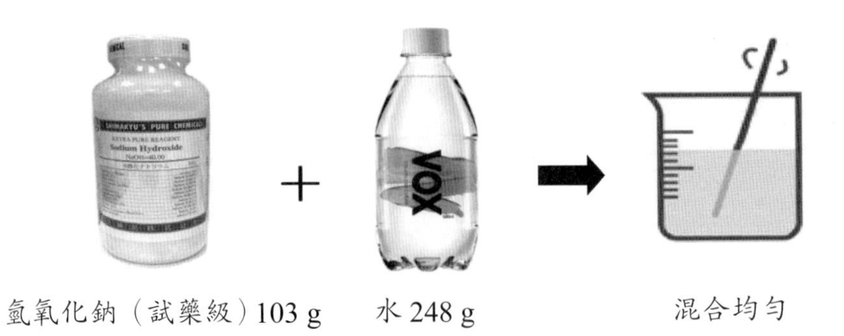

步驟三：慢慢的把「水的部分」倒入「油的部分」，一隻手倒．一隻手攪拌，緩慢混合攪拌均勻。攪拌關鍵是「溫度」和「均勻」，而在快速攪拌中，它可能是不均勻的，欲速則不達，待稍稍有點稠度，好像要稍微費點力時，可加快攪拌速度，10 分鐘快，10 分鐘慢，間接攪拌。

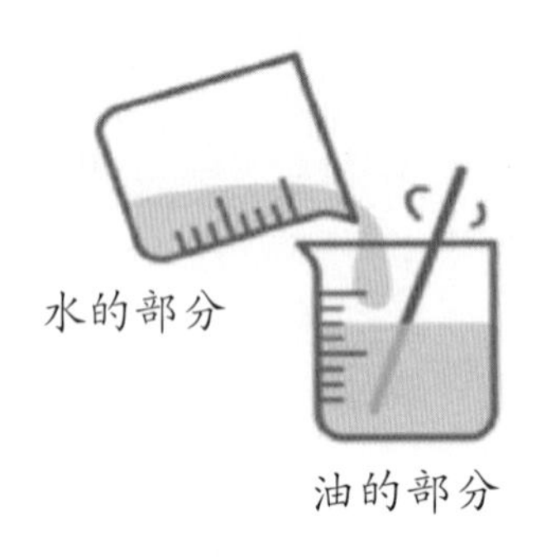

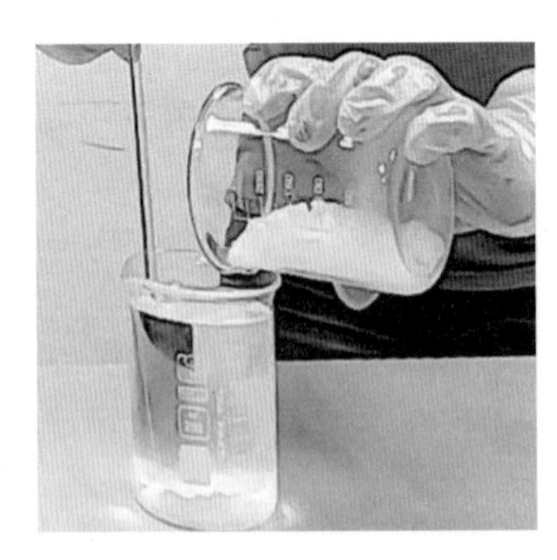

慢慢的把「水的部分」倒入「油的部分」，一隻手倒．一隻手攪拌，緩慢混合攪拌均勻。

步驟四：持續攪拌待呈現畫 8 字痕跡不會消失時（如下圖），就是皂化完成的階段。此時即可加入精油攪拌均勻然後再攪拌均勻即可入模。

持續攪拌待呈現畫 8 字痕跡不會消失時　　加入適量精油 再攪拌均匀即可入模

步驟五：將矽膠模型放入保麗龍箱或鋪了毛巾的紙箱（幫助保溫並持續皂化），入箱後在入模，入模後用厚紙板壓在上方吸濕，再用膠帶封住紙箱。

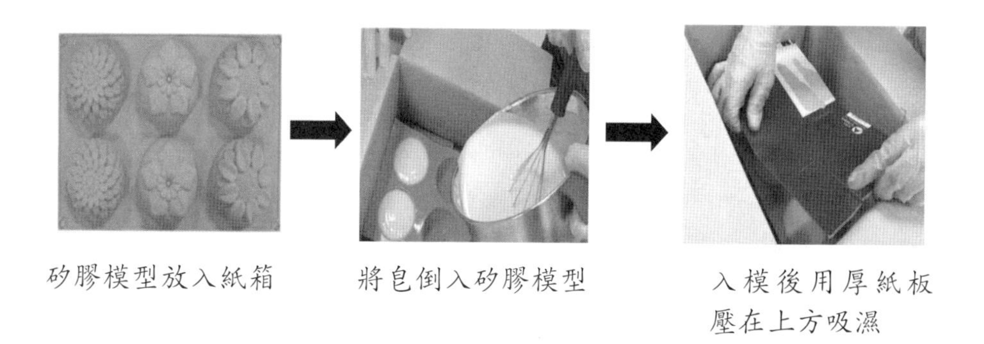

矽膠模型放入紙箱　　將皂倒入矽膠模型　　入模後用厚紙板壓在上方吸濕

步驟六：2～3 天後可脫模，脫模後再晾皂約 2～3 週，持續晾皂至退鹼（pH 值 8～9）即可拿來用。

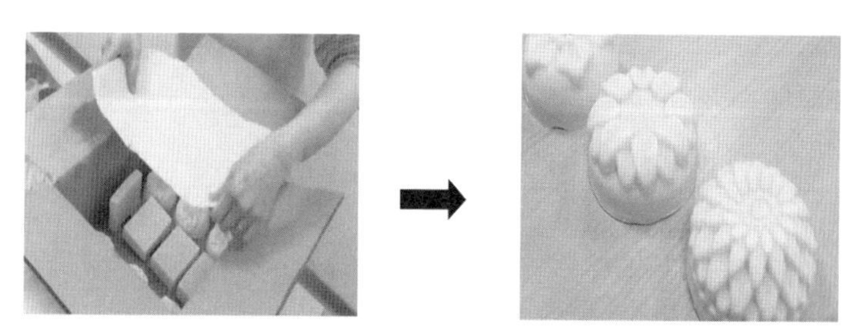

2-3 天後可脫模　　脫模後再晾皂約 2～3 週即可完成

圖 8-8　實驗五山茶花手工肥皂調製實驗流程

天然化妝品調製學實驗報告

實驗名稱：__________________ 組別：______組

姓　　名：__________ 報告日期：__________________

1. 配方設計及說明

項目	名稱	重量（g）	備註
油相原料	山茶花油		
	杏核油		
	椰子油		
	棕櫚油		
水相原料	氫氧化鈉（試藥級）		
	水		
香精	精油		

2. 心得及市售商品分享

(1) 心得

____

____

____

____

(2) 市售商品成分及功效分析（產品名稱、圖片、通路、售價、評價等）：

____

____

____

____

實驗六：舒敏洗顏慕絲

天然有效成分1：甘草萃取液（licorice extract）

《本草綱目》記載甘草主要有益氣補中、祛痰止咳、解毒、緩急止痛、調和藥性等功效。甘草主要化學成分已分離出化合物200餘種，其中以黃酮類和三萜類化合物占總量的大部分，少部分包括生物鹼、多醣和一些微量元素。主要有效成分包括三類：三萜類、黃酮類及多醣類。其中，黃酮類（以異黃酮類爲主）、香豆素類、木脂素類以及二苯乙烯類化合物由於含有雜環酚羥基，與女性體內的雌激素相似。現代研究顯示，甘草有效成分具有抗炎、抗病毒、抗腫瘤、調節心腦血管系統、鎭咳祛痰、降血壓血脂、調節免疫、鎭靜及止痛等作用。植物雌激素樣成分通過低親和力與雌激素受體結合，發揮弱的雌激素樣或抗雌激素樣效應，因此在生殖系統、骨骼系統、心血管系統及中樞神經系統等方面具有廣泛作用。

天然有效成分2：燕麥萃取液（oat extract）

燕麥源自於歐洲地區。燕麥一般分爲皮燕麥和裸燕麥兩大類。主要成分是維生素B群、B_1、B_2、維生素C、E、菸鹼酸、葉酸、澱粉、蛋白質、脂肪、水溶性纖維、β-聚葡萄糖、植物鹼、植物皀素、鈣、磷、鐵、銅、鋅、錳、矽。在化妝品的應用上，蛋白質是燕麥最主要的成分之一，蛋白質經酶解可得到小分子的肽和胺基酸，可以吸收水分或鎖住皮膚角質層水分，具有非常好的保濕功效。燕麥中含有大量能夠抑制酪胺酸酶活性的生物活性成分及抗氧化成分，這些物質可以有效地抑制黑色素形成，淡化色斑，保持白皙的皮膚。燕麥蒽醯胺，又稱燕麥生物鹼，具有清除自由基抗皺的功效，還具有抗刺激的特徵，尤其當紫外線照射對皮膚產生不利作用時，它能有效去除膚表泛紅的功能，對過敏性皮膚具有優異的護理作用。燕麥蛋白質可在頭髮表面形成保護膜，潤滑 頭髮表層，減少因梳理引起的頭髮損傷。燕麥蛋白質類還可以提供營養，促進頭髮的健康生長。

材料配方

項目	名稱	重量（g）
水相原料	蒸餾水	47 g
	燕麥萃取液	3 g
	甘草萃取液	5 g
表面活性劑	胺基酸起泡劑	30 g
保濕劑	甘油	10 g
抗菌劑	液態奈米銀（水溶性）	5 g

建議化妝品容器

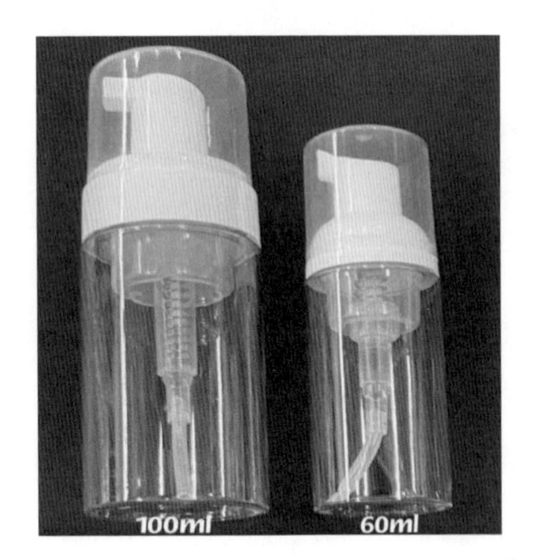
100ml
60ml

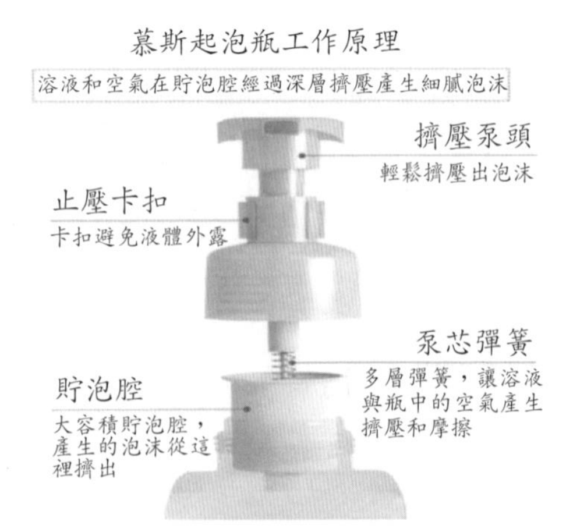
慕斯起泡瓶工作原理
溶液和空氣在貯泡腔經過深層擠壓產生細膩泡沫
擠壓泵頭
輕鬆擠壓出泡沫
止壓卡扣
卡扣避免液體外露
泵芯彈簧
多層彈簧，讓溶液與瓶中的空氣產生擠壓和摩擦
貯泡腔
大容積貯泡腔，產生的泡沫從這裡擠出

慕斯瓶

操作步驟

操作流程，如圖 8-9 所示。

步驟一：將燕麥萃取液加入蒸餾水，攪拌混合均勻。再加入甘草萃取液，攪拌混合均勻。

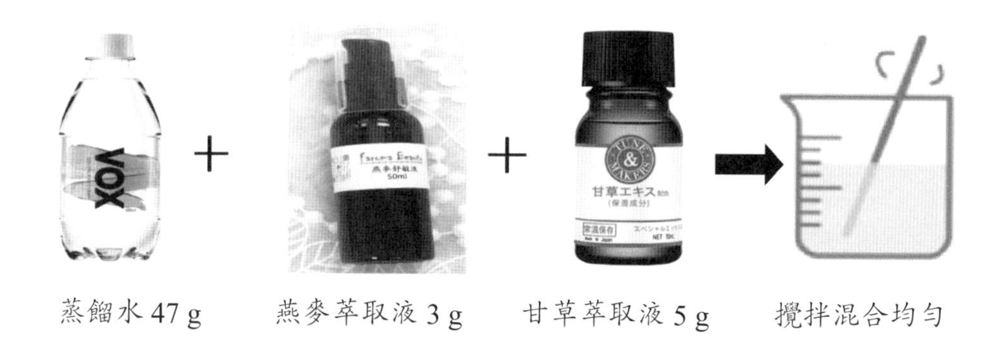

蒸餾水 47 g　燕麥萃取液 3 g　甘草萃取液 5 g　攪拌混合均勻

步驟二：將甘油加入步驟一的燒杯，攪拌混合均勻。再加入胺基酸起泡劑，攪拌混合均勻。

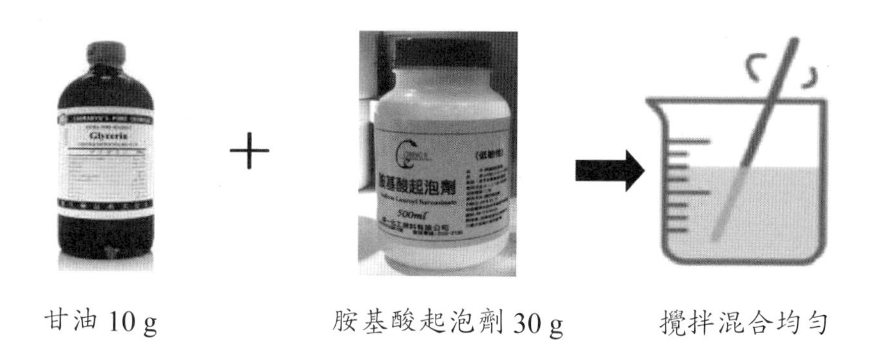

甘油 10 g　胺基酸起泡劑 30 g　攪拌混合均勻

步驟三：將液態奈米銀（水溶性）加入步驟二的燒杯，攪拌均勻，後裝入慕斯瓶內即可。

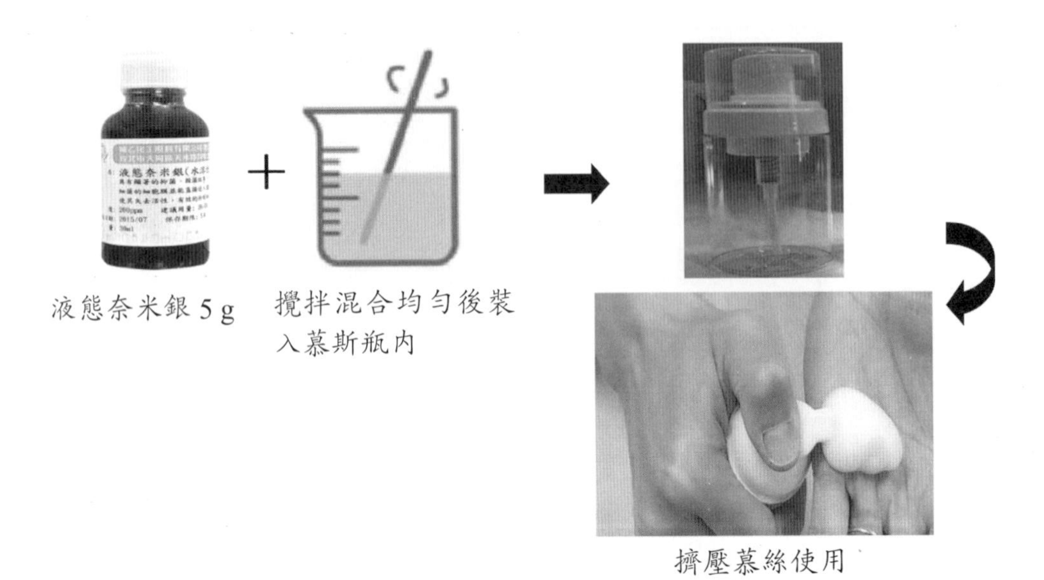
液態奈米銀 5 g
攪拌混合均勻後裝入慕斯瓶內
擠壓慕絲使用

圖 8-9　實驗六舒敏洗顏慕絲調製實驗流程

天然化妝品調製學實驗報告

實驗名稱：________________　　　　組別：______組

姓　　名：__________　　　　報告日期：________________

1. 配方設計及說明

項目	名稱	重量（g）	備註
水相原料	蒸餾水		
	燕麥萃取液		
	甘草萃取液		
表面活性劑	胺基酸起泡劑		
保濕劑	甘油		
抗菌劑	液態奈米銀（水溶性）		

2. 心得及市售商品分享

(1) 心得

____

____

____

____

(2) 市售商品成分及功效分析（產品名稱、圖片、通路、售價、評價等）：

____

____

____

____

第四節　水液類化妝品實作

水液類化妝品是指是以水、乙醇溶液或是水 - 乙醇為基質的液態類化妝品，包括香水、化妝水、卸妝水等。本節針對化妝水及添加凝膠的香精水設計「**金盞花舒緩保濕化妝水**」及「**茶樹乾洗手凝膠**」兩個水液類調製實作實驗。

實驗七：金盞花舒緩保濕化妝水

天然有效成分：金盞花萃取液（calendula extract）

金盞花是最多用途且最有效的藥用植物之一，能促進肌膚的自然健康。它含有大量重要營養素，例如類胡蘿蔔素、類黃酮、三萜皂苷，尤其三萜皂苷對傷口癒合的效果很好。金盞花萃取物能促進受損肌膚修復，也在牙齦感染及感冒有抗發炎的效果。

材料配方

項目	名稱	重量（g）
水相原料	蒸餾水	10 g
	甘草酸二鉀鹽	0.2 g
	金盞花純露	71.8 g
保濕劑	甘油	5 g
抗菌劑	液態奈米銀（水溶性）	3 g

建議化妝品容器

噴霧瓶　　真空型噴霧、乳液分裝瓶　　玻璃分裝瓶

操作步驟

操作流程，如圖 8-10 所示。

步驟一：將甘草酸二鉀鹽加入蒸餾水中，攪拌均勻，形成①杯。

甘草酸二鉀鹽 0.2 g　　蒸餾水 10 g　　混合均勻

步驟二：玻尿酸原液（小分子）加入金盞花純露中，攪拌均勻。再加入甘油，攪拌均勻，形成②杯。

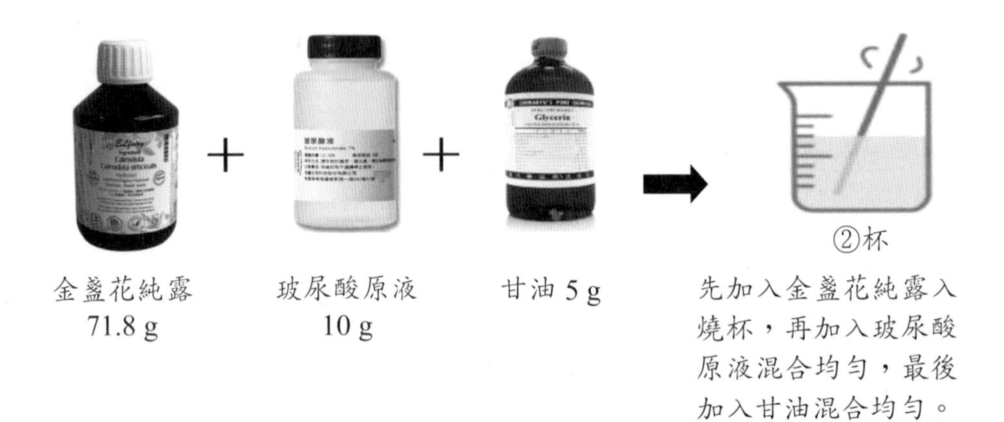

步驟三：將①杯倒入②杯，混合均勻後，再加入液態奈米銀並攪拌均勻，最後再倒入化妝水瓶罐就完成。

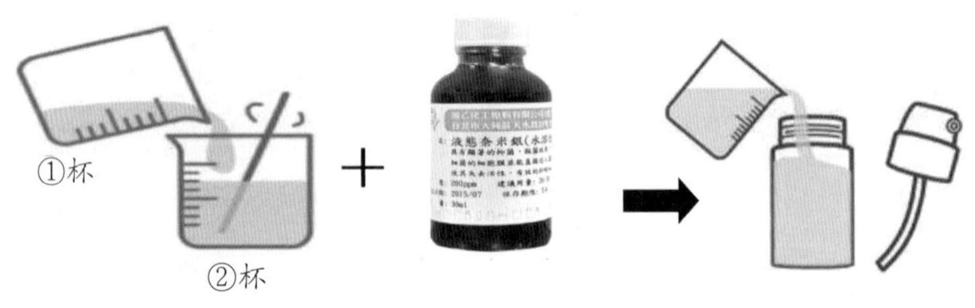

將①杯倒入②杯，混合均勻後。

加入液態奈米銀

攪拌均勻，再倒入化妝水瓶罐就完成。

圖 8-10　實驗七金盞花舒緩保濕化妝水調製實驗流程

天然化妝品調製學實驗報告

實驗名稱：＿＿＿＿＿＿＿＿　　　　組別：＿＿＿組

姓　　名：＿＿＿＿＿　　　　報告日期：＿＿＿＿＿＿＿＿

1. 配方設計及說明

項目	名稱	重量（g）	備註
水相原料	蒸餾水		
	甘草酸二鉀鹽		
	金盞花純露		
保濕劑	甘油		
抗菌劑	液態奈米銀（水溶性）		

2. 心得及市售商品分享

(1) 心得

＿＿＿＿＿＿＿＿＿＿＿＿＿＿＿＿＿＿＿＿

＿＿＿＿＿＿＿＿＿＿＿＿＿＿＿＿＿＿＿＿

＿＿＿＿＿＿＿＿＿＿＿＿＿＿＿＿＿＿＿＿

＿＿＿＿＿＿＿＿＿＿＿＿＿＿＿＿＿＿＿＿

＿＿＿＿＿＿＿＿＿＿＿＿＿＿＿＿＿＿＿＿

(2) 市售商品成分及功效分析（產品名稱、圖片、通路、售價、評價等）：

＿＿＿＿＿＿＿＿＿＿＿＿＿＿＿＿＿＿＿＿

＿＿＿＿＿＿＿＿＿＿＿＿＿＿＿＿＿＿＿＿

＿＿＿＿＿＿＿＿＿＿＿＿＿＿＿＿＿＿＿＿

＿＿＿＿＿＿＿＿＿＿＿＿＿＿＿＿＿＿＿＿

＿＿＿＿＿＿＿＿＿＿＿＿＿＿＿＿＿＿＿＿

實驗八：茶樹乾洗手凝膠

天然有效成分：茶樹精油（tea tree oil）

茶樹精油主要成分為 30%～48% 的萜品烯 -4- 醇（或稱松油烯 -4- 醇，Terpinen-4-ol）、10%～28% 的 γ- 萜品烯（gamma-terpinene）、5%～13% 的 α- 萜品烯、1.5%～8% 的 α- 萜品醇，以及 0%～15% 的桉油醇（cineole）。主要生物學活性抗細菌活性、抗眞菌活性、抗病毒活性、殺蟲活性、免疫調節作用、抗炎活性、抗氧化活性、抗腫瘤活性。

材料配方

項目	名稱	重量（g）
溶劑	75% 酒精	100 ml
保濕劑	甘油	5 ml
膠黏劑	AVC 凝膠粉	1 g
香精	茶樹精油	10～15 滴

若用 95% 酒精，請稀釋成 75% 酒精，稀釋比例：95% 酒精 79 ml+蒸餾水 21 ml（大約是 95% 酒精 4: 蒸餾水 1）。如希望有保濕作用，可再添加甘油 5 ml。

建議化妝品容器

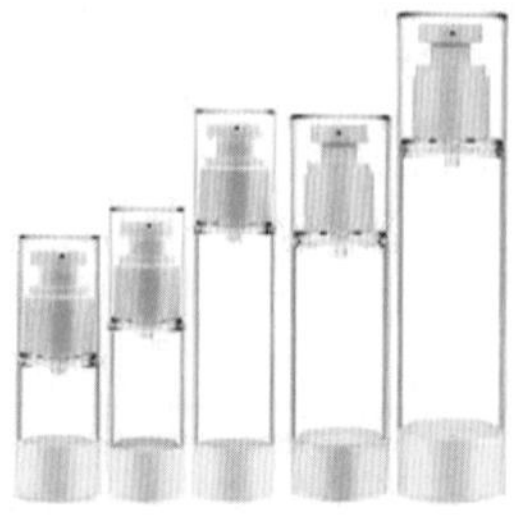
眞空型噴霧分裝瓶

玻璃分裝瓶

操作步驟

操作流程，如圖 8-11 所示。

步驟一：將 5 ml 甘油加入 75% 酒精中，攪拌混合均勻。

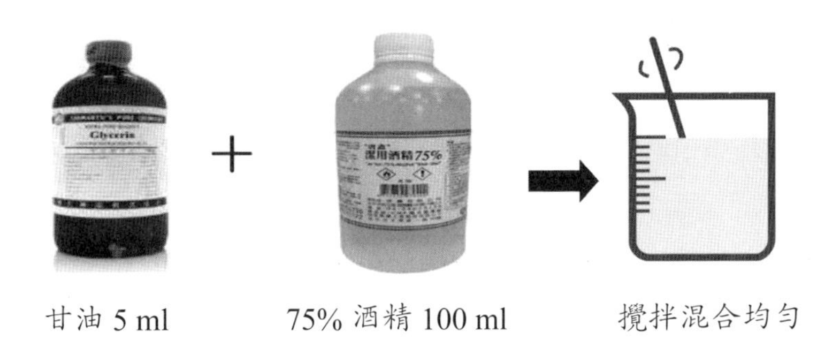

步驟二：將 AVC 凝膠粉 1 g 分次慢慢加入 75% 酒精 100 ml 中，攪拌均勻。

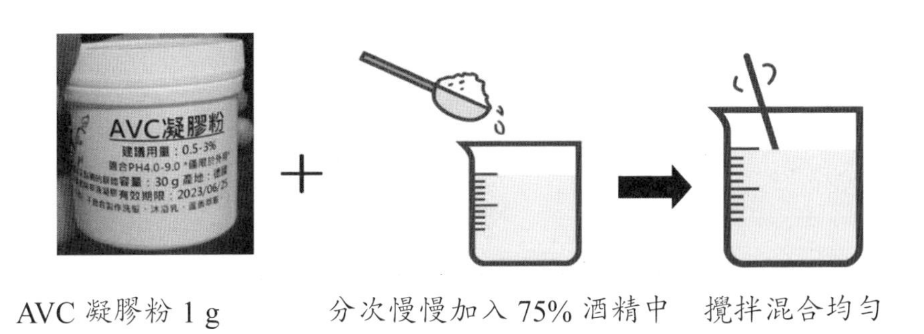

備註：因爲 AVC 凝膠粉和水的相容性較好，而 75% 酒精的水分較少，所以攪拌溶解時需花一點時間跟耐心。爲了讓酒精維持其消毒效果（約在 70% 左右的濃度），建議 AVC 凝膠粉的使用量大約爲 0.7%～1%。

步驟三：攪拌至凝膠狀後滴入茶樹精油即可。

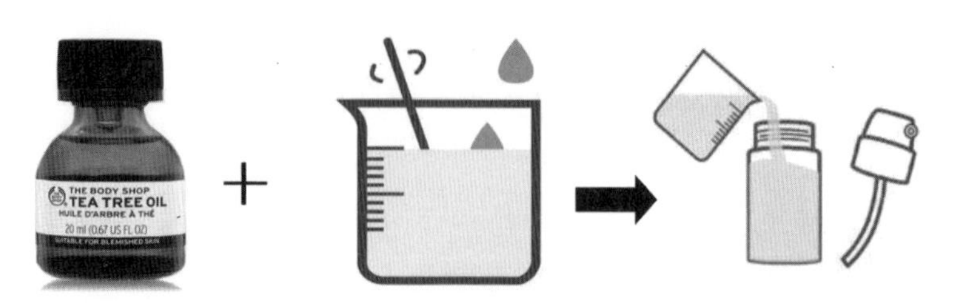

滴入茶樹精油 10～15 滴　　攪拌均勻　　再倒入化妝水瓶罐就完成

圖 8-11　實驗八茶樹乾洗手凝膠調製實驗流程

天然化妝品調製學實驗報告

實驗名稱：＿＿＿＿＿＿＿＿　　組別：＿＿＿組

姓　　名：＿＿＿＿＿　　報告日期：＿＿＿＿＿＿＿＿

1. 配方設計及說明

項目	名稱	重量（g）	備註
溶劑	75% 酒精		
保濕劑	甘油		
膠黏劑	AVC 凝膠粉		
香精	茶樹精油		

2. 心得及市售商品分享

(1) 心得

＿＿＿＿＿＿＿＿＿＿＿＿＿＿＿＿＿＿＿＿＿＿＿＿＿＿＿＿＿＿＿

＿＿＿＿＿＿＿＿＿＿＿＿＿＿＿＿＿＿＿＿＿＿＿＿＿＿＿＿＿＿＿

＿＿＿＿＿＿＿＿＿＿＿＿＿＿＿＿＿＿＿＿＿＿＿＿＿＿＿＿＿＿＿

＿＿＿＿＿＿＿＿＿＿＿＿＿＿＿＿＿＿＿＿＿＿＿＿＿＿＿＿＿＿＿

＿＿＿＿＿＿＿＿＿＿＿＿＿＿＿＿＿＿＿＿＿＿＿＿＿＿＿＿＿＿＿

(2) 市售商品成分及功效分析（產品名稱、圖片、通路、售價、評價等）：

＿＿＿＿＿＿＿＿＿＿＿＿＿＿＿＿＿＿＿＿＿＿＿＿＿＿＿＿＿＿＿

＿＿＿＿＿＿＿＿＿＿＿＿＿＿＿＿＿＿＿＿＿＿＿＿＿＿＿＿＿＿＿

＿＿＿＿＿＿＿＿＿＿＿＿＿＿＿＿＿＿＿＿＿＿＿＿＿＿＿＿＿＿＿

＿＿＿＿＿＿＿＿＿＿＿＿＿＿＿＿＿＿＿＿＿＿＿＿＿＿＿＿＿＿＿

＿＿＿＿＿＿＿＿＿＿＿＿＿＿＿＿＿＿＿＿＿＿＿＿＿＿＿＿＿＿＿

第五節 粉劑類化妝品實作

粉劑類化妝品是指以粉類原料爲主要原料配製而成的外觀呈粉狀、塊狀或霜狀的一類製品，包括香粉、粉餅、粉底霜等。本節針對粉底霜設計「**草本漢方修復粉底霜**」一個粉劑類調製實作實驗。

實驗九：草本漢方修復粉底霜

天然有效成分1：人蔘萃取液（ginseng extract）

人參爲植物五加科人參屬，人參的根，其葉也入藥叫做參藥。人參根中含有人參皀苷0.4%，少量揮發油，油中主要成分爲人參烯（$C_{15}H_{24}$）0.072%。從根中分離皀苷類有人參皀苷A、B、C、D、E和F等。人參皀苷A（$C_{42}H_{72}O_{14}$）、人參皀苷B和C水解後會產生人參三醇皀苷元。還有單醣類（葡萄糖、果糖、蔗糖）、人參酸（爲軟脂肪、硬肪酸及亞油酸的混合物）、多種維生素（B_1、B_2、菸鹼酸、菸醯胺、泛酸）、多種胺基酸、膽鹼、酶（麥芽糖酶、轉化酶、酯酶）、精胺及膽胺。人參地上部分含黃酮類化合物稱爲人參黃苷、三葉苷、山奈醇、人參皀苷、β-谷甾醇及醣類。用於對人體神經系統、內分泌和循環系統具有調節作用，可作爲滋補性藥品，可廣泛用於膏霜、乳液等護膚性化妝品中作爲營養性添加劑。因其含有多種營養素可增加細胞的活力並促進新陳代謝和末梢血管流通的效果。用於護膚產品中，可使皮膚光滑、柔軟有彈性，可延緩衰老。也可抑制黑色素生成。用在護髮產品中可提高頭髮強度、防止頭髮脫落和白髮再生的功能，長期使用頭髮烏黑有光澤。

天然有效成分2：薏仁萃取液（coix seed extract）

薏仁含有維生素B_1、鈣、磷、鐵、水溶性纖維、蛋白質、油脂等營養素，有效成分之一是**薏仁酯（coixenolide）**。可以分解酵素、軟化皮膚角質、提高肌膚新陳代謝、強化皮膚抗菌功能、能保濕、能抑制肌膚中的黑色素的活動，白天發揮防止因陽光刺激所產生的黑色素。可去除表皮層上的老化角質，改善皮膚粗糙現象，避免粉刺的產生。

材料配方

項目	名稱	重量（g）
A 部分	蠶絲油	13 g
	粉底液色粉（中杏）	15 g
	揮發性矽靈	15 g
	奈米級二氧化鈦粉．油分散型	1 g
	人蔘萃取液	1 g
	薏仁萃取液	1 g
B 部分	蜜蠟粒	3.5 g
	荷荷芭油	7.5 g

建議化妝品容器

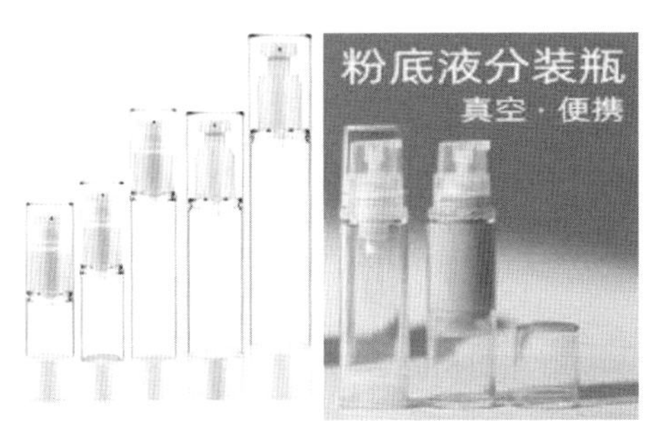

眞空型乳液分裝瓶

粉底液盒

製作方法

操作流程，如圖 8-12 所示。

步驟一：A 杯，先將漢方萃取成分（人蔘萃取液、薏仁萃取液、靈芝萃取液）與蠶絲油混合均勻。

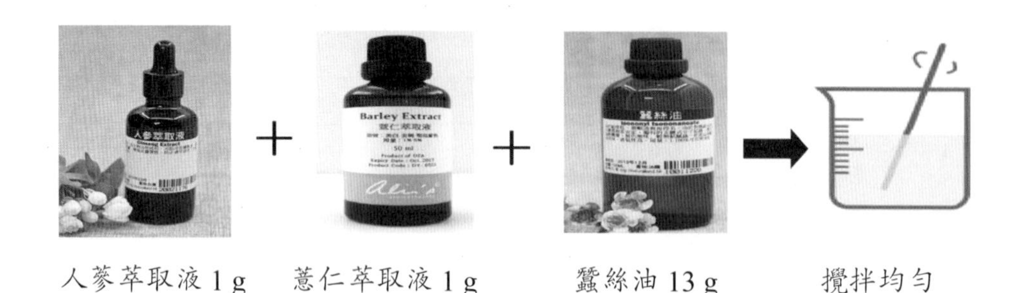

人蔘萃取液 1 g　薏仁萃取液 1 g　蠶絲油 13 g　攪拌均勻

步驟二：加入粉底液色粉至步驟一的燒杯內，混合攪拌均勻，再加入奈米級二氧化鈦粉及揮發性矽靈，攪拌均勻。

加入粉底液色粉 15 g　奈米級二氧化鈦粉 1 g　加入揮發性矽靈 15 g　攪拌均勻

步驟三：B 杯，將蜜蠟與荷荷芭油混合加熱至溶解。

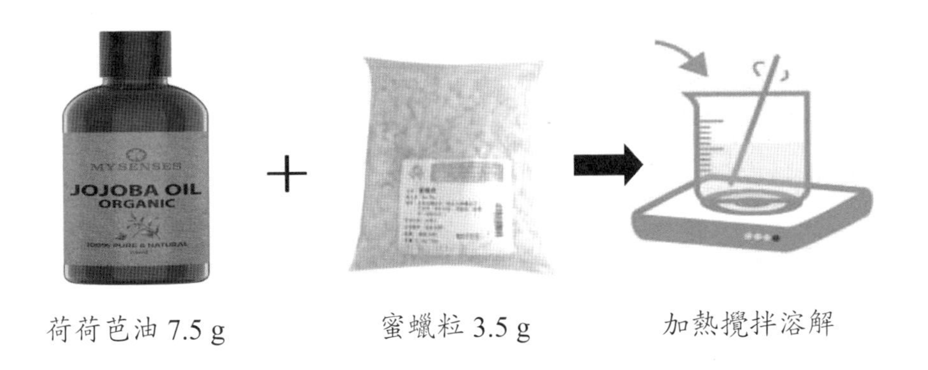

步驟四：再將兩杯混合，攪拌均勻後裝填待冷卻成形即完成製備。

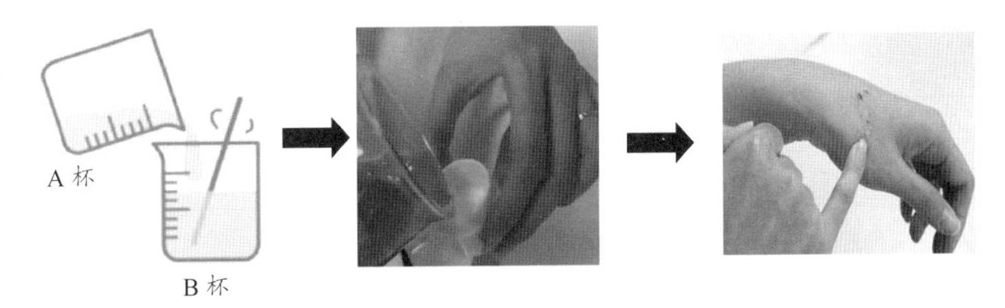

再將兩杯混合，攪拌均匀　裝填待冷卻成形即可草本漢方修復粉底霜　塗抹看看

圖 8-12　實驗九草本漢方修復粉底霜調製實驗流程

天然化妝品調製學實驗報告

實驗名稱：＿＿＿＿＿＿＿＿　　　　組別：＿＿＿組

姓　　名：＿＿＿＿＿＿　　　　報告日期：＿＿＿＿＿＿＿＿

1. 配方設計及說明

項目	名稱	重量（g）	備註
A 部分	蠶絲油		
	粉底液色粉（中杏）		
	揮發性矽靈		
	奈米級二氧化鈦粉．油分散型		
	人蔘萃取液		
	薏仁萃取液		
B 部分	蜜蠟粒		
	荷荷芭油		

2. 心得及市售商品分享

(1) 心得

＿＿＿＿＿＿＿＿＿＿＿＿＿＿＿＿＿＿＿＿＿＿＿＿＿＿＿＿＿＿

＿＿＿＿＿＿＿＿＿＿＿＿＿＿＿＿＿＿＿＿＿＿＿＿＿＿＿＿＿＿

＿＿＿＿＿＿＿＿＿＿＿＿＿＿＿＿＿＿＿＿＿＿＿＿＿＿＿＿＿＿

＿＿＿＿＿＿＿＿＿＿＿＿＿＿＿＿＿＿＿＿＿＿＿＿＿＿＿＿＿＿

(2) 市售商品成分及功效分析（產品名稱、圖片、通路、售價、評價等）：

＿＿＿＿＿＿＿＿＿＿＿＿＿＿＿＿＿＿＿＿＿＿＿＿＿＿＿＿＿＿

＿＿＿＿＿＿＿＿＿＿＿＿＿＿＿＿＿＿＿＿＿＿＿＿＿＿＿＿＿＿

＿＿＿＿＿＿＿＿＿＿＿＿＿＿＿＿＿＿＿＿＿＿＿＿＿＿＿＿＿＿

＿＿＿＿＿＿＿＿＿＿＿＿＿＿＿＿＿＿＿＿＿＿＿＿＿＿＿＿＿＿

第六節　美容類化妝品實作

美容修飾類化妝品以塗抹、噴灑或是其他類似方法，施於人體表面，達到美容修飾，賦予人體香氣、增加人體魅力的作用。不同部位有專用的美容化妝品，如用於毛髮的定型慕絲、髮膠、脫毛劑、睫毛膏等。用於皮膚的粉底、遮瑕膏、粉餅、胭脂、眼影、眼線筆、香水及面膜等。用於指（趾）甲的指甲油、指甲拋光劑等。用於口唇的唇膏、唇彩、唇線筆等。本節針對唇部及面部美容設計「**紫草潤色護唇膏**」及「**草本漢方敷臉面膜**」兩個美容類調製實作實驗。

實驗十：紫草潤色護唇膏

天然有效成分：紫草萃取液（comfrey extract）

請見實驗一及實驗三介紹。

材料配方

項目	名稱	重量（g）
油相原料	甜杏仁油	15 g
	乳油木果脂	15 g
	蜜腊粒	15 g
	紫草萃取物	2 g
香精	精油	1～2 滴

★紫草萃取液可由實驗一及二萃取取得或是購自市售原料。

建議化妝品容器

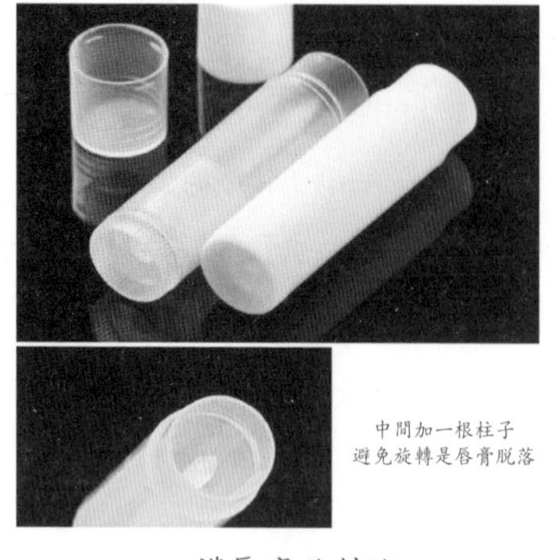

護唇膏旋轉瓶

唇膏管盒

操作步驟

操作流程，如圖 8-13 所示。

步驟一：將甜杏仁油、乳油木果脂、蜜蠟粒於加熱的情況下熔解，並攪拌均勻後，移開熱源。

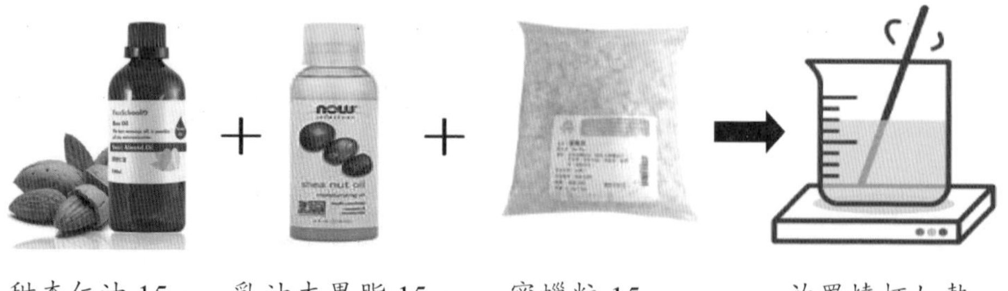

甜杏仁油 15 g ＋ 乳油木果脂 15 g ＋ 蜜蠟粒 15 g → 放置燒杯加熱攪拌溶解

步驟二：滴入喜歡的精油，攪拌均匀。加入適量紫草萃取物，攪拌均匀。

步驟三：倒入護脣膏旋轉瓶，待凝固後就完成。

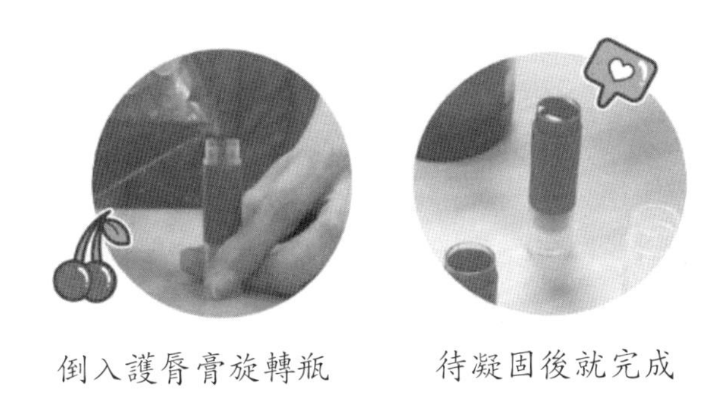

圖 8-13　實驗十紫草潤色護唇膏調製實驗流程

天然化妝品調製學實驗報告

實驗名稱：__________________ 組別：______組

姓　　名：__________ 報告日期：__________________

1. 配方設計及說明

項目	名稱	重量（g）	備註
油相原料	甜杏仁油		
	乳油木果脂		
	蜜蠟粒		
	紫草萃取物		
香精	精油		

2. 心得及市售商品分享

(1) 心得

____

____

____

____

____

(2) 市售商品成分及功效分析（產品名稱、圖片、通路、售價、評價等）：

____

____

____

____

____

實驗十一：草本漢方敷臉面膜

天然有效成分1：金盞花萃取液（calendula extract）

請見實驗七介紹。

天然有效成分2：桑白皮萃取液（mulberry extract）

本品為桑科 *Moraceae* 植物桑 *Morus alba L.* 或雞桑 *Morus australis Poir.* 之除去栓皮層乾燥根皮。桑白皮，是古代廣泛應用於金創藥中的一種成分，具有優秀而卓越的收斂創口，修復疤痕的功效。桑白皮中擁有一種獨特的「疤痕修復植物成分」，能夠啓動並促進肌膚對疤痕的自我修復功能，除了修復疤痕之外，桑白皮還具有美白功效，能夠淡化疤痕癒合後所留下的色素組織，使肌膚最終光潔無瑕。

天然有效成分3：當歸萃取液（angelica extract）

請見實驗三介紹。

天然有效成分4：甘草萃取液（licorice extract）

請見實驗六介紹。

材料配方

項目	名稱	重量（g）
水相原料	金盞花水	42 ml
	當歸萃取液	2 ml
	桑白皮萃取液	3 ml
	甘草萃取液	3 ml

材料準備

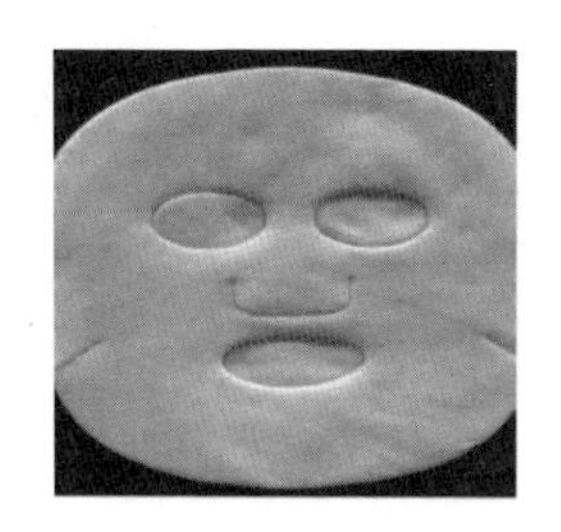

面膜紙

面膜袋

操作步驟

操作流程，如圖 8-14 所示。

步驟一：秤取金盞花水 42 ml，依序加入當歸萃取液 2 ml、桑白皮萃取液 3 ml、甘草萃取 3 ml 至燒杯內，混合均勻。

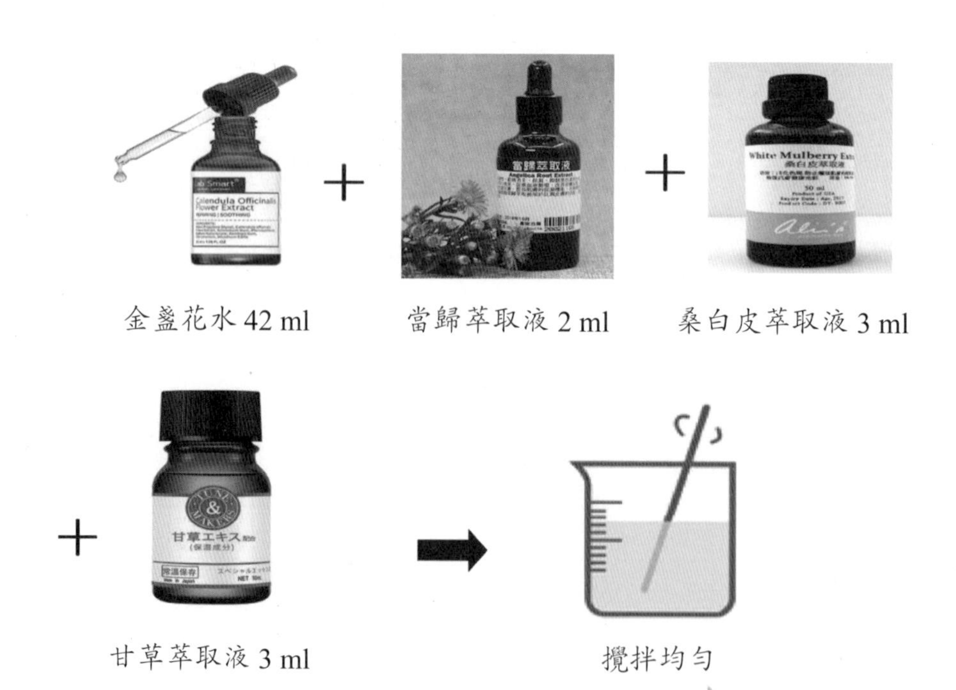

Calendula Officinalis
Flower Extract
當歸萃取液
White Mulberry Extr
桑白皮萃取液
甘草エキス

金盞花水 42 ml　當歸萃取液 2 ml　桑白皮萃取液 3 ml

甘草萃取液 3 ml　攪拌均勻

步驟二：將面膜紙放入夾鏈袋，將步驟一調製混勻的草本漢方敷臉精華液倒入市售面膜鋁箔袋內，輕壓面膜紙讓面膜紙充分吸收精華液，可用封口機將面膜鋁箔袋密封。完成後面膜即可拿出使用，剩餘的精華液可以塗抹擦拭全身。

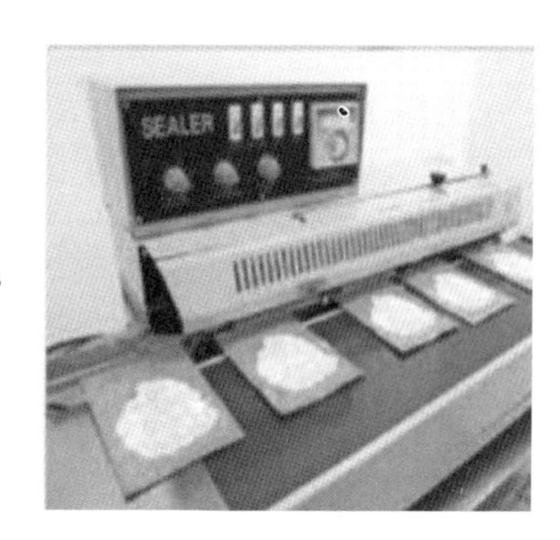

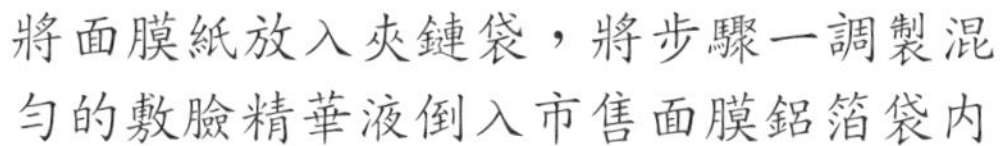

將面膜紙放入夾鏈袋，將步驟一調製混勻的敷臉精華液倒入市售面膜鋁箔袋內

可用封口機將面膜鋁箔袋密封

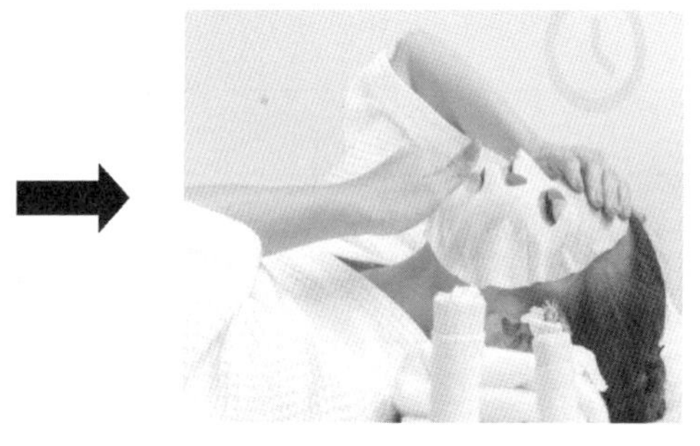

完成後面膜即可拿出使用

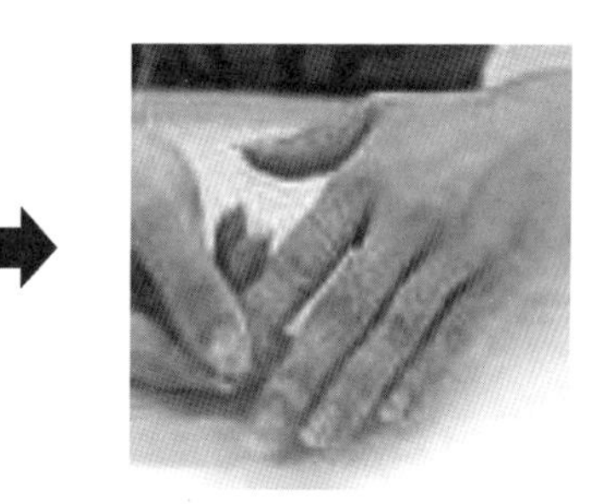

剩餘的精華液可以塗抹擦拭全身

圖 8-14　實驗十一草本漢方敷臉面膜調製實驗流程

天然化妝品調製學實驗報告

實驗名稱：______________ **組別：**_____組

姓　　名：__________ **報告日期：**______________

1. 配方設計及說明

項目	名稱	重量（g）	備註
水相原料	金盞花水		
	當歸萃取液		
	桑白皮萃取液		
	甘草萃取液		

2. 心得及市售商品分享

(1) 心得

____

____

____

____

____

(2) 市售商品成分及功效分析（產品名稱、圖片、通路、售價、評價等）：

____

____

____

____

____

第七節　化妝品感官評價及使用後皮膚狀態評估

化妝品的感官評價與流變性質的關係，是化妝品質量評價的重要內容。感官評價包括取樣、塗抹和用後感覺階段。流變學特性包括黏度、屈服值、流變曲線類型、彈性、觸變性等。其方法在與化妝品使用過程相近的剪切速率條件下，測定有關的流變學性質，通過感官分析評價和測定得出的流變學參數的比較，確定感官判斷鑑別閥值和分級，最後確定其相關性。

使用後皮膚狀態的評估與功能性化妝品是否發揮功效有關。在面部皮膚護理方面，要求去除面部皺紋、色斑、增白、減少粉刺、防曬等，這些作用均爲化妝品的機能性成分，通過科學技術處理，可以進行皮膚的表皮、眞皮，影響皮膚的新陳代謝，並在該部位聚積和發揮作用，且不會透過皮膚進入體內循環。這些功能性化妝品是否發揮功效的評估，稱爲「**化妝品的有效性評估**」。關於「皮膚用功效化妝品功效評估」、「頭髮用功效化妝品功效評估」及「口腔衛生化妝品功效評估」，讀者可以參見五南圖書出版公司之《**化妝品有效性評估**》一書，有針對化妝品功效訴求的作用原理、預防對策及該類化妝品功效評估方法，擇其代表性進行介紹，在此僅針對數種皮膚狀態評估進行介紹。

一、化妝品感官評價

1. **取樣及感官評價**：取樣即將產品從容器內取出，形式包括從容器中倒出或擠出，或用手指將產品從容器中沾出等，如圖 8-15 所示。這一階段需要評價的感官特性品是稠度。它是產品感官結構的描述，是產品抵抗永久變形的性質和產品從容器中取出難易程度的量變。稠度一般分爲低、中、高三級。稠度與產品的黏度、硬度、黏結性、黏彈性、黏著性和屈服值有關。例如，屈服值較高的膏霜，其表觀稠度也較大。觸變性適中的膏霜，從軟管和塑料瓶中擠出時，會有剪切變稀、可擠壓性較好的特點。這對產品灌裝有利。

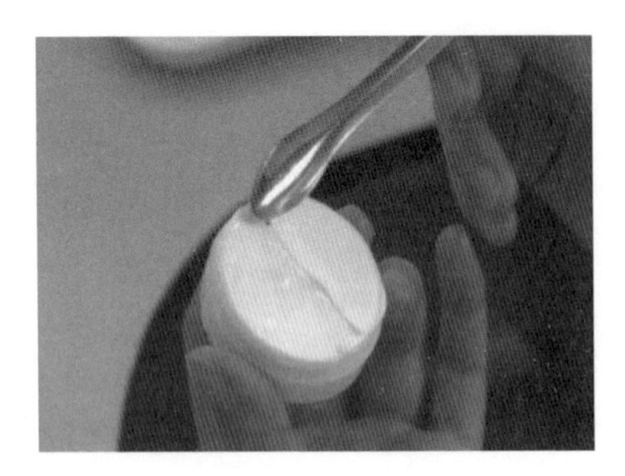

觀察產品外觀

觀察產品光亮度

感受產品軟硬程度

產品沾取容易程度

圖 8-15　取樣及感官評價

2. **塗抹及感官評價**：根據產品性質和功能，用於指尖把產品沾在皮膚上，以每秒 2 圈的速度輕輕地作圓周運動，再摩擦皮膚一段時間，然後評價其效果，主要包括分散性和吸收性。根據塗抹時感知的阻力來評估產品的可分散性：

- **十分容易分散的為「滑潤」**。
- **較易分散的心「滑」**。

·難於分散的為「摩擦」。

可分散性與產品的流型、黏度、黏結性、黏彈性、膠黏性和膠著性等有關。剪切變稀程度較大的產品，可分散性和較好。吸收性即產品被皮膚吸收的速度，根據皮膚感覺變化，產品在皮膚上的殘留量（觸感到的和可見的）和皮膚表面的變化進行評價，分爲快、中、慢三級，吸收性主要與油組成的結構（分子量大小、支鏈等）和油組成的比例（油水相比例、滲透性的存在等）有關。一般黏度較低的組成易於被皮膚吸收，如圖 8-16 所示。

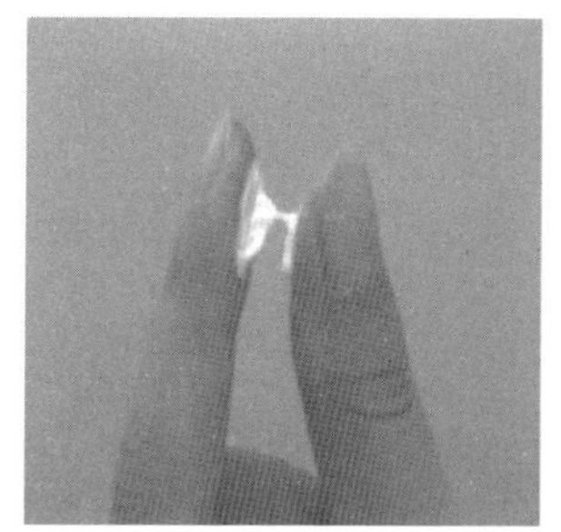
手指接觸感受

滑定手臂外側區域是否容易

塗抹手臂內側是否容易

圖 8-16　塗抹及感官評價

3. **用後感覺評價**：用後感覺評價是指產品塗抹於皮膚上厚，利用指尖評估皮膚表面的觸感變化和皮膚外表觀察，包括皮膚上產品殘留物的類型和密集度、皮膚感覺的描述等，如圖 8-17 所示。殘留物的類型包括膜（油性或油膩）、覆蓋層（蠟狀或乾的）、片狀或粉末粒子等，殘留物量的評估分爲小、中等、多三級。皮膚感覺的描述包括**乾（緊繃）**、**濕潤（柔軟）**、**油性（油膩）**。用後感覺主要與產品油相組成和性質、所含粉末的顆粒度等有關。

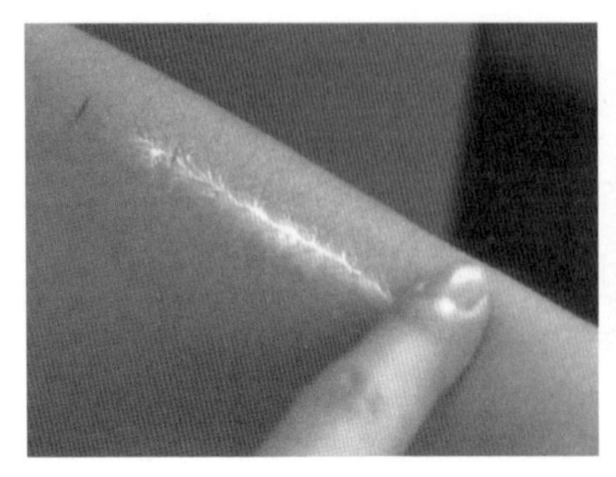

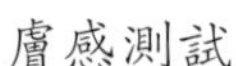

膚感測試

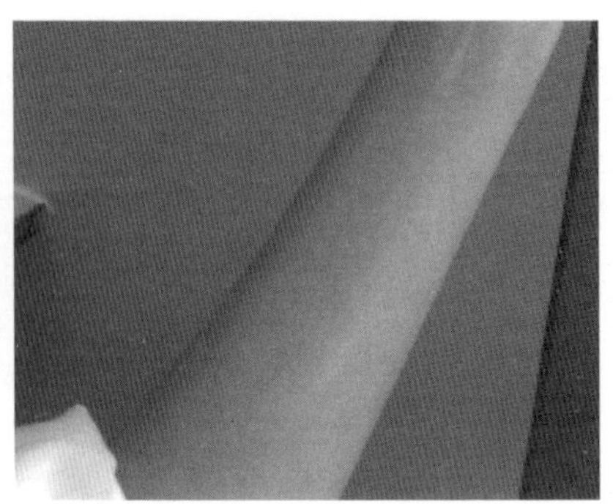

觀察皮膚光亮程度

圖 8-17　用後感覺評價

二、使用後的皮膚狀態評估

在此針對使用化妝品或天然化妝品後，數種皮膚狀態評估進行介紹。

1. **使用後皮膚色澤評估**：目前對於膚色測量使用最多的是 **Chromameter**（**Minolta Camera Co, Japan**）和 **Mexameter**（**C-K Electronic, Germany**）（如圖 8-18 所示）。Chromameter 是 CIE 推薦的用於測量顏色的儀器，其輸出結果以 L*a*b* 顏色空間系統表示，L* 代表亮度，從白（0）到黑（100），而色調和色度由 a* 和 b* 表示。Mexameter 是針對皮膚的 2 種主要色基黑色素和血紅蛋白而設計的，其結果輸出以色素指數（M）和紅斑指數（E）表示。此外，顯微鏡照相技術和電腦處理系統的結合能夠對紅斑、色素沉著以及皮膚上的傷疤等的皮膚顏色進行掃描並進行色度定量，檢測皮膚顏色的變化。利用顯微鏡照相得到每個波段的紅、綠、藍的亮度資訊，經電腦處理系統進行資料資訊的轉換，得到可進行統計分析的參數資訊，以此來評價皮膚色度的變化，包括在人體上進行的色素沉著抑制試驗等。也可用 VISIA 全臉分析儀與黑色素測定儀相結合的方法評價化妝品的美白功效。

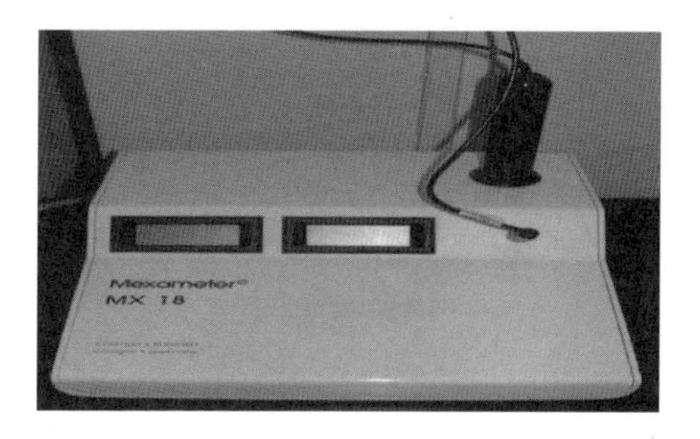

Mexameter

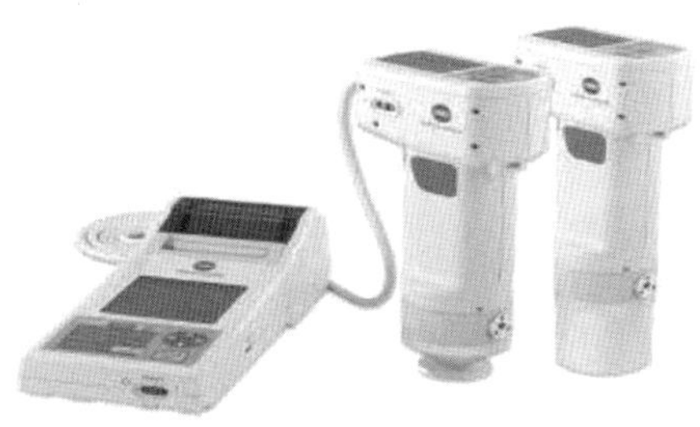

Chromameter

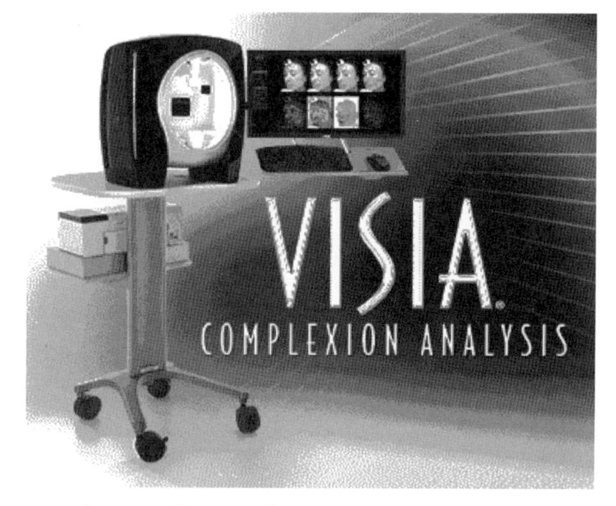

VISIA 數位皮膚分析儀（VISA complexion analysis）

圖 8-18　數種皮膚色澤分析儀器

VISIA 數位皮膚分析儀運用多重光譜影像科技，從斑點、皺紋、紋理、毛孔、紫外線色斑、棕色斑、紅色區及紫質等 8 個能影響面容、皮膚健康的範疇進行分析。色斑、紫外斑、黃褐斑和紅色區域能夠顯著影響皮膚的顏色，因此對於美白產品的評價主要從此 4 個方面進行分析。分析的結果以絕對分值、百分比值、斑點個數和臉部照片的方式呈現出來。透過對化妝品使用前、後面部斑點的定量分析和和圖像直觀比較，並結合黑紅色素變化對美白產品進行多方面的、直觀的和量化的美白功效評價。

2. **使用後皮膚彈性評估**：在此介紹皮膚黏彈性測試儀 CutiScan CS100，測試探頭將機械力和 CCD 攝像頭很好地結合了起來，儀器通過測試探頭給測試部位皮膚提供一個恒定的負壓，在這個過程中皮膚被負壓拉起，然後負壓全部取消，皮膚恢復到原始狀態。探頭內的高解析度 CCD 攝像頭通過視頻 Horn—Schunk 光流演算法記錄下了皮膚上每個圖元點的位移變化，得到了皮膚的形變圖，如圖 8-19 所示。通過皮膚形變圖就可以得到一些與皮膚黏彈性有關的參數，在皮膚形變圖的每個方向上可以得到一條時間與負壓及恢復過程中的垂直位移曲線。皮膚抵抗變形的能力越強，皮膚越緻密。由於皮膚的彈性、黏彈性的原因，皮膚表面負壓取消後，皮膚不能馬上恢復到原始狀態。由於皮膚的各向異性的原因，當我們從不同方向觀看皮膚形變時，發現有的方向上的位移和恢復率高於其他方向。

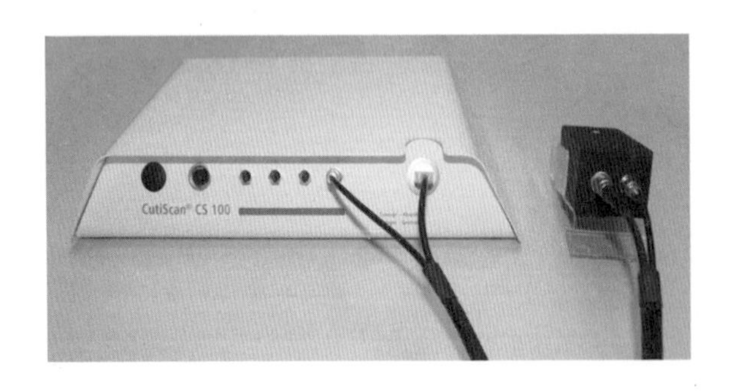

圖 8-19　皮膚黏彈性測試儀 CutiScan CS100

3. **使用後皮膚皺紋**：在此介紹皮膚快速成像分析系統 DermaTOP 採用先進的條紋投影測量技術檢測皮膚的皺紋、毛孔、皮紋、眼袋、皮膚蜂窩狀態、唇紋等參數。它是一種非接觸的快速測量方法，能進行三維皮膚快速成像，採用藍色光源，一秒鐘內完成測量。VISIOFACE V4 通過頭部感測器、兩個耳部感測器和面部鐳射定位功能使 DermaTOP 系統具有非常好的臉部二次定位功能，高解析度的鏡頭和條紋投影器可以進行非常好的調整和固定，使整個系統更加穩定、精確和可靠（如圖 8-20 所示）。DermaTOP 系統採用德國 Breuckmann 公司的數位 3D 成像技術，可以得到皮膚每個點陣三維資料，完成皺紋、毛孔、皮紋、眼袋、皮膚蜂窩狀態、唇紋的各種參數測量。

Derma Top 快速成像系統

VISIOFACE V4 感測器

藍色光源

1. 皮膚細紋測試

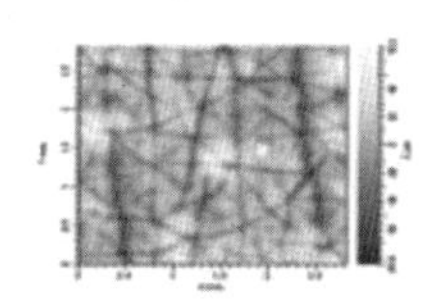

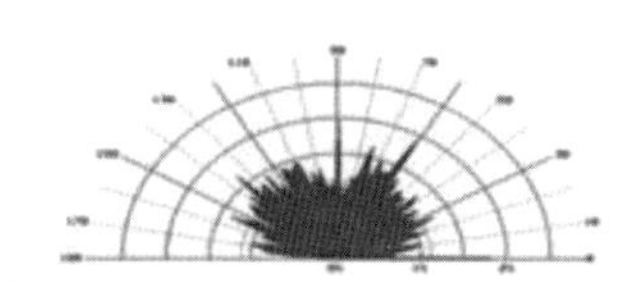

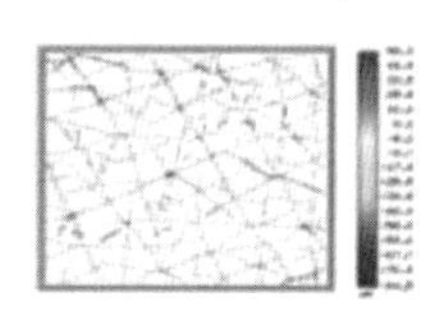

2. 皺紋測試：皺紋粗糙參數、體積、面積、平均深度

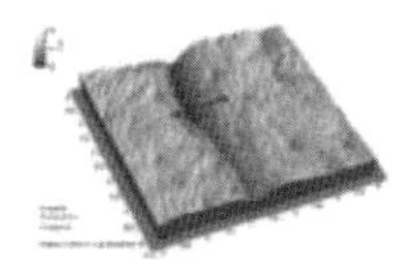

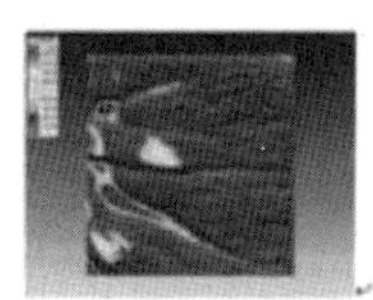

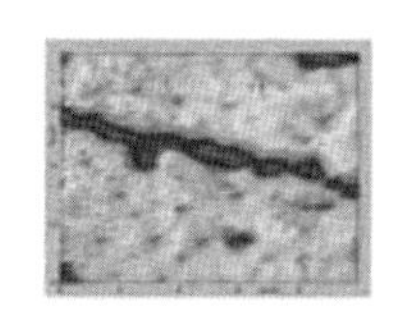

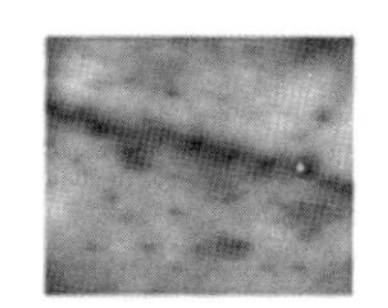

3. 皮膚毛孔測試：毛孔數量、面積和深度

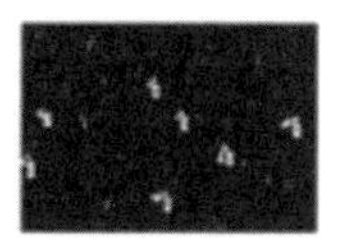

圖 8-20　皮膚快速成像分析系統 DermaTOP

4. 眼袋測試：眼袋體積和表面積變化

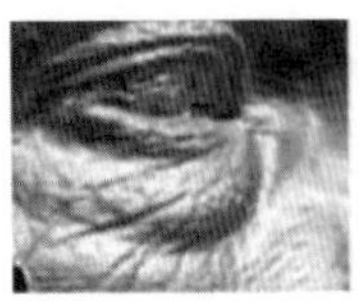
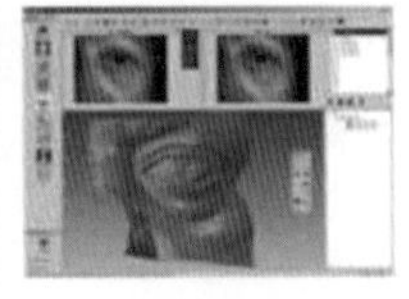
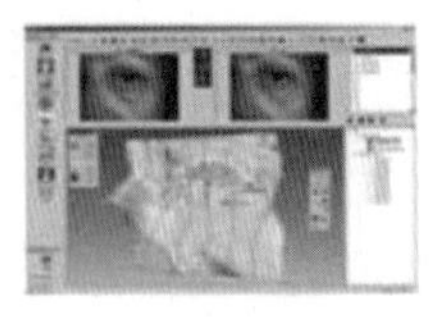
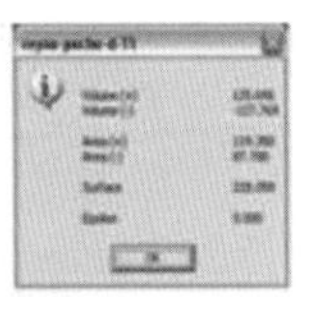

5. 唇紋測試：唇紋粗糙度參數

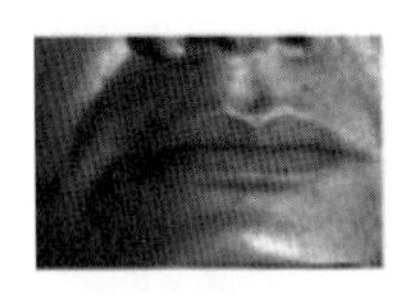
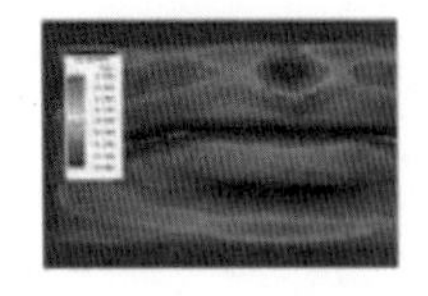
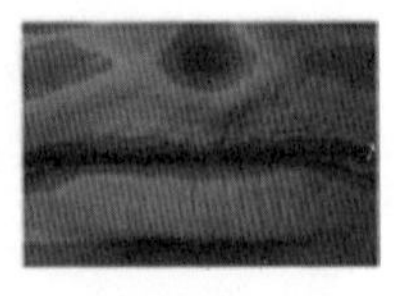

6. 皮膚蜂窩組織測試：蜂窩組織波浪粗糙參數、體積變化

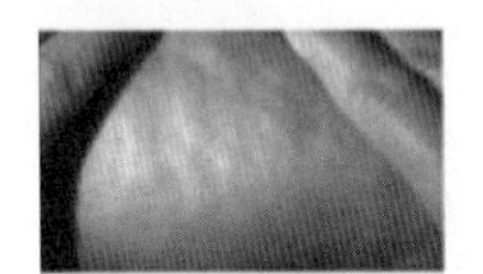
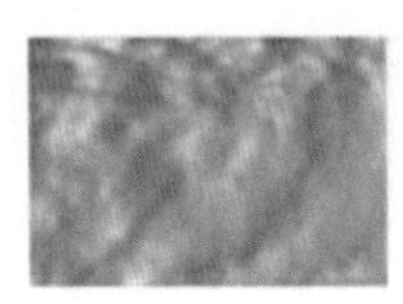

圖 8-20 皮膚快速成像分析系統 DermaTOP（續）

4. **使用後皮膚水分**：在此介紹 DPM ®9003（NOVA）系統，如圖 8-21 所示。只有口袋大，頻率為 1 MHz，電極的表面積為 0～98 cm^2，以一固定壓力 0.6 N/m^2 施於所測皮膚位置，檢測原理是測量皮膚的電容，而以阻抗表示，單位以 Arbitrary Capacitance Reactance Units 來表示，範圍從 90～ 999 DPM 儀器的單位，來表示皮膚的含水量多寡，結果以 90～100 單位代表乾性皮膚，110～350 單位代表含足夠水分的皮膚。

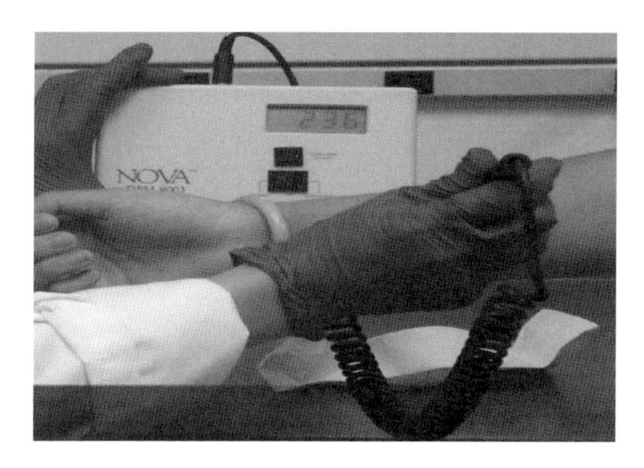

圖 8-21　皮膚含水量檢測儀 DPM ®9003（NOVA）

天然化妝品調製學實驗報告

實驗名稱：＿＿＿＿＿＿＿＿＿＿ **組別**：＿＿＿組

姓　名：＿＿＿＿＿＿ **報告日期**：＿＿＿＿＿＿＿＿＿＿

請針對實驗三～實驗十一天然化妝品調製結果，擇一進行**取樣及感官評價**、**塗抹及感官評價**、**用後感覺評價**及**用後皮膚狀態評估**。

(1) 評估結果

＿＿

＿＿

＿＿

＿＿

＿＿

＿＿

＿＿

(2) 討論

＿＿

＿＿

＿＿

＿＿

＿＿

＿＿

＿＿

參考文獻

一、書籍資料

1. 化妝品衛生管理條例暨有關法規，行政院衛生署，2000。
2. 衛生福利部食品藥物管理署，福利部部授食字第1021650418號令。
3. 李仰川編著：化妝品原理，文京圖書，1999。
4. 光井武夫主編，章韋達、鄭慧文譯：新化妝品學，合記出版社，1996。
5. 洪偉章、陳容秀著：化妝品科技概論，高立圖書，1996。
6. 徐雅芬、羅淑慧著：天然萃取物應用在保健品、化妝品及醫藥產業之發展契機，生物技術開發中心，2006。
7. 張麗卿編著：化妝品製造實物，台灣復文書局，1998。
8. 陳玉芬、張乃方、吳珮瑄合著，化粧品調製學第三版，華格那企業有限公司，2014。
9. 易光輝、王曉芬、李珮琪編著，化妝品調製學實驗第二版，華杏出版有限公司，2015。
10. 彭金玉、詹馥妤編著，化妝品配方設計與實務第二版，新文京開發出版股份有限公司，2012。
11. 陳文娟主編，化裝品配方與生產技術，化學工業出版社，2020。
12. 何秋星主編，化妝品配方與工藝學實驗，科學出版社，2017。
13. 劉瑋、張懷亮著：皮膚科學與化妝品功效評價，化學工業出版社，2004。
13. 董云發、凌晨編著：植物化妝品及配方，化學工業出版社，2005。
14. 鍾振聲、章莉娟編著：表面活性劑在化妝品中的應用，化學工業出版社，2003。

15.嚴嘉蕙編著：化妝品概論，第二版，新文京圖書，2001。
16.張效銘、趙坤山編著，化妝品基礎化學，滄海圖書資訊股份有限公司，2015。
17.張效銘著，化妝品概論，五南圖書出版公司，2016。
18.張效銘著，化妝品有效性評估，五南圖書出版公司，2016。
19.張效銘著，天然物概論，五南圖書出版公司，2017。
20.張效銘著，化妝品皮膚生理學，五南圖書出版公司，2018。
21.張效銘著：化妝品原料學第三版，滄海圖書資訊股份有限公司，2021。
22.A Guide to the cosmetic products (safety) regulations. London: dti Department of Trade and Industry. Sep. 2001.
23.Cosmetic Handbook. U. S. Food and Drug Administration, Center for Food Safety and Applied Nutrition, FDA/IAS* Booklet:1992.

二、文獻資料

1. 趙唯廷，2015。以幾丁聚糖／聚乳酸 - 聚甘露醇酸微膠囊包覆紫草萃取物之保色性研究。靜宜大學化粧品科學系碩士論文。
2. 賴渝宣、陳明仁、徐照程，2014。微脂粒包覆維生素 C 之經皮輸送及功效性評估。弘光學報。74:39-50。
3. Lasic, D.D. 1998. Novel applications of liposomes. *Trends Biotechnol*. 16: 307-321.
4. Luan Q, Liu L, Wei Q, and Liu B. 2014. Effects of low-level light therapy on facial corticosteroid addiction dermatitis: a retrospective analysis of 170 asian patients. *Indian J. Dermatol. Venereol. Leprol.*, 80(2):194.
5. New, R.R.C. 1990. Preparation of liposomes. Liposomes: *A Practical Approach*: pp221-227.

6. Wang, C.Y., K.W. Hughes and L. Huang. 1986. Improved cytoplasmic delivery to plant protoplasts via pH-sensitive liposome. *Plant Physiol*. 82: 179-184.

三、網路資料

1. 第一化工官網 http://www.firstchem.com.tw。

2. 城乙化工官網 https://www.meru.com.tw。

中文索引

六畫

七畫

八畫

九畫

十畫

十一畫

十二畫

十三畫

十四畫

十五畫

十六畫

十七畫

十八畫

十九畫

二十畫

二十二畫

二十三畫

二十四畫

英文索引

D

E

X

Y

Z

國家圖書館出版品預行編目資料

天然化妝品調製與實作／張效銘著. ——初版. ——臺北市：五南圖書出版股份有限公司, 2022.10
面； 公分
ISBN 978-626-343-289-5（平裝）

1.CST: 化粧品

466.7　　111013567

5J91

天然化妝品調製與實作

作　　者 — 張效銘（224.2）
發 行 人 — 楊榮川
總 經 理 — 楊士清
總 編 輯 — 楊秀麗
副總編輯 — 王正華
責任編輯 — 金明芬
封面設計 — 王麗娟
出 版 者 — 五南圖書出版股份有限公司
地　　址：106臺北市大安區和平東路二段339號4樓
電　　話：(02)2705-5066　　傳　　真：(02)2706-6100
網　　址：https://www.wunan.com.tw
電子郵件：wunan@wunan.com.tw
劃撥帳號：01068953
戶　　名：五南圖書出版股份有限公司

法律顧問　林勝安律師事務所　林勝安律師

出版日期　2022年10月初版一刷
定　　價　新臺幣500元

經典永恆・名著常在

五十週年的獻禮——經典名著文庫

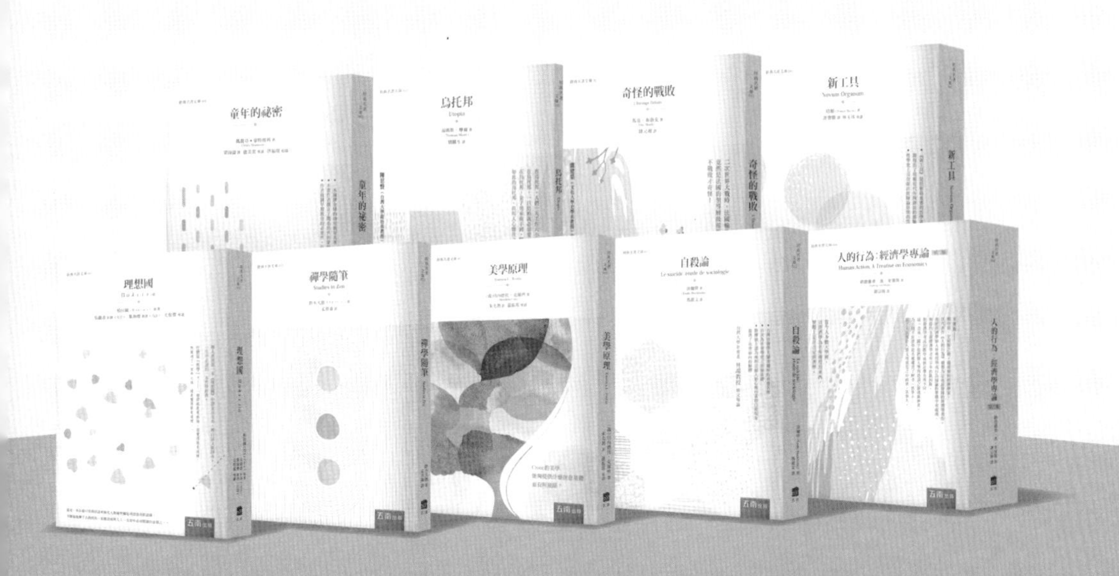

五南，五十年了，半個世紀，人生旅程的一大半，走過來了。
思索著，邁向百年的未來歷程，能為知識界、文化學術界作些什麼？
在速食文化的生態下，有什麼值得讓人雋永品味的？

歷代經典・當今名著，經過時間的洗禮，千錘百鍊，流傳至今，光芒耀人；
不僅使我們能領悟前人的智慧，同時也增深加廣我們思考的深度與視野。
我們決心投入巨資，有計畫的系統梳選，成立「經典名著文庫」，
希望收入古今中外思想性的、充滿睿智與獨見的經典、名著。
這是一項理想性的、永續性的巨大出版工程。
不在意讀者的眾寡，只考慮它的學術價值，力求完整展現先哲思想的軌跡；
為知識界開啟一片智慧之窗，營造一座百花綻放的世界文明公園，
任君遨遊、取菁吸蜜、嘉惠學子！